U0392003

# 高职高专制冷与空调专业系列教材
# 编审委员会

## 主 任

王绍良

## 副主任

李晓东　赵玉奇　孙见君　魏　龙

杜存臣　隋继学　魏　琪

## 委员
### （按姓氏汉语拼音排序）

常新中　杜　垲　杜存臣　冯殿义　傅　璞

郝万新　李少华　李晓东　林慧珠　刘玉梅

潘传九　申小中　隋继学　孙见君　王绍良

魏　龙　魏　琪　杨雨松　赵晓霞　赵玉奇

郑智宏　周　皞　朱明悦

高职高专"十一五"规划教材

# 制冷与空调装置自动控制技术

杜存臣　主编
林慧珠　主审

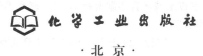

化学工业出版社
·北京·

本书针对高等职业技术教育的特点和教学课时数，结合精品课程建设的要求，按照认知规律，在力求体现教学的科学性、实践性、连贯性和渐进性的前提下，采用大模块分项目的方式，遵循制冷与空调装置自动控制技术的特点，系统地介绍了制冷与空调装置自动控制基础、常用控制器、执行器和传感器、电冰箱的自动控制、制冷机的自动控制、吸收式制冷机组的自动控制、空调系统的自动控制等内容，每个模块均附有思考题。教材内容涵盖了大多数高职院校课程教学大纲的基本要求，方便教师依据各自学校的教学要求组织教学。

本书可作为各类高职高专制冷与空调专业教材和培训教材，还可供从事制冷技术工作的管理人员和技术人员参考使用。

**图书在版编目（CIP）数据**

制冷与空调装置自动控制技术/杜存臣主编. —北京：化学
工业出版社，2007.7（2024.1重印）
高职高专"十一五"规划教材
ISBN 978-7-122-00623-3

Ⅰ. 制… Ⅱ. 杜… Ⅲ. ①制冷装置-自动控制-高等学校：
技术学院-教材②空气调节设备-自动控制-高等学校：技术学
院-教材 Ⅳ. TB657

中国版本图书馆 CIP 数据核字（2007）第 084803 号

责任编辑：高　钰　王清颢
责任校对：徐贞珍　　　　　　　　　装帧设计：于　兵

出版发行：化学工业出版社（北京市东城区青年湖南街 13 号　邮政编码 100011）
印　　装：涿州市般润文化传播有限公司
787mm×1092mm　1/16　印张 13½　字数 330 千字　2024 年 1 月北京第 1 版第 12 次印刷

购书咨询：010-64518888　　　　　　售后服务：010-64518899
网　　址：http://www.cip.com.cn
凡购买本书，如有缺损质量问题，本社销售中心负责调换。

定　　价：32.00 元　　　　　　　　　　　　　版权所有　违者必究

# 前　言

随着人民生活水平的不断提高，科学技术的日益进步，制冷与空调装置在现实生活中得到了广泛的应用。制冷与空调装置汇集了当今较为先进的设备、工艺和控制技术，大量吸收和采用了自动控制的最新研究成果。从多年的毕业生就业岗位和专业调研情况分析，作为面向大量技术先进、功能齐全的现代制冷与空调装置，为制冷与空调行业生产、管理、服务一线培养高级应用型人才的高等职业技术院校，如何围绕社会需求，优化人才培养方案，组织好教学实施过程和教材编写，真正实现毕业生就业与企业"零距离"接轨，就不可避免地摆在各位专业教学工作者面前，其中教材建设和选用显得尤为重要。

本教材是为了让学生熟悉制冷与空调装置基本原理和工艺过程，了解和掌握其自动控制理论和技术而编写的。在编写过程中，吸取和借鉴了国内众多开设制冷与空调专业的高职院校的办学经验和教学成果，符合当今教育教学改革的方向，具有浅理论、重实用的职业教育特点。

本教材在编写中，努力体现以下特色：

1. 注重理论与实践的结合，注重实践能力的培养。

2. 根据教学改革的需要，本教材采用大模块下设小项目的目标教学法，将制冷与空调装置自动控制内容合理地分为八个模块，共计 29 个子项目，涵盖了教学大纲的基本要求。考虑到各高职院校教学条件的差异，在内容取舍上也做了精心的设计，有利于各高职院校专业教师根据所在院校的条件和要求进行调整，为专业教师结合自己学院的实际情况采用补充式讲义留有余地。

3. 发挥系列教材的优势，注意到本教材与同系列其它教材的协作关系，在内容编排上突出自动控制，尽量杜绝重复其它教材已经编写的内容。

4. 教材的内容和编排难度适中，有利于提高学生的学习兴趣，便于学生有目的性地学习、理解和掌握，同时为学生学习和研究制冷与空调装置自动控制留有余地。

本教材由杜存臣担任主编并负责全书的统稿工作，同时编写绪论、模块二、模块四部分内容、模块八和附录；李留格编写模块一、模块三、模块四部分内容和模块六；高登山编写模块五、模块七。

　　本教材由林慧珠任主审，王绍良、孙见君、魏龙、李晓东、傅璞等参加了审稿工作并提出了宝贵的意见和建议，他们的辛勤劳动，对保证教材的质量起到了很好的作用，全体编者向他们表示衷心的感谢。教材的编写过程中，参考了大量的文献资料，在此向所有参考文献的作者表示由衷的谢意。

　　由于时间关系，限于编者水平，教材中的不妥之处恳请广大同行专家批评指正，以便我们进一步完善和提高。

编　者

**2007. 5**

# 目　　录

# 绪　论

## 一、制冷与空调技术的概况

制冷（Refrigeration）技术是一门研究人工制冷原理、方法、设备及应用的科学技术。在工业生产和科学研究上，常把制冷分为"普冷"和"深冷"（又称低温技术）两个体系，普冷的制冷温度高于－120℃，而深冷低于－120℃，但它们的划分界限不是绝对的。

很早以前，人类利用天然冷源（冬季贮藏起来的冰雪）来保存新鲜食品，在夏季也用温度较低的地下水来防暑降温，这在我国、埃及和希腊等文化古国的历史上都有记载；3000多年前人类就已经懂得贮藏和利用天然冰，据《汉书·艺文志》记载，春秋时期，秦国皇宫造一座冰宫，冰宫的大立柱都是用铜管做的，每逢夏天，在每根铜柱中放入冰块，以降低宫廷的温度；三国时代已把冰加以专门贮存，就像粮食、食盐一样；到了唐朝已生产冰镇饮料并已有了冰商，并且此方法沿用至今。但是随着生活和生产的需要，天然冷源已不能满足实际的要求，迫使人们去实现人工制冷。

在科学实验中，人们发现了冰（雪）和盐混合时有制冷效应，并利用它来冷却饮料或短期保存新鲜食品。这种方法开创了人工制冷的先例。自从 1834 年英国人波尔金斯（Jacob Perkins）制成第一台用乙醚作制冷剂的制冷机以来，制冷技术不断发展和完善，制造了建立在不同原理上工作的各种制冷机，其中有 1844 年美国人高斯（Goss）发明的空气压缩式制冷机；1862 年法国人卡尔里（Carre）制成的吸收式制冷机；1874 年瑞士人皮克（Raoul Pierre Pictet）首先制造了以二氧化硫作制冷剂的制冷机；同年德国人林德（Linde）发明了氨制冷机，因此成了公认的制冷机始祖，对制冷技术的实用化起了重大作用。1881 年后又出现了以二氧化碳为制冷剂的制冷机，1890 年有了以水为制冷剂的蒸汽喷射式制冷机，1930 年出现了以氟利昂为制冷剂的制冷机，后者给制冷机的发展开辟了新的道路。到了 20 世纪 60 年代，半导体制冷（又称热电或温差电制冷）又独树一帜，成为制冷技术的新秀，对微型制冷器的发展起了推动作用。

制冷的具体实现有许多方法，工程上常用的有压缩式制冷、吸收式制冷、半导体制冷等制冷方法。每一种方法都有其特点，可以根据使用的条件进行选择。

在各种制冷方法中，蒸气压缩式制冷始终处于主导地位，大约占90％以上。从 20 世纪初开始，随着科学技术的进步，制冷机出现了多种类型，机器转速提高使设备紧凑，制冷剂性能逐步优化有利于得到更低的温度，系统逐步完善并实现自动控制。这些进步，都促使制冷技术发展成为一个成熟的工程领域，在国民经济中占有一定的地位。

空调是空气调节的简称，它是通过对空气的处理使室内温度、湿度、气流速度和洁净度（简称"四度"）达到一定要求的工程技术。夏季空调离不开制冷所提供的冷源，因此制冷与空调是两门密切相关的应用技术。空调技术的诞生，有效地完善了工业生产中需要不同温度、湿度的工艺过程，也创造了舒适的人工气候环境，为人们的居住、办公、旅游和文化娱乐提供了良好的条件。

19 世纪后半叶，纺织工业的迅速发展使空调技术接受了巨大的挑战，为了稳定和提高产品质量，解决纺织车间的"四度"成了当务之急，美国工程师克勒默（Kroemer）负责设计和安装了美国南部三分之一纺织厂的空调系统，申请了 60 项专利，并于 1906 年为空调（Air Conditioning）正式定名。被美国人称为"空调之父"的开利尔（Willish Carrier）于 1901 年创建了第一个暖通空调实验室，1911 年 12 月他得出了空气干球温度、湿球温度和露点温度的关系，以及空气显热、潜热和焓值计算公式，绘出了空气的焓湿图，成了空调理论的奠基人。1922 年开利尔又发明了离心式制冷机，推进了空调技术的发展。1937 年他又发明了节省大部分风管的空气-水诱导系统。到 20 世纪 60 年代，这种模式又发展为风机盘管系统，更加具有生命力，在世界各国一直盛行至今。

舒适空调的发展远远迟于工业空调，20 世纪 20 年代，美国才在几百家影剧院设置空调系统。与此同时，整体式空调机组，也就是平时所说的空调器（机），也得到了发展，成为家庭和办公场所的设备用品。空调器技术发展迅速，窗式、分体壁挂式、分体柜式等多种类型满足了用户的需要，近 10 年来生产的微电脑控制空调器实现了制冷、制热、除湿、通风、睡眠工况的自动控制，使舒适空调成为人们工作、休息和娱乐中的一种享受，家用空调已开始普及到城乡人民的千家万户。

在我国，制冷与空调技术的迅速发展还是近 30 年来的事，由于社会主义现代化建设事业的蓬勃发展和人民生活水平的提高，促使制冷技术加快发展步伐，向世界先进水平靠近。目前，我国的制冷工业已建立了完整体系，已能生产各种类型、规格的制冷机。特别是电冰箱和空调器的生产值得一提，在短短的 10 年内，我国电冰箱和空调器工业经历了试制、引进和开发的道路，一举成为电冰箱和空调器的生产大国，其产品质量可以与日本、美国、意大利等国媲美，并已走向世界市场。

**二、制冷与空调技术的应用**

制冷与空调技术的应用范围与涉及的温度区域非常广阔，从工农业生产到日常生活，从接近于绝对零度的最低温到室温或更高。制冷的应用范围一般可分为三个温区。

① 低温区（约−100℃以下）主要用于气体液化、低温物理、超导和宇航研究。

② 中温区（−100～5℃）主要用于食品冻结和冷藏、化工和机械生产工艺的冷却过程、冷藏运输等。

③ 高温区（5～50℃）主要用于空气调节和热泵设备。

可能有些人会认为制冷空调用处不大，可有可无。实际上，制冷空调的水平是一个国家现代化的重要指标。在现代社会中，制冷空调也是必不可少的。制冷与空调技术在国民经济、国防、科研和日常生活方面的应用，可以分为以下几种。

① 在食品工业中应用最早，由于肉、鱼、禽蛋、蔬菜等易腐食品的生产有着很强的季节性，为了旺、淡季节的调剂及运输，必须以冷藏手段来保存食品，减少生产和分配中的食品损耗，保证市场季节的合理销售。冷藏库、冷藏箱、冷藏运输车船等都为此目的服务。另外，冷饮品的生产、酿酒和其他的食品生产过程，也都离不开制冷技术。

② 在工业生产上，制冷的应用是极其广泛的。机械制造中，对钢的低温处理，使金相组织内部的奥氏体转变为马氏体，改善钢的性能；在钢铁和铸铁工业中，采用冷冻除湿送风技术，利用制冷机先将空气除湿，然后再送入高炉或冲天炉，保证冶炼及铸件质量；精密机械和精密计算机要求高精度的恒温恒湿；电子工业要求高洁净度的空调；纺织业则要求保证湿度的空调；石油化工的石油裂解、天然气液化、储运、有机合成的合成橡胶、合成树脂、基础化工的酸碱生产等工业生产工艺流程中的分离、精炼、结晶、浓缩、提纯、液化、反应

温度控制等；在核工业中，控制原子能反应堆的反应速度，吸收核反应过程放出的热量。这些都需要制冷技术。

③ 在农业方面，耐寒品种的培植、微生物除虫、牲畜良种精液低温保存、人造雨雪以及化肥生产、模拟阳光的日光型植物生长箱育秧等，也都离不开制冷技术。

④ 在建筑工程及矿井、隧道施工过程中，遇到流沙等恶劣地质条件，常常用冻土法挖掘土方，即通过制冷来冻结土壤，造成冻土围墙来防止进水或增加土壤的抗压强度，防止工作面发生塌方事故，保证施工安全。对于大型混凝土构件，凝固过程的放热将造成开裂，例如三峡工程大坝混凝土预冷系统就是采用综合措施，在胶带机上喷淋冷水冷却骨料，然后用冷风机风冷，再加片冰拌和混凝土。为防止坝体混凝土出现危险性的温度裂缝，大坝工程都需要大量的制冷机和片冰机。工业和民用建筑的许多设施，需要制冷和空调设备，以保证室内的温湿度。

⑤ 在国防、宇航的设备生产中，需要制冷技术来建立低温环境，对航空仪表、火箭、导弹中的控制仪器和航空发动机以及在高寒地区使用的汽车、拖拉机、坦克、常规武器、铁路车辆、建筑机械等，都需要在模拟寒冷气候条件下的低温实验室里进行低温性能试验。在现代通信、激光和红外技术中，需要局部制冷或微型冷源。

⑥ 在医疗卫生方面，许多低温手术、低温麻醉、人工冬眠、血液和器官的保存等，都需要特种制冷技术，其中许多应用半导体制冷技术。

医药卫生部门的冷冻手术，如肿瘤、白内障、扁桃腺的切除手术，皮肤和眼球的移植手术及低温麻醉等；利用真空冷冻干燥技术保存，如疫苗、菌种、毒种、血液制品等热敏性物质，以及制作各种动植物标本；低温干燥保存用于动物异种移植或同种移植的皮层、角膜、骨骼、主动脉、心瓣膜等组织。这些也都需要制冷技术。

⑦ 在体育方面，大型设施的环境空调、人工冰场等都要有大的制冷装置。

⑧ 在日常生活中，电冰箱、空调器等都是制冷技术的直接应用。可以这样说，现代家庭生活与制冷技术有着极为密切的联系。

⑨ 制冷与空调技术在科学研究上提供了合适的环境温度和特种冷却手段，在促进科技进步方面有着特殊的贡献。例如有些科学实验要求建立人工气候室以模仿高温、高湿、低温、低湿及高真空环境，这类似于宇宙空间特殊环境的创造和控制，对军事和宇航事业的发展具有重要作用。

可见没有制冷空调技术，就没有现代社会。2000 年美国工程院评出 20 世纪 20 项对人类社会和生活影响最大的工程技术成就，制冷空调技术就是其中的一项。

总之，制冷技术的应用是极为广泛的，其前景非常广阔，也需要一支专门的技术队伍为它服务。

### 三、制冷与空调自动控制的内容

自动控制是指机器或装置在无人干预的情况下自动进行操作，它是围绕着工业生产的需要而形成和发展起来的，已广泛应用于人类社会的各个方面。制冷与空调装置的自动控制系统，可以对制冷与空调系统参数如压力、温度、湿度、流量、液位、空气成分等自动检测和调节，还可以对制冷机器和设备进行保护，使系统安全稳定的工作，保证储藏食品和空气的质量，提高系统的运行性能，节约能源消耗及降低运行成本等，以避免发生事故。

制冷与空调自动控制的主要内容包括以下几点。

1. 温度控制　控制方法一般分为两种：一种是由被冷却对象的温度变化来进行控制，

多采用蒸气压力式温度控制器；另一种由被冷却对象的温差变化来进行控制，多采用电子式温度控制器。

2. 湿度控制　湿度的高低对舒适性空调和恒温恒湿空间影响较大。湿度过大，除了人员会感到不舒适，而且环境有利于细菌的繁殖，继而对人的健康带来危害。按照控制方式，一是采用相对湿度控制；二是采用绝对湿度控制，即露点控制。

3. 压力控制　压缩式制冷循环中，为了保证压缩机正常、安全地运行，当制冷系统出现超压和欠压现象时，压力控制器发挥作用，断开压缩机电路，促使压缩机停机保护。

4. 流量控制　制冷剂流量控制系统常常采用电子膨胀阀作为制冷剂流量调节机构。温度传感器放在蒸发器进出口，分别测量蒸发器进出口的温度，两者之差与蒸发器内压降的过热度修正值之和作为蒸发器实际的过热度，蒸发器实际的过热度与设定过热度的偏差作为蒸发器过热度反馈信号送入控制器，同时将压缩机的转速作为前馈信号送入控制器。控制器根据压缩机转速的前馈信号和蒸发器过热度的反馈信号控制电子膨胀阀的开度，使蒸发器的过热度处在最佳值，提高了蒸发器的换热效率，避免了蒸发器过热度过大，效率下降；过热度过小，压缩机容易发生液击，保证供给蒸发器合适的制冷剂流量。

5. 空气质量控制　空调系统中充分地利用回风、减少新风是系统节能的需要，特别是在夏季室内外温差较大的情况下，空调系统使用的回风量愈多，掺混的新风量愈少，节能效果就愈明显。然而，无限制地减少新风，又会影响室内空气品质（IAQ）。空调系统常常是基于室内空气中典型的有害气体（以 $CO_2$ 为代表）的浓度变化来控制新风量，继而控制被处理环境中的空气质量。

6. 装置的安全保护　为了保证制冷系统的安全运行，控制系统大量使用安全保护装置，例如压缩机的安全保护中就有①排气压力的高压保护和吸气压力的低压保护；②润滑系统的油压差保护；③电动机过载及单相运行保护；④冷却水套断水保护；⑤离心式压缩机轴承的高温保护等。卧式壳管式蒸发器冷水还有防冻保护；冷凝器冷却水断水保护及蒸发式冷凝器通风机的事故保护等等。

**四、制冷与空调装置自动控制的发展**

人类很早就进行简易自动控制装置的探索，但由于技术与理论的限制，直至 1788 年，都未有重大突破。1920 年，反馈理论广泛地应用于电子放大器中，标志着自动化领域技术进入新时期的开始。同年，美国也出现了 PID 调节器，1948 年，控制理论的经典部分已基本形成。可以说，自动控制技术的每一次进步都给制冷空调装置带来重大变革。

制冷空调系统的控制有三种方式：早期的继电器控制系统、直接数字式控制器（DDC）以及 PLC 可编程序控制器控制系统。继电器控制系统由于故障率高、系统复杂、功耗高等明显的缺点已逐渐被人们所淘汰。直接数字式控制器 DDC，虽然在智能化方面有了很大的发展，但由于 DDC 其本身的抗干扰能力问题和分级分步式结构的局限性而限制了其应用范围。相反，PLC 控制系统以其运行可靠、使用与维护均很方便，抗干扰能力强，适合新型高速网络结构这些显著的优点使其逐步在制冷与空调装置中得到广泛的应用。

从制冷与空调装置开始采用最简单的自控元件至 20 世纪 70 年代初，自控元件的结构形式变化繁多，但其控制方式却一直采用简单的双位调节（如各种电磁阀、温度控制器、油压差控制器、高低压控制器、液位控制器）与直接作用比例调节器（如热力膨胀阀），这些自控元件具有价廉、可靠、结构简单的特点，但其调节品质差造成被控参数波动大、设备能耗高。20 世纪 70 年代以来，为改善制冷空调的调节品质，制冷装置自动控制系统中开始引入控制精度更高的比例积分调节规律，如丹麦 Danfoss 公司、美国 ALGO 公司等开始在制冷自控系统中引入串级调节和补偿调节，并完善了专用电动执行器。在制冷空调的建模方面传统方法将被控对象简化为二阶惯性环节，事实上制冷空调复杂的质量和能量传递过程很难用精确的微分方程进行描述，因此，尽管采用了 PID 等现代调节方法，但由于数学模型的不精确，控制效果仍然不佳，而模糊控制恰好不依赖于被控对象精确的数学模型，能够直接从专家和操作者的控制经验归纳、优化而得到对被控对象的控制方案，并具有较好的控制效果，达到节能的目的。因此在制冷空调领域采用模糊控制技术实施自动控制是当前制冷空调优化控制研究的热点。

随着控制要求的不断提高，制冷空调装置从最初的简单控制发展成复杂控制系统。采用前馈控制系统的制冷空调装置，其克服干扰的能力比一般反馈控制快捷而及时。在高精度控制的空调中常采用串级控制系统，将主控制器的输出作为副控制器的外给定。副环被控参数一般选取受干扰较大，纯迟延较小，反应灵敏的参数，采用比例积分控制器或者比例控制器，副环对象的时间常数比主环对象的时间常数要小，且控制效果显著。

串级控制系统，对于控制对象纯迟延较大，时间常数较大，热湿干扰影响严重的空调系统是很适宜的。例如，采用蒸汽或热水加热器及表冷器的室温空调系统。将送风干扰作为主干扰纳入副环的送风温度控制系统，而主环对象（空调房间）的干扰通过主控制器的作用来改变副控制器的给定值，使送风温度按室温变化调整，从而减少室温的波动，提高控制质量。

直接数字控制系统（Directed Digit Control）即 DDC 控制系统，是目前国内外应用较为广泛的计算机控制系统。在常规控制系统中，控制规律由硬件决定，若改变控制规律，则必须改变硬件；DDC 控制系统中，控制规律的改变则只需改变软件的编制。

模糊控制 FLC（Fuzzy Logic Control）是人工智能领域中形成最早、应用最为广泛的一个重要分支，适合于结构复杂且难以用传统理论建模的问题。在制冷空调系统的过程控制中，由于控制对象的时滞、时变和非线性的特征比较明显，导致控制参数不易在线调节，而FLC 却能较好的适应这些特征，目前已经成功地应用到家用空调器上。随着模糊控制技术在空调系统中应用研究的不断深入，在控制目标方面从早期的温度控制发展到以热环境综合评价指标 PMV（Predicted Mean Vote）作为控制基准；在控制策略方面从基于查询表方法的简单模糊控制发展到与其他人工智能领域相结合的智能模糊控制。这些智能控制方法的应用极大地提高了空调器的控制效果。

对于常规控制方法，当室外气象参数和室内负荷变化较大时，空调器控制效果较差，主要表现为所控制的室内温、湿度波动较大，使人有忽冷忽热的感觉，因而总体舒适感受到一定的限制。采用模糊控制技术，使所控制的室内温、湿度相对稳定，提高空调房间的舒适性。

自动控制的功能不仅仅限于对温度、湿度的精确控制，它还能对房间内的压力、风量、$CO_2$ 含量、烟气等进行控制，确保人民生命、设备、财产的安全。此外，还能实现能量调节。一个包含转换控制、连锁控制、补偿控制、状态监控、容量调节等安全自动化的控制系统，可在极大程度上排除人员对操作过程的参与，从而大大减轻运行和管理人员的劳动，减少其误操作的可能性。可见，空调自动控制的功能是多样的，其作用在很多情况下是无可替代的。

近 20 年来，制冷空调自动控制技术发展很快，除经典自动控制理论应用外，现代控制论、模糊控制技术、神经网络理论开始应用于本领域。概括地说，目前制冷空调自动化工作已逐步转向计算机化、数字化。为了提高制冷空调设备的整体水平，各国均投入了大量人力、物力研究制冷与空调设备的最优控制。美国、丹麦、德国、日本、俄罗斯、乌克兰、挪威等国均有一些著名大学与公司联手，在该领域的理论与实验上竞相研究。归纳起来制冷空调自动控制技术的热点为节能控制、装置动态特性，以及控制方法与制冷空调自控元件的研究。

(1) 更加重视制冷空调装置的节能控制　制冷空调装置的耗能在国际经济中的比重日益递增，在发达的工业国家，这一能耗已占到总能源的 1/3。20 世纪 60～70 年代，制冷空调装置的自动控制，虽然也考虑了一般方法的能量控制，但较多考虑的还是保证制冷空调装置各参数达到所要求的运行值并保证安全运行。控制系统都是一个个独立的控制回路，例如蒸发器供液量控制、吸气压力控制、库温控制及制冷压缩机自身的能量卸载控制等。

近年来，国际制冷界为了提高制冷空调装置的节能水平，从自动控制原理、仿真优化理论和计算机集成控制角度出发，分析制冷空调装置各设备、各参数的数学模型，并用动态分布参数及参数定量耦合的观点分析，建立制冷装置与空调系统的数学模型，进而进行仿真优化，从装置与系统的总体性能出发，寻找制冷装置与空调系统各部件参数与尺寸的最佳匹配设计方法，其主要目的是从装置与系统内部设计出发，进行节能，提高经济性。

新的节能控制方案，对传统的制冷自控元件与结构形式提出了新的要求，它既要求保持制冷自控元件结构上的高密封性、小尺寸、价格低廉的特色，又要求能以电信号进行输入与输出，形成所谓电脑型制冷自控元件。

(2) 注意制冷装置动态特性研究　通过制冷装置动态特性的研究，把制冷空调装置及其自动化技术的理论基础，从传统的静态特性转到动态特性上来，以便为制冷空调装置及其各部件的最佳匹配（优化）设计提供理论基础和寻找合适的制冷装置（包括热泵）的数学模型，为计算机控制制冷循环提供必要条件。

(3) 控制方法与制冷空调自控元件面临更新换代时期　自从 20 世纪初制冷装置开始采用最原始的自控元件（热力膨胀阀），至 60 年代后期，自控元件结构形式变化繁多，但从控制方法上归纳，一直沿用经典控制方法中的双位控制，如各种温度控制器、压力控制器、油压差控制器、液位控制器和各型电磁阀，以及直接作用式比例控制器，如热力膨胀阀、旁通能量调节阀、吸气压力调节阀、背压调节阀等。

采用上述简单控制方法形成的制冷控制仪表，由于简单、廉价、可靠，预计在中、小型制冷装置自控系统中，即使在 21 世纪，尚需在一段时间内新老控制元件共存。但简单的双位、比例控制规律的制冷自控元件垄断制冷装置自动化领域半个世纪的局面，在最近几年里开始动摇了。

为提高制冷与空调自动控制系统的控制精度，比比例控制器精度更高的比例积分控制器从 20 世纪 70 年代就应用于制冷装置及冷藏库库温的控制。为适应制冷空调对象负荷干扰大的问题，又发展了抗干扰、抗饱和的比例积分控制器。为对付制冷系统中许多对象热惯性大，中间环节多、时间迟延长，以及对付控制系统中变化剧烈与幅值较大的干扰作用，又要求较高的控制精度，从 1978 年起开始在冷藏库库温控制中引入了串级控制与补偿控制，比例积分控制器作为主控制器；并完善了密封性很好的专用电动执行器，使冷藏库温度控制系统首次达到了静态控制精度为 ±0.1℃ 的水平。

目前，全球正在进入网络化时代，制冷空调系统也逐步网络化。欧洲的西门子、梅洛尼两家公司于 1998 年推出了自己的产品。利用这些类似的"家庭电子系统（HES）"可实现对多种家电器具网络性控制，以及对外的通信联络。随着 Internet 技术的飞速发展，人们通过 Internet 对世界各地的制冷空调系统进行远程监控已经成为现实。可以相信，在不久的将来，基于 Internet 的常规空调系统远程监控和故障诊断将成为必然的发展趋势。

### 五、制冷与空调装置自动控制系统的特点

制冷与空调装置是为了实现某种工艺介质的温度、湿度等一系列要求的机器和设备。它包括两大部分，一是完成冷媒循环的制冷工艺系统，另一是实现制冷装置安全稳定运行的自动控制系统。充分认识制冷与空调装置自动控制系统的特点，是自动实现制冷工艺系统热工参数调节和控制，以及装置正常工作的保证。

（1）多干扰性　制冷与空调系统的干扰通常分为外扰和内扰。外扰主要是送风及围护结构传热的扰动、室外气温、日照和空气含湿量的变化等；内扰就是指房间内电器、照明、人员的散热、工艺设备的启停及室内物品流动等变化对室内温、湿度产生的影响。为了抑制或消除这些干扰，除了在建筑和空调工艺方面采取措施外，在自控设计中应分析干扰来源及影响的大小，选择合理的控制方案。

（2）控制对象的特性　制冷空调系统自动控制的主要任务之一是维持被控环境一定的温、湿度，控制效果很大程度上取决于制冷空调系统本身，而不是自控部分，了解控制对象的特性成为非常关键的一个方面。控制对象主要特性参数包括放大系数 $K_1$、时间常数 $T_1$ 和纯迟延时间 $\tau_1$。

（3）温度与湿度的相关性和空调系统的整体控制性　制冷空调系统中主要是对温度和相对湿度进行控制，这两个参数常常是在一个控制对象里同时进行调节的两个被调量，两个参数在控制过程中相互影响，室内空气温度变化要引起相对湿度的变化，而加湿或减湿工艺又要引起室内温度的变化，如房间温度升高时，在含湿量不变的情况下，则相对湿度下降，因此在自控中要充分考虑到温、湿度的相关性。空调自控系统是以空调房间的温、湿度控制为中心，通过工况转换与空气处理过程，每个环节紧密联系在一起的整体控制系统，任意环节有问题，都将影响空调房间的温、湿度控制，甚至使整个控制系统无法工作。

（4）具有工况转换的控制　制冷空调系统是按工况运行的，因此，自动控制系统应包括工况自动转换部分。如夏季工况制冷装置工作，控制冷水量，进而调节室内温度，而在冬季需转换到加热器工作，需要控制热媒的流量，达到调节室内温度的目的，这是最基本的工况转换。此外，从节能角度进行工况转换控制。全年运行的空调系统，在过渡季节采用工况的处理方法能达到节能的目的，为了尽量避免空气处理过程中的冷热抵消，充分利用新、回风和发挥空气处理设备的潜力，在考虑温、湿度为主的自动控制外，还必须考虑与其相配合的工况自动转换的控制。

# 模块一　制冷与空调装置自动控制基础

**教学目标**

1. 掌握自动控制系统的组成、方框图及自动控制系统分类。掌握自动控制系统的过渡过程及品质指标。理解真值与测量值的概念、测量误差的表示和测量误差的分类。掌握自动检测仪表的基本组成、基本技术性能，了解其分类。
2. 掌握被控对象的特性参数的物理意义。
3. 能运用过渡过程曲线分析并掌握控制规律的性质和应用，了解执行器和传感器的特性。

随着生产和科学技术的发展，电子计算机技术在各个领域中的普及和应用，自动化技术出现了很大的飞跃。为了提高生产率、最大限度节能、改善劳动条件、提高人们居住和工作环境的舒适度，自动控制技术在空调制冷领域中得到了广泛应用。

本项目主要介绍自动控制的组成、质量指标、自动控制系统各环节的特性以及自动控制仪表的质量指标。

# 项目一　自动控制系统简介

本项目是通过对自动控制系统的组成、方框图及分类的介绍，了解自动控制系统的基本概念，掌握自动控制系统的过渡过程及质量指标，为后续学习打下基础。

制冷与空调装置自动控制就是在制冷空调系统中，利用自动控制规律，通过相应的传感器、控制器、执行机构、调节阀等自动控制装置，组成自动控制系统，对被控制的机器与设备或空间的被控参数实现自动调节和自动控制。

## 一、自动控制系统的基本组成

1. 自动控制系统的基本组成

(1) 人工控制与自动控制　如图 1-1 所示为恒温室室温的人工控制示意图，控制过程是操作人员根据温度计 2 的指示，不断地改变调节阀 3 的开度，控制进入风机盘管 1 的冷水量，从而使室温维持在理想值上。如某恒温室温度全年要求控制在 20℃±2℃ 范围内，其中，20℃ 为理想值，±2℃ 为控制的精度。当操作人员从温度计 2 上读到的温度值高于理想值，操作人员迅速开大调节阀，冷水量增加，使室温下降到理想值。反之，当室温温度值低于理想值，操作人员迅速关小调节阀，冷水量减少，使室温上升回到理想值。如此循环，直至温度指示值回到理想值上。这就是人工控制。在这个控制过程中，操作人员进行的工作是：

① 观察温度计的数值；

② 计算恒温室的温度值与理想值的差值，这个差值称为偏差；

③ 根据偏差的正负，控制调节阀的开度，从而调节冷水流量的大小，使室温控制在理想值上。

上述这种依靠人工完成的控制过程称为人工控制（或人工调节）。若用自动控制装置代替人工来完成上述控制，则称为自动控制。如图 1-2 所示为恒温室室温的自动控制示意图，从图中看出，温度传感器 2 代替了温度计，控制器 3 代替了人的大脑所进行的工作，自动调节阀 4 代替了手及手动调节阀。即用自动控制装置代替人的眼睛、大脑和双手，实现观察、比较、判断、运算和执行等功能，自动地完成控制过程。

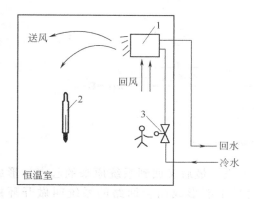

图 1-1 恒温室室温的人工控制示意图

1—风机盘管；2—温度计；3—调节阀

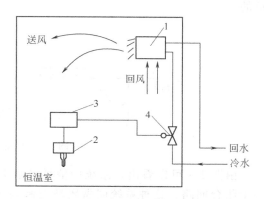

图 1-2 恒温室室温的自动控制示意图

1—风机盘管；2—温度传感器；3—控制器；4—自动调节阀

（2）自动控制系统的基本组成　在制冷与空调系统中，为保证整个系统能正常运行，并达到系统要求的指标，有许多热工参数需要进行控制。如温度、压力、湿度、流量和液位等热工参数，都是一般热工自动控制技术上经常遇到的被控参数（或被调参数）。为达到自动调节被控参数的目的，必须把具有不同功能的环节组成一个有机的整体，即自动控制系统。如图 1-2 所示系统就是一个温度自动控制系统。

自动控制系统由控制对象和自动控制设备组成。即由控制对象、传感器、控制器和执行器所组成的闭环控制系统。

所谓控制对象是指所需控制的机器、设备或生产过程。被控参数是指所需控制和调节的物理量或状态参数，即控制对象的输出信号，如房间温度。被控参数的预定值（或理想值）称为给定值（或设定值）。给定值与被控参数的测量值之差称为偏差。

传感器是指把被控参数成比例地转变为其他物理量信号（如电阻、电势、电流、气压、位移）的元件或仪表，如热电阻、热电偶等，如果传感器所发出的信号与后面控制器所要求信号不一致时，则需增加一个变送器，将传感器的输出信号转换成后面控制器所要求的输入信号。控制器是指将传感器送来的信号与给定值进行比较，根据比较结果的偏差大小，按照预定的控制规律输出控制信号的元件或仪表。执行器是动力部件，它根据控制器送来的控制信号大小改变调节阀的开度，对控制对象施加控制作用，使被控参数保持在给定值。

2. 自动控制系统的方框图

为了研究自动控制系统各组成环节之间的相互影响和信号联系，通常用自动控制系统的方框图来表示自动控制系统。如图 1-3 所示为自动控制系统的方框图，控制系统中的每一个组成环节在此图中用一个方框来表示，每个方框都至少有一个输入信号，一个输出信号；方框间的连接线和箭头表示环节间的信号联系与信号的传递方向，箭头方向与生产工艺中物料流动方向无关。在方框图中，凡是引起被控参数波动的外来因素（除控制作用外），统称为干扰作用，如恒温室室温控制系统中室外温度变化、恒温室室内热负荷的波动，都是引起室温变化的干扰作用。控制作用（或调节作用）是指执行器控制的参数，该参数直接影响被控参数，如恒温室室温控制中的送风温度。干扰作用和控制作用对被控参数影响的信号传递通道分别称为干扰通道和控制通道。它们均为控制对象的输入信号。干扰作用破坏控制系统的平衡状态，使被控参数偏离给定值。而控制作用则力图消除干扰对被控参数的影响，使被控参数恢复到给定值。即控制作用对被控参数的作用与干扰作用对被控参数的作用方向是相反的。

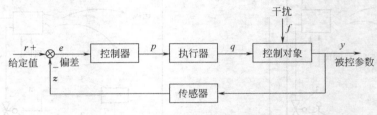

图 1-3　自动控制系统的方框图

由图 1-3 可以看出，系统中信号沿箭头方向前进，最后又回到系统原来的起点，形成一个闭合回路，这种系统叫做闭环控制系统。信号不能形成闭合回路的系统叫做开环控制系统。在闭环控制系统中，系统的输出信号是被控参数，它通过传感器这个环节再返回到系统的输入端，与给定值进行比较，这种将系统的输出信号引回到系统的输入端的过程称为反馈。被控参数的测量值称为反馈信号。反馈信号使系统原来的输入信号减弱的为负反馈；反之为正反馈。正反馈和负反馈分别用"＋"和"－"表示，"$\otimes$"代表比较元件。

当系统的被控参数受干扰而上升（或下降）时，我们希望通过控制使其能尽快地回到给定值。如果采用正反馈，由于反馈是增强输入信号的，控制的结果只能使被控参数越升越高（或越降越低），使偏差越来越大。这在自动控制系统中是不能允许的。一般自动控制系统采用负反馈，因为负反馈的结果是减弱输入信号，使被控参数与给定值的偏差逐渐减少。所以，自动控制系统是一个自动负反馈的闭环系统。如图 1-3 中对被控参数的自动控制是一个负反馈系统，其控制原理是：当干扰作用 $f$ 发生后，被控参数 $y$ 偏离给定值，这种变化被传感器测出并送到控制器的比较环节与给定值比较，得出偏差 $e=r-z$，偏差 $e$ 输入到控制器中，控制器根据预先设定的运算规律，输出一个和偏差成一定关系的控制量 $p$（调节量），去调节执行机构，改变输入到控制对象中的能量，克服干扰造成的影响，使被控参数又趋于给定值。

从以上分析可以看出，不论是人工控制还是自动控制，都是基于以下原理：即先测出被控参数与给定值的偏差，根据偏差的性质（正偏差或负偏差）及大小，控制器发出相应信号，指令执行器动作，使被控参数保持在给定的变化范围内。这种控制系统，只有在被控参数与给定值之间出现偏差才能发挥控制作用。可见，负反馈控制的实质是以"检测偏差来克服偏差"的控制过程，当然，这样的控制过程只能使偏差尽可能减小，而不能完全消除。

3. 自动控制系统的分类

自动控制系统通常按被控参数给定值的变化规律、控制系统结构、控制动作与时间的关系等形式进行分类。

(1) 按被控参数给定值的变化规律，可以分为以下几种。

① 定值控制系统　在调节过程中，给定值保持不变的控制系统。它是简单自动控制系统中应用最多的系统，例如，恒温恒湿控制系统、冷库库温控制系统等。

② 程序控制系统　在调节过程中，给定值按已知的固定规律变化，即被控参数的给定值是其它参数的函数。分为时间程序控制系统和参数程序控制系统两种。例如，冷风机的冲霜控制系统、根据蒸发温度或蒸发压力的压缩及能量控制系统。

③ 随动控制系统　系统的给定值是另一变量的函数，事先无法预知给定值准确的变化规律。随动控制系统一般不单独使用，而是与定值控制系统一起构成复杂的控制系统，达到良好的控制要求。例如，舒适空调的新风补偿控制系统、串级控制等。

(2) 按控制系统结构，可以分为以下几种。

① 闭环控制系统　其方框图如图 1-3 所示，它利用闭环负反馈具有自动修正被控参数偏离给定值的能力。具有控制精度高、适应性强的特点，是基本的控制系统。

② 开环控制系统　开环控制是一种简单的控制形式，其方框图如图 1-4 所示，其特点是控制器与被控对象之间只有正向控制作用，而没有反馈作用。具有控制及时、结构简单、成本低、控制精度低等特点。

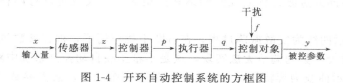

图 1-4　开环自动控制系统的方框图

③ 复合控制系统　是将开环与闭环控制结合起来的控制系统。它是在闭环控制的基础上，用开环通道引入输入量，以提高系统的控制精度。

(3) 按实现控制动作与时间的关系，可以分为以下两种。

① 连续控制系统　系统中所有参数在控制过程中都是随时间连续变化的。如比例控制、比例积分控制、比例积分微分控制系统。

② 断续控制系统　在调节过程中，系统中有一个以上参数变化是断续的。如双位控制系统。

## 二、自动控制系统的过渡过程

1. 系统的静态、动态和干扰作用

自动控制系统的静态是指被控参数不随时间而变化的平衡状态，即系统中各个环节输出都处于相对静止的状态（各参数的变化率为零）。假若一个系统原来处于静态，由于出现了干扰，系统的平衡受到破坏，自动控制系统的控制器、执行器就会动作，进行控制，以克服干扰的影响，力图使系统恢复平衡。从干扰发生经历调节再到新平衡这段过程中，系统的各个环节和参数都在不断变化，这种状态称为动态。实际过程中总存在一些破坏系统稳定的干扰作用，即自动控制系统总是处于动态之中，故研究系统的动态更为重要。干扰作用的大小一般是随时间而变化的，它的变化并没有固定的形式与规律，在分析与设计自动控制系统时，为了方便，常以一种对系统最不利的干扰形式——阶跃干扰作为典型干扰作用来讨论。阶跃干扰的形式如图 1-5 所示。

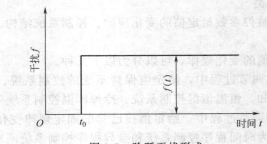

图 1-5　阶跃干扰形式

**2. 系统的过渡过程**

　　系统的平衡是相对的、有条件的，不平衡才是绝对的、普遍的。对于任何一个处于平衡状态的自动控制系统，它的被控参数总是稳定不变的。但当系统受到干扰作用后，被控参数就要偏离给定值而产生偏差，控制器等自动控制设备将根据偏差变化状况，施加控制作用以克服干扰的影响，使被控参数重新回到给定值，系统达到新的平衡状态。这种自动控制系统在干扰和控制的共同作用下，从一个稳定状态变化到另一个稳定状态期间被控参数随时间的变化过程称为自动控制系统的过渡过程，它包括静态和动态。研究控制系统的过渡过程也就是研究控制系统的动态特性，其目的是为了研究控制系统的质量。

　　控制系统在阶跃干扰作用下，根据过渡过程被控参数随时间的变化规律绘制成的曲线叫过渡过程曲线。不同的过渡过程曲线经归纳和典型化后，大致可以有四种（如图 1-6 所示）基本形式。

　　图 1-6(a) 所示曲线为发散振荡过程，在阶跃干扰作用下，被控参数越来越偏离给定值，系统不能稳定，被控参数的调节无法实现，这是不希望在自动控制系统中获得的。

　　图 1-6(b) 所示曲线为等幅振荡过程，在阶跃干扰作用下，被控参数出现等幅振荡，是一个不稳定过程。采用双位控制规律，其输出形式就是这种形式。

　　图 1-6(c) 所示曲线为衰减振荡过程，在阶跃干扰作用下被控参数偏离给定值，经过几个周期的调节后很快趋于平衡值，这种过渡过程比较理想。

　　图 1-6(d) 所示曲线为单调衰减过程，在阶跃干扰作用下，被控参数偏离给定值后，逐

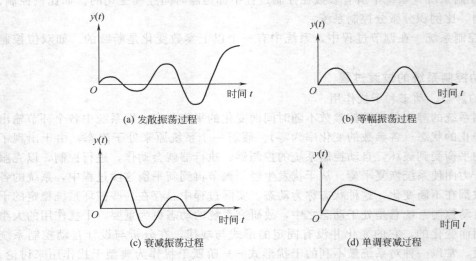

图 1-6　过渡过程曲线的基本形式

渐缓慢地趋近给定值。属于非周期性调节，能够回到给定值，但调节过程时间长，调节效果不理想。

图 1-6(a)、(b) 所示属于不稳定的过渡过程，图 1-6(c)、(d) 所示属于稳定的过渡过程，其中图 1-6(c) 所示是理想的过渡过程。

### 三、自动控制系统的质量指标

通过对过渡过程曲线的分析，可以得到控制系统的调节品质。如图 1-7 所示为定值控制系统受阶跃干扰作用后质量指标示意图。图中 $y(0)$ 是受干扰作用前被控参数的稳态值，$y(\infty)$ 是干扰发生后新的稳态值。现讨论以下几个能标志自动控制系统控制品质的常用质量指标。

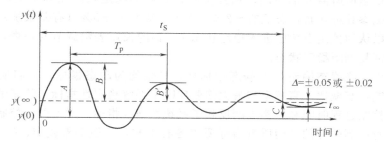

图 1-7 控制系统的质量指标示意图

（1）衰减比 $n$ 与衰减率 自动控制系统的基本要求是它的稳定性，稳定性是指自动控制系统在外界干扰作用下，过渡过程能否达到新的稳定状态的性能，系统的稳定性程度常用衰减比 $n$ 或衰减率 $\Psi$ 来衡量。

衰减比 $n$ 是衡量过渡过程稳定性的动态指标，它是指过渡过程曲线第一个波峰值与同相位第二个波峰值之比，即 $n=B/B'$。用衰减比 $n$ 判断控制系统是否稳定及克服干扰恢复平衡的快慢程度。$n<1$ 时，系统为发散振荡，不稳定；$n=1$ 时，系统为等幅振荡，也不稳定；$n>1$ 时，系统为衰减振荡，是稳定过程。$n$ 太小，系统不容易稳定。$n$ 太大，系统不灵敏。系统稳定是控制过程正常工作的必要条件，一般 $n=4\sim10$ 时，控制过程收敛的快慢适中，较为理想。在满足 $n>1$ 条件下，讨论其他质量指标才有价值。

有时可以用衰减率 $\Psi$ 来判断过渡过程曲线是否衰减及衰减程度。当 $\Psi=B-B'/B$，当 $\Psi\leqslant0$ 时，控制过程是不稳定的，过渡过程曲线不发生衰减，如图 1-6(a)、(b) 所示，分别为发散的和等幅的；当 $\Psi>0$ 时，控制系统是稳定的，过渡过程曲线是衰减的，$\Psi$ 越大，衰减得越快，图 1-6(c)、(d) 所示曲线属于此类情况。通常认为 $\Psi=0.75$ 时控制系统过渡过程收敛比较理想，过渡过程时间比较合理，系统也比较稳定。

（2）最大超调量 $B$ 最大超调量又称动态偏差，是描述被控参数偏离给定值最大程度的物理量，也是衡量过渡过程稳定性的一个动态指标。超调量 $B$ 的定义是被控参数在过渡过程中，第一个最大峰值超出新稳态值的量。超调量 $B$ 越大，表明被控参数瞬时值偏离给定值就越远，在设计控制系统时，必须对 $B$ 做出限制性规定，$B$ 值大则控制质量差，例如，根据生产工艺要求，低温冷藏间温度最大瞬时偏差不超过 5℃，即要求 $|B|\leqslant5℃$。

（3）静态偏差 $C$ 静态偏差 $C$ 又称残余偏差 $e(\infty)$，简称余差。它是指被控参数新的稳态值 $y(\infty)$ 与给定值 $y(0)$ 之差。$C=0$ 时，该调节过程称为无差调节过程，表明当系统受到干扰后，在控制装置作用下系统，被控参数能恢复到给定值。$C\neq0$ 时，该调节过程称为有差调节过程。静态偏差是反映控制精度的一个重要的稳态指标，从这个意义上说是越小越好，但不是所有系统对静态偏差要求都很高，往往是由生产工艺决定，选取时要慎重选值。

（4）最大偏差 A 最大偏差 A 是指被控参数相对于给定值的最大偏离量。对于衰减振荡过程，最大偏差是第一个波峰值。在动态的调节过程中，超调量与最大偏差对应的时间点相同，最大偏差 A 越大，控制系统过渡过程质量指标越差。

（5）振荡周期 $T_p$ 振荡周期 $T_p$ 是指过渡过程曲线同方向相邻两个波峰之间的时间，它是衡量系统控制过程快慢的一个质量指标，一般希望短一些好。其倒数为振荡频率 $f$，即 $f=1/T_p$。

（6）控制过程时间 $t_S$ 控制过程时间 $t_S$ 是指控制系统受到干扰作用后，被控参数从开始波动至达到新稳态值所需要的时间。被控参数达到新的稳定状态在理论上需要无限长的时间，通常在被控参数进入新稳态值的 $\pm2\%$（无差系统）$\sim\pm5\%$（有差系统）范围内，并不再越出，就可以认为控制系统已进入稳定状态了。$t_S$ 的长短表示调节的快慢，$t_S$ 小，系统能迅速克服干扰恢复到新稳定状态。

上述指标中，除静态偏差 C 是静态指标外，其余均为动态指标，它们反映了控制系统三个方面的性能：衰减比、衰减率和最大偏差反映了系统稳定性指标；静态偏差反映了系统准确性指标；控制过程时间和振荡周期反映了系统快速性指标。对不同的控制系统，除了要求稳定性外，对控制过程的其他质量指标要求各有不同，一般都希望 B、C 及 $t_S$ 值尽量小，但这样需要设置较复杂的自动控制装置。

制冷空调对象属慢速热工对象，有些参数（如温度）的控制目的是为了改善工作和生活条件，故对动态偏差和控制过程时间要求可以放宽一些，往往只对静态偏差提出严格要求。例如冷库制冷系统，由于被控参数——温度和湿度的变化都比较缓慢，因而对最大偏差 A、控制过程时间 $t_S$ 的要求可以适当放宽，而对静态偏差 C 的要求则比较严格。还有空调系统为了实现舒适性要求，往往只是对静态偏差 C 提出要求，对其他几项指标的要求也可以放宽。因此在设计控制系统时，为方便及简化设计程序，常常突出稳定性和准确性两个指标，而把其他质量指标放在次要地位。

# 项目二　控制对象的特性

本项目通过对控制对象的特性的介绍，掌握控制对象的特性参数 $K$、$T_1$、$\tau_1$ 的物理意义。

控制对象是控制系统中最基本的一个环节，一切控制设备均服务于它，故控制系统是根据控制对象的特性来设计的。控制对象的特性，它是指在没有控制器的情况下，对象受到阶跃干扰的作用时，被控参数随时间的变化规律，对控制系统的控制质量影响很大，在一定程度上决定了控制过程和控制质量。控制器只是根据控制对象特性，将控制过程的质量指标尽量加以改善，而且改善程度还受控制对象特性和控制器性质的限制，因此研究控制对象特性是设计好控制系统的基础。

## 一、对象的负荷

对象的负荷是指自动控制系统处于稳定状态时，单位时间内流入或流出控制对象的能量或物料量。例如，夏季室外向恒温室流入热量，冬季恒温室室内的热量流出，且这两个值是不等的，即夏季的负荷与冬季不同。由于干扰作用，即负荷变化，将破坏原平衡状态，自动控制系统就会开始调节。

在自动控制系统中，对象负荷变化的性质（大小、快慢和次数）看作是系统的扰动，它直接影响控制过程的稳定性。如果负荷变化很大，又很频繁，控制系统就很难稳定下来，控制质量就难以保证。所以对象的负荷稳定是有利于控制的。

## 二、容量与容量系数

任何一个被控对象，都能贮存一定的能量或物料，对象的容量是指当被控参数等于给定值时，在控制对象中所储蓄的能量或物料量。对象的容量与给定值的大小有关，对象中物料或能量的流出口必须存在阻力才能构成容量，否则容量为零。

对象的容量是有单位的，温度控制系统被控参数的容量的单位为焦耳，湿度控制系统被控参数的容量的单位为克（毫克）。

对象的容量系数是指当被控参数改变一个单位时对象相应改变的物料量或能量，即对象的容量系数等于对象的容量除以被控参数的变化量。例如恒温室的被控参数是温度，那么它的容量系数是温度每升高 1℃时所需要吸收的热量，即温度控制系统的容量系数是热容量。液位控制系统的容量系数是容器的截面积。

对象的容量系数与对象的惯性有关，容量系数越大，其惯性越大，在同样干扰作用下，当平衡状态被破坏时，被控参数离开给定值的偏差愈小，因而自动控制系统容易保持平衡状态。围护结构良好的大型冷库停止供冷后库温不会迅速升高；而小型冷柜，停机后，箱内的温度很快会上升，就是这个道理。

控制对象中，可能是只有一个容量系数，即单容对象。如空调系统中送风温度控制的一次、二次空气混合室，因为它们对被控参数送风温度的影响与混合室的热容量有关，一个混合室只有一个热阻、一个热容量，因此，它是单容对象。也可能是有多个容量系数，即多容对象。多容对象是指两个或两个以上容量彼此间隔有阻力联系着的对象，如热阻力、水阻力等。热交换设备（热水加热器，表面冷却器）属于多容对象，这是因为用热水或冷水与空气进行热交换，必须先与热交换器进行热交换，然后再通过热交换器本身与空气进行热交换，传热过程存在两个热阻、两个热容量，因此，它们是多容对象。

## 三、自平衡概念

自平衡是对象的一个重要的特性，对象的自平衡是指当干扰不大或负荷变化不大时，即使没有控制作用，被控参数变化到某个新的稳定值，从而使对象的流入量与流出量之间自动恢复平衡关系的性质。对象达到自平衡所经历的过程叫做自平衡过程。自平衡过程可以用对象的响（反）应曲线描述，响（反）应曲线也称飞升曲线，是指在没有控制器的情况下，对象受阶跃干扰后被控参数随时间的变化曲线，它反映了控制对象的动态特性，故也称为动态特性曲线。如图 1-8 所示为被控对象的阶跃响应曲线。图中 $\Delta x$ 为对象的输入量，$\Delta y$ 为对象的响应量，在幅值不大的干扰（$\Delta x$）或控制作用下，有自平衡能力的被控对象输出重新稳定，而无自平衡能力的被调对象输出一直增加，无法稳定下来，这就是两者的区别。

## 四、描述对象特性的三个参数

制冷空调中的控制对象大多都可当作热工对象，它的特性常用对象响应曲线来描述。控制对象常见的响应曲线形式如图 1-9 所示。

在响应曲线上可以获得三个描述对象特性的参数。

（1）放大系数 $K_1$　它表示对象受到干扰作用后，又重新达到平衡的性能，反映了对象自平衡能力的大小。其数值等于被控参数新、旧稳态值之差与扰动幅度之比，即单位干扰引

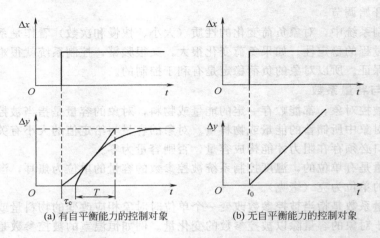

图 1-8　控制对象的阶跃响应曲线

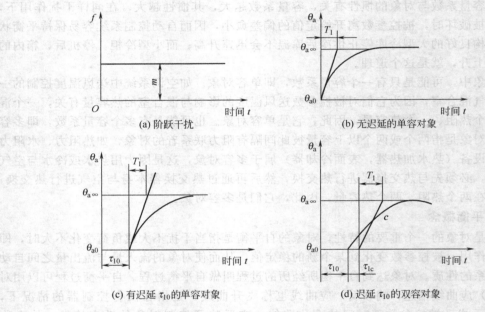

图 1-9　控制对象常见的响应曲线形式

起的被控参数的变化量。

$$K_1 = \frac{\theta_{a\infty} - \theta_{a0}}{m} \tag{1-1}$$

式中　$\theta_{a0}$——原稳态值（见图 1-9）；

　　　$\theta_{a\infty}$——新稳态值（见图 1-9）；

　　　$m$——干扰输入量。

　　放大系数 $K_1$ 越大，自平衡能力越弱，抗干扰能力越差。对象的放大系数与过程的起点和终点有关，而与变化过程无关，所以它代表了被控对象的静态特性。

　　(2) 时间常数 $T_1$　从响应曲线的起始点做切线与新稳态值 $\theta_{a\infty}$ 交点的时间间隔称时间

常数 $T_1$，它表示热工对象惯性的大小，即表示对象受到干扰后从一个稳定状态到另一个稳定状态过渡过程的快与慢。一般来说，对象时间常数 $T_1$ 大，被控参数变化缓慢，控制过程时间长，但系统平稳；对象时间常数 $T_1$ 小，被控参数变化快，控制过程时间短，但容易引起系统振荡和超调。所以时间常数适当大些，可控性能较好。

（3）迟延时间 $\tau_1$　在实际生产过程中，不少控制对象在受到干扰作用或控制作用后，被控参数并不立即变化，而是延迟一段时间才发生变化，这段延迟时间称为控制对象的迟延时间。迟延时间分为传递迟延 $\tau_{10}$ 与容量迟延 $\tau_{1c}$。传递迟延是由于调节机构到控制对象、控制对象到传感器之间存在距离，能量或物料量发生输入变化时，不能立即充满空间，需要一定的传递时间 $\tau_{10}$。对于双容对象，其响应曲线如图 1-9（d）所示，是带有拐点 $c$ 的曲线。为了简化问题，在拐点 $c$ 处作上半部分曲线的切线，与时间轴的交点和 $\tau_{10}$ 点的时间间隔称容量迟延 $\tau_{1c}$，这样就可以把双容对象看作为有总迟延时间 $\tau_1 = \tau_{10} + \tau_{1c}$ 的单容对象。在 $\tau_1$ 这段时间内，干扰已发生，偏差还未形成，这对以偏差克服偏差的负反馈控制系统来说，$\tau_1$ 期间干扰作用一直作用于控制对象，被控参数在不断变化之中，但控制器并不产生控制作用，致使被控参数将自由变化。因此，对象迟延时间的存在将使超调量增大，稳定性下降，控制时间加长，控制质量变坏。

从提高系统稳定性的角度来看，希望其他环节的时间常数尽量比对象的时间常数 $T_1$ 小，同时也希望放大系数 $K_1$ 小些。但 $K_1$ 小会使静态偏差 $C$ 增大，所以提高系统稳定性与提高系统精密度对 $K_1$ 的要求是相互矛盾的。解决此矛盾的原则是：在满足系统稳定性要求的前提下，尽量增大 $K_1$ 值，以提高系统的控制精度。

# 项目三　常用控制规律

本项目主要是通过对控制系统常用的控制规律的介绍，掌握常用的控制规律的性质及其过程，了解其他控制方法在制冷与空调装置中的应用。

控制器是自动控制系统中的核心部件，控制系统的控制质量很大程度上取决于控制器的控制规律。它将被控参数的测量值与给定值进行比较得到偏差，按预先选定的控制规律，控制生产过程，使被控参数等于或接近于给定值。如图 1-3 所示，控制器的输入信号是被控参数的测量值与给定值的偏差信号 $e$，输出信号是控制作用 $p$。控制器的特性是指控制器的输出信号与输入信号（偏差信号）之间的函数关系，即所谓控制器的控制规律。尽管控制器具有不同的工作原理和各种不同的结构形式，但它们的控制规律归纳起来却只有四种，即双位控制规律、比例（P）控制规律、积分（I）控制规律和微分（D）控制规律。在实际应用中，还可将这四种基本规律按实际需要进行组合，构成多种控制形式，如比例积分（PI）控制规律和比例积分微分（PID）控制规律。

一般的制冷空调系统控制精度要求不高，故常采用结构简单、价格低廉的双位控制器和比例控制器。只有在控制精度要求较高的制冷空调系统中，才采用 PI 或 PID 控制器。

**一、双位控制**

1. 双位控制规律

双位控制是最简单的一种控制规律。动作规律是当控制器的输入信号发生变化后，控制器的输出信号只能有两个值，即最大输出信号和最小输出信号，故称之为双位控制。

由于双位控制只有两个输出值，相应的调节结构也只有两个极限位置，或为全开，或为全关，而不存在中间位置，并且从一个位置变化到另一个位置在时间上是很快的。

2. 双位控制特性及其控制过程

如图 1-10 所示为双位控制器的静态特性曲线，它反映的是双位控制器的动作规律。

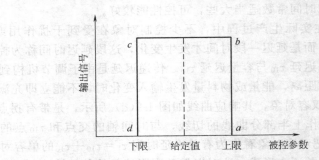

图 1-10 双位控制器静态特性曲线

被控参数在上限与下限之间的范围内变化时，双位控制器输出信号无变化。只有当被控参数增加到上限 $y=a$ 时，输出信号由 $a$ 点突跳到 $b$ 点；被控参数减小到下限 $y=c$ 时，输出信号由 $c$ 点突跳到 $d$ 点。控制器输出触点"断开"与"闭合"时相对应的被控参数之差称为控制器的差动范围 $y_{差动}$，也叫不灵敏区或呆滞区。

差动范围小的控制器能使被控参数的波动小，控制质量较高，但控制器动作频繁。为了延长控制器和执行机构的寿命，在满足生产工艺要求的前提下，应尽量将控制器的差动范围调大些。

如图 1-11 所示是双位控制器的动态特性曲线，它指的是双位控制系统的过渡过程曲线。如图 1-11(a) 和图 1-11(b) 所示分别为无延迟时间和有延迟时间的双位控制器的控制过程及其特性。当图 1-11(b) 所示为用温度双位控制器调节冷藏室内温度，控制制冷剂供液电磁阀的开关时，库温要求控制在 $-18℃\pm1℃$。由于控制对象有迟延 $\tau$ 存在，控制作用无法影响被控参数，被控参数将继续沿原来的方向变化，使动态偏差增大，故会引起被控参数的波动范围 $y_{波动}$ 超过控制器的差动范围 $y_{差动}$。迟延时间越大，$y_{波动}$ 超过 $y_{差动}$ 越多。若对象迟延时间 $\tau=0$，则理论上 $y_{波动}=y_{差动}$。

迟延时间的存在，使被控参数波动幅度增大，动态偏差增大，控制过程周期也较无迟延时间时有所增加。对这类控制系统，除了选用差动范围小于生产工艺规定的被控参数波动范

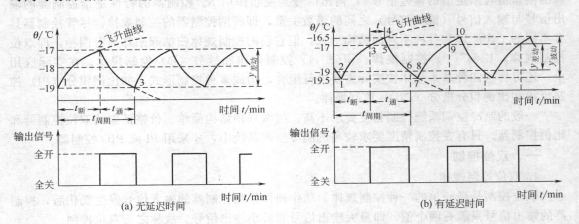

图 1-11 双位控制器的动态特性曲线

围的控制器外，设计和安装时应尽量减少控制对象的迟延时间，以保证控制质量。

控制对象时间常数 $T_1$ 越小，迟延时间 $\tau_1$ 越大，则特性比 $\tau_1/T_1$ 越大，被控参数的波动范围 $y_{波动}$ 也越大，一般 $\tau_1/T_1 < 0.3$，才适于选用双位控制器。双位控制在制冷空调系统中应用最广泛，如电冰箱、空调蒸发器蒸发温度的控制就是通过控制压缩机的启停来达到目的的。双位控制构成的控制系统结构简单、成本低，但控制精度不高。

双位控制器及其控制过程的特点如下：

① 双位控制器的结构简单，价格低廉，易于调整；

② 执行器的动作是间断的，只有"全开"和"全关"两个极限位置，属于非线性控制；

③ 控制过程是一个周期性、不衰减的等幅振荡过程；

④ 改变控制器的差动范围，就可以改变被控参数的波动范围；

⑤ 控制对象的迟延时间 $\tau_1$ 和时间常数 $T_1$ 小，以及控制器延迟和它的差动范围小，均能导致双位控制器的开关周期缩短，开关次数频繁。

### 二、比例控制

#### 1. 比例控制规律

在双位控制系统中，控制器输出触点只有"开"和"关"两个状态，所控制的执行机构也只有"全开"和"全关"两个位置而不能有中间状态。控制作用不能完全适应被调参数变化的要求，因而会造成被调参数有很大的波动性。如能使执行机构的开启度与被调参数的偏差成比例，就有可能获得与对象负荷相适应的控制参数，从而使被调参数趋于稳定，达到平衡状态。比例控制器的输出信号与它的输入信号成正比，简称 P 控制器。其控制规律为

$$p = K_P e \tag{1-2}$$

式中　$K_P$——比例控制器的比例系数；

　　　　$p$——比例控制器的输出信号；

　　　　$e$——被控参数偏差值，即输入信号；

下脚 "P"——代表英文 Proportional（比例）。

比例系数 $K_P$ 也称放大系数，其大小表征了控制器调节作用的强弱。在相同的输入信号 $e$ 下，$K_P$ 值越大，输出信号 $p$ 越大，控制器的调节作用越强；$K_P$ 值越小，控制器调节作用越弱。

如图 1-12 所示为比例控制器的阶跃响应曲线。

#### 2. 比例系数 $K_P$ 和比例带 $\delta$

在实际应用中，控制器比例作用的强弱也常用比例带 $\delta$（比例度）来表示，比例带 $\delta$ 的数学表达式为

$$\delta = \frac{\dfrac{e}{X_{\max} - X_{\min}}}{\dfrac{p}{Y_{\max} - Y_{\min}}} \times 100\% \tag{1-3}$$

式中　$X_{\max} - X_{\min}$——控制器输入信号的变化范围（仪表量程）；

　　　　$Y_{\max} - Y_{\min}$——控制器输出信号的变化范围。

比例带 $\delta$ 不仅能表示比例作用的强弱，而且能表示比例作用存在的范围。例如 $\delta = 40\%$，表示偏

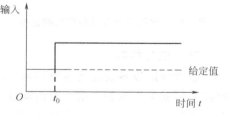

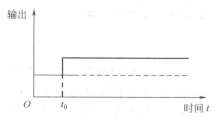

图 1-12　比例控制器的阶跃响应曲线

差在全量程的 40% 内，才有比例特性，超出这个比例带以外，控制器处于全开或全关状态。若 $\delta=200\%$，表示偏差在全量程的 100% 内变化时，控制器的输出只变化了 50%。对于一个具体的控制器，$(Y_{max}-Y_{min})/(X_{max}-X_{min})$ 为常数，即 $K=(Y_{max}-Y_{min})/(X_{max}-X_{min})$，由式(1-2)、式(1-3) 得：

$$\delta=\frac{K}{K_P}\times100\% \tag{1-4}$$

式(1-4) 说明控制器的比例带 $\delta$ 与比例系数 $K_P$ 互为倒数关系。比例带 $\delta$ 反映了比例控制器的放大能力与灵敏度，其物理意义是，控制器输出值变化 100% 时，所需输入变化的百分数。

3. 比例控制过程及静态偏差

在一个控制系统中，对象的迟延愈小、时间常数愈大或放大系数愈小，则系统愈稳定。但对象的迟延时间、时间常数及放大系数是它内在的的特性，不能轻易改变，因而，可以通过改变控制器的特性来改善系统的控制质量。当控制系统的比例带 $\delta$ 愈大时，系统愈稳定，但静态偏差也愈大；比例带 $\delta$ 愈小，静态偏差愈小，系统愈难稳定。如图 1-13 所示为同一对象在相同干扰下，比例带 $\delta$ 对控制过程的影响。

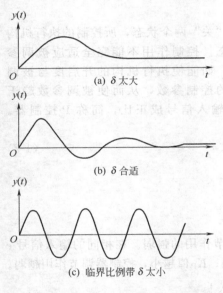

图 1-13　比例带 $\delta$ 对控制过程的影响

比例控制器是只要有偏差输入，其输出立即按比例变化。因此，比例控制器调节及时迅速，控制器输出是以偏差为前提条件的。所以，当系统是用比例控制规律时，如果被控参数受干扰作用而偏离给定值后，被控参数不可能再恢复到给定值，即存在静态偏差，这是比例控制的显著特点。此控制器的输出是连续的，属连续作用式控制器，可使被控参数对给定值的偏差，经常保持与调节机构的位置成一定的比例关系，只要该偏差是在允许范围内，则控制器的应用就是成功的。通常，比例控制器适用于干扰较小、迟延较小，而时间常数并不太小的对象。一般情况下，温度控制对象的比例带 $\delta$ 设置为 20%～60%，压力控制对象为 30%～70%，流量控制对象为 40%～100%，液位控制对象为 20%～80%。

### 三、积分控制

制冷空调设备及相关各类控制系统中，如控制质量静态偏差要求很高时，采用双位或比例控制器就无法达到要求。要消除静态偏差，需要采取措施，使输出信号的变化速度与被控参数的偏差成正比，积分控制器正是这种特性。积分控制器的控制规律是输出信号的变化速率与输入信号成正比。即

$$p=\frac{1}{T_I}\int_0^t e\,dt \tag{1-5}$$

式中　$T_I$——积分控制器的积分时间；

　　　$p$——积分控制器的输出信号；

　　　$e$——被控参数的偏差（输入信号）；

　　下脚"I"——代表英文 Intergrated（积分）。

式(1-5) 表明，积分控制器的输出信号 $p$ 不但与被控参数偏差 $e$ 的大小有关，而且还与偏差存在时间有关。因此，只要偏差 $e$ 存在，积分控制器的输出就会随时间不断变化，直到静态偏差消除，控制器的输出才稳定不变。积分时间 $T_1$ 越大，积分响应速度越慢，积分作用越弱，反之亦然。

如图 1-14 所示为积分控制器的阶跃响应曲线。

由于积分控制器存在着调节速度慢和不及时的特点，工业生产中，积分控制规律一般不单独使用，常与比例作用一起使用，组成比例积分控制规律。

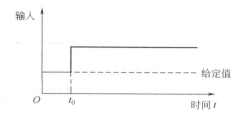

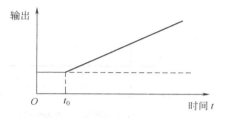

图 1-14　积分控制器的阶跃响应曲线

### 四、微分控制

比例控制器或积分控制器是根据被控参数与给定值的偏差量来进行控制的，存在调节作用不及时现象（滞后现象），自控技术常常引入被控参数的变化速度作为控制器的输入信号，即引入微分控制。

理想微分控制规律的输出信号与输入信号的变化速度成正比。即

$$p = T_D \frac{\mathrm{d}e}{\mathrm{d}t} \tag{1-6}$$

式中　$T_D$——微分控制器的微分时间；

$\dfrac{\mathrm{d}e}{\mathrm{d}t}$——输入（偏差）信号的变化速度；

下脚"D"——代表英文 Derivative（微分）。

式(1-6) 表明，微分作用与偏差变化的速度成正比，它能防止被控参数产生更大的偏差，尽快地将偏差消除于萌芽之中，即具有超前调节作用，抑制被控参数的振荡，提高系统稳定性。$T_D$ 过大，微分作用过强，会引起被控参数大幅度波动；$T_D$ 过小，微分作用弱，超前调节作用不够显著，对改善调节质量的作用不大，因此，要合理的选取 $T_D$。

如图 1-15 所示为微分控制器阶跃响应曲线，图 1-15(a) 为理想微分控制器的特性，从响应曲线看出，如果在控制器输入端加入一个阶跃干扰信号，则在输入信号加入的瞬间（$t = t_0$），相当于输入信号变化速度为无穷大，从理论上讲，这时微分作用的输出也应无穷大，在此以后，由于输入量不再变化，输出立刻降到零。但是在实际中这种控制作用是无法实现的，故称为理想微分作用。图 1-15(b) 为微分控制器的实际特性，在阶跃干扰输入时，输出突然上升到某个有限值高度，然后逐渐下降到零，这是一种近似的微分作用，所以称之为实际微分控制作用。

微分控制器的输出信号与偏差的大小无关，只与偏差的变化速度有关，只要被控参数发生变化，微分控制器立即进行调节，防止被控参数出现大的偏差。当被控参数稳定后，尽管仍有静态偏差，由于变化速度为零，控制作用消失，故微分作用也不单独使用。

### 五、比例积分微分控制

#### 1. 比例积分控制

由于积分控制的稳定性差，在实际生产过程中常与比例控制一起使用，组成比例积分控制规律，简称 PI 控制。它兼顾了两种控制规律的优点，既有比例控制器反应比较迅速，能

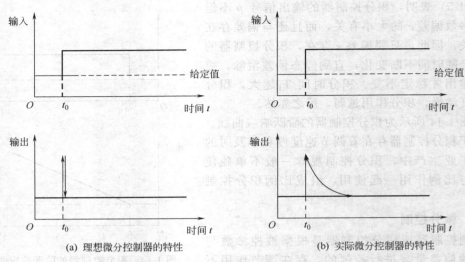

(a) 理想微分控制器的特性　　　　　(b) 实际微分控制器的特性

图 1-15　微分控制器的阶跃响应曲线

很快地抑制被控参数的变化，又有积分控制器可以消除静态偏差的优点。比例积分控制表达式为

$$p = K_P e + \frac{1}{T_I} \int_0^t e \mathrm{d}t \tag{1-7}$$

如图 1-16 所示为比例积分控制器的阶跃响应曲线，它是比例作用与积分作用叠加，通过选择适当的比例带 $\delta$、积分时间 $T_I$，具有调节迅速和消除静态偏差的特点。

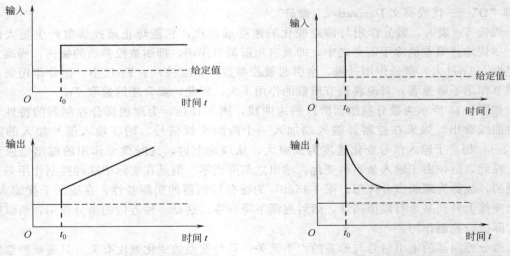

图 1-16　比例积分控制器的阶跃响应曲线　　　图 1-17　比例微分控制器的阶跃响应曲线

2. 比例微分控制

理想的比例微分控制为

$$p = K_P e + T_D \frac{\mathrm{d}e}{\mathrm{d}t} \tag{1-8}$$

图 1-17 为比例微分控制器的阶跃响应曲线，它是比例作用与微分作用的叠加，因此比

例微分控制具有调节迅速与调节超前的特点。

### 3. 比例积分微分控制

由比例、微分、积分控制的特点，形成比例积分微分控制规律，如果合理的选配比例、微分、积分控制作用，它具有调节迅速与调节超前、无静差调节的特点。理想的比例积分微分方程式为

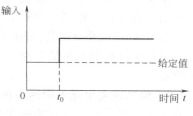

$$p = K_P e + T_D \frac{de}{dt} + \frac{1}{T_I} \int_0^t e dt \qquad (1-9)$$

如图 1-18 所示为比例积分微分控制器的阶跃响应曲线，系统开始加入阶跃干扰时，被控参数偏差的变化速度最大，微分控制作用最强，可以提高控制器反应速度，防止被控参数出现较大的动态偏差。随着偏差的积累，积分控制作用逐渐增强，最后由积分控制作用将静态偏差消除，实现无静差控制。比例控制既是一个基本作用，又可以提高系统的稳定性。由于比例、积分、微分控制规律发挥主导作用的时间不同，它们相互配合，可以取长补短，获得优良的动态品质，目前比例积分微分控制器是工业应用的比较完善的控制器。通过适当选配比例

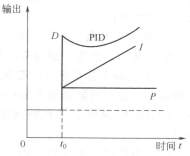

图 1-18　比例积分微分控制器的阶跃响应曲线

放大系数、积分时间、微分时间的比例微分积分三作用控制器，可以得到较为满意的调节质量。

### 六、其他控制方法在制冷与空调装置中的应用

20 世纪 80 年代以来，由于电子膨胀阀等关键执行机构的研制获得了突破，计算机控制终于真正应用到制冷循环系统中。从此，控制系统的控制摆脱了几十年来由直接作用式比例控制器和双位控制器垄断的局面，从单回路控制发展成多回路控制、计算机控制等多种控制模式。

多回路控制系统所用的传感器、控制器、执行器较多，构成的系统比较复杂，功能也比较强，用于控制质量要求高、各变量关系复杂等场合。多回路控制系统主要有串级控制、前馈控制、分程控制等系统。

### 1. 串级控制的作用原理

如图 1-19 所示是串级控制系统的系统方框图。系统由主控制回路和副控制回路串接组成。主控制器的输出信号，作为副控制器的给定值，因此主控制器所形成的系统是定值控制系统；而副控制器的工作是随动控制系统。利用副控制回路的快速控制作用，可以大大改善控制系统的性能。

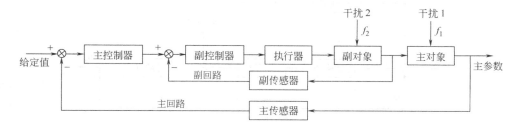

图 1-19　串级控制系统的方框图

由于引入副回路，不仅能迅速克服副回路干扰，而且对主对象的干扰也能迅速克服，即副回路具有先调、粗调、快调的特点。

2. 串级控制系统的特点和应用

(1) 串级控制系统的特点　串级控制系统由于在结构上增加了一个副回路，故有以下几个特点。

① 能迅速克服进入副回路的干扰，抗干扰能力强，控制质量好。作用于副回路的干扰通常称为二级干扰，它在影响主参数之前，即可由副控制器及时校正，减少了副回路的干扰对主参数的影响。

② 能改善对象的特性。由于副回路的存在，可使控制通道的迟延减小，提高了主回路的控制质量。而且对于副对象的非线性特性有所改善。

③ 对负荷和操作条件的变化适应性强。主回路是一个定值控制系统，但副回路是一个随动系统，主控制器能按对象操作条件及负荷情况随时校正副控制器的给定值，从而使副参数能随时跟踪操作条件和负荷的变化，实现及时而精确的控制，保证了控制系统的控制质量。

(2) 串级控制系统的应用

① 适用于迟延比较大，时间常数也大的对象。对于迟延大，时间常数大、反应缓慢的对象，干扰发生后不能立即克服，用单回路控制系统，超调量大，过渡过程时间长，被控参数恢复慢，采用串级控制能克服该缺点。应选择一个迟延较小的辅助参数组成副回路，同时副回路中尽可能包含干扰幅度较大的主干扰，使各类干扰控制回路的影响减小到最低程度，从而改变控制对象的特性，提高系统的控制质量。

② 克服控制对象中变化较剧烈、幅值较大的局部干扰。采用串级控制系统，可把大幅度扰动纳入副控制回路，使干扰的影响尚未影响到主控制参数时，就被克服，提高了全系统的抗干扰能力，使系统调节质量大为提高。

3. 前馈控制的概念和应用

对于大迟延对象，在迟延期间干扰已经发生，偏差还未形成，以偏差产生控制作用的负反馈控制系统就不产生控制作用，这必然导致系统波动幅度增大、稳定性差、控制质量下降。此时，比较适宜用前馈控制。

前馈控制又叫补偿控制。其基本原理是按外部干扰控制的系统，有干扰直接产生控制作用，就有可能在偏差还未形成前，及时克服干扰的影响，使被控参数保持不变。其实质是以干扰克服干扰的控制过程，它实际上是一种按干扰进行控制的开环控制系统，如图 1-20 所示。开环控制系统反应迅速，但因其无信号反馈回路，它的控制效果无法单独得知，所以前

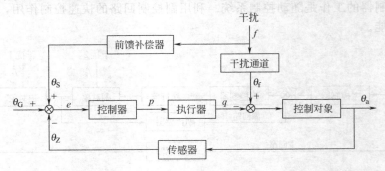

图 1-20　前馈-反馈复合控制系统的方框图

馈控制不能单独使用。一般都要和反馈控制组合成复合控制系统，由前馈控制系统克服可测难控的主要干扰，而由反馈控制克服其他次要的干扰及监控前馈控制产生的效果，这样取长补短，既发挥了前馈控制校正及时的优点，又保持了反馈控制能克服多种干扰的长处，使控制质量提高。

# 项目四　其他环节的特性

本项目通过对执行器和传感器等自动控制系统的其他环节的特性的介绍，掌握其特性和选择方法。

自动控制系统由控制对象、控制器、执行器及传感器四个基本环节组成，若希望获得好的控制精度，就需要了解各个环节的特性，探讨各环节特性与系统控制质量之间的关系，通过选择合适的控制器、执行器及传感器，使控制系统获得好的过渡过程及控制精度。

在控制系统中，环节的特性是指该环节的输入信号与输出信号之间相互的关系，它可以用微分方程及实验法来获得。微分方程是用能量来平衡（或物料平衡）方程来建立环节特性的微分方程，并求解微分方程的方法。实验方法是向该环节输入某种特定信号（阶跃、脉冲、斜坡等）、记录输出的响应、分析其相互间的关系的方法。

## 一、执行器的特性

执行器是控制系统中的动力部件，是将控制器的输出信号 $p$ 转换成控制量（操作量），作用于控制对象，克服干扰造成的影响。它的特性直接影响到控制系统的控制质量。

制冷与空调装置自动控制强调控制仪表的紧凑、简单和密封性。因此，目前制冷装置自控系统中，大多数使用直接作用式控制器，即把传感器、控制器、执行器三者做成一体。当传感器所测得的被控参数与给定值之间存在偏差时，传感器的物理量发生变化，产生足够大的力或能量，直接推动调节机构动作。调节机构的位置变化与被控参数的变化成比例。直接作用式执行器的结构简单、价格便宜，但灵敏度和精度较差，常用于控制质量要求不高的制冷系统中，如热力膨胀阀、恒压式膨胀阀、旁通能量调节阀，吸气压力调节阀、冷凝压力调节阀、水量调节阀、背压调节阀等都属于这种直接作用式控制器。

传感器、控制器、执行器三者分别做成三个（或两个）部件的控制器称为间接作用式控制器。当被控参数发生变化后，传感器发出测量值信号，送至控制器，信号经控制器处理，再送至执行器，从而使调节机构动作。

执行器由执行机构和调节机构组成，按照辅助能量的不同，间接作用式执行器可分为三类：气动、电动和液动调节阀。气动和电动调节阀是制冷空调系统中常用的，液动调节阀仅用在需要动作迅速而推力又很大的场合，制冷空调系统中很少使用。

调节阀的流量特性有直线、对数、抛物线、快开流量特性，根据对象特性及控制精度要求，合理选择。

如图 1-21 所示为某船舱室舒适性空调冬季采暖工况采用室外新风温度前馈控制原理图，由于室外环境温度变化通过船舱室绝热壁层散热，引起船舱室内温度波动，此时室外环境温度的变化是干扰。补偿温度传感器测量室外新风温度，通过前馈环节（补偿环节），改变送风温度控制器的给定值，即改变送风温度，补偿船舱室散热量的变化。如果补偿恰当，室内温度可以保持恒定。但是实际情况只能做到近似补偿，还得要靠船舱室内温度控制器和诱导器内的末端加热器组成反馈控制，达到船舱室温度的精确控制。

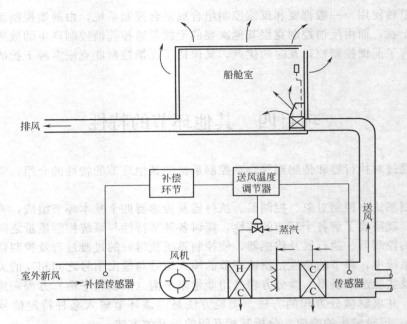

图 1-21　某船舱室舒适性空调冬季采暖工况采用室外新风温度前馈控制原理图

### 二、传感器的特性

在制冷与空调系统中，热工参数的测量使用的传感器很多，常用的有温度、压力及湿度等几种传感器。这些传感器，一般可以看作是单容对象，其性能可以用时间常数 $T_3$ 表征传感器的热惯性大小。对于铂电阻一类的温度传感器，热电阻可分为小惯性：$T_3 \leqslant 10s$；中惯性：$T_3 = 10s \sim 1.5min$；大惯性：$T_3 = 1.5 \sim 4.0min$。在选择传感器时，如要及时反应被控参数的变化，必须选用小惯性的传感器。传感器的特性可以用与图 1-8 相似的响应曲线来描述。

例如热电阻温度传感器是由金属丝、骨架和金属保护套管组成，而温包温度传感器是由金属管，内装的气体或液体组成。它们都具有热容量和热阻力，在阶跃温度（升温）作用下，热电阻温度的变化曲线可以用单容对象的响应曲线来描述。

# 项目五　自动化仪表和元件的质量指标

本项目通过对自动化仪表有关质量指标的介绍，掌握测量误差、变差、准确度及准确度等级等基本概念和应用。

对生产过程的自动调节和控制，是由自动控制装置来实现的。自动控制装置由自动化仪表和元件组成。对一定的控制对象，自动化仪表和元件的性能决定了自动控制系统质量。因此，只有合理地选择自动化仪表和元件，并将它们恰当地组合，才能获得较好的控制效果。

自动化仪表和元件按其功能不同，大致可分为检测仪表、显示仪表、控制仪表和执行仪表四类。按其结构不同可分为基地式仪表和单元组合式仪表两大类。基地式仪表一般以指示或记录仪表为主体，附带将控制系统中的其余部分（常见的是控制部分）也装在仪表壳内，构成一个整体，使仪表具有指示、记录和控制功能，这类仪表常用于简单的控制系统。单元组合式仪表则是根据自动控制系统组成部分的各种功能和要求，将整块仪表分为若干能独立完成某项功能的典型单元，如变送单元、转换单元、运算单元、给定单元、控制单元、辅助单元和执行单元等，各单元之间的联系都采用统一的标准信号（气动仪表采用 0.02～0.1MPa 气压信号，电动仪表采用 0～10mA 或 4～20mA 直流电信号）。根据生产工艺要求，分别利用这些单元，进行多种多样的组合，从而构成形形色色、复杂程度各异的自动控制系统。由于各单元之间采用标准统一信号，有助于与计算机配合使用，以满足大型、复杂自动化系统的需要。

在制冷、空调系统中，也可按生产过程中各种工艺参数，把自动化仪表分为温度指示控制仪表、压力指示控制仪表、液位指示控制仪表、湿度指示控制仪表和自动控制执行机构等。

### 一、测量误差的基本概念

在自动控制系统中，为了对被控参数有效地进行监视和控制，一个必不可少的任务就是对被控参数的测量。在实际测量过程中，被测参数的测量结果和被测参数的真值之间不可能完全一致，两者之间总有某些差别，这就是通常所说的测量误差。

测量误差通常用绝对误差和相对百分误差来表示。

① 绝对误差 是指仪表的指示值 $x_i$ 与被测量的真实值 $x_o$ 之差，即

$$\Delta_x = x_i - x_o \tag{1-10}$$

式中 $\Delta_x$——绝对误差。

② 相对百分误差 通常是指仪表的绝对误差与仪表的量程的百分比。即

$$\delta = \frac{\Delta_x}{x_上 - x_下} \times 100\% \tag{1-11}$$

式中 $\delta$——相对百分误差；

$x_上$——仪表测量范围上限值；

$x_下$——仪表测量范围下限值。

在工程实际中，被测参数的真实值通常是不知道的，常用准确度较高的标准仪表指示值来代替被测参数的真实值。由式(1-11)可知，相对百分误差不仅与绝对误差的大小有关，也与仪表的量程范围有关。

### 二、允许误差与基本误差

仪表的绝对误差不能准确地反映出仪表的质量，因为同样大的绝对误差，在不同量程（测量范围）的仪表中，误差所占的比例是不一样的。工程上常用仪表的基本误差来表示仪表测量值的准确度。

① 仪表的基本误差 是指仪表在规定的正常工作条件（如在标准和技术条件所规定的周围介质的温度、湿度、振动、电源电压和频率等）下所具有的误差，用最大相对百分误差表示。即

$$\delta_m = \pm \frac{\Delta_{max}}{x_上 - x_下} \times 100\% \tag{1-12}$$

式中 $\delta_m$——仪表基本误差（最大相对百分误差）；

$\Delta_{max}$——仪表量程范围内的最大绝对误差；

例如，有两只测温范围不同的仪表，假设最大绝对误差值都是 1℃，则测温范围为 0～200℃的仪表的基本误差为

$$仪表基本误差 \delta_m = \pm \frac{1}{200 - 0} \times 100\% = \pm 0.5\%$$

测温范围为 0～100℃的仪表，其基本误差为

$$仪表基本误差\ \delta_m = \pm\frac{1}{100-0}\times100\% = \pm1.0\%$$

量程为 0～200℃的仪表，误差仅占测温范围的 0.5‰，仪表的基本误差较小，精确度较高。可见，仪表基本误差不仅与绝对误差有关，而且还与仪表的量程有关。

② 仪表允许误差 $\delta_允$ 是指仪表厂家规定的仪表的基本误差所允许的误差界限。凡基本误差小于或等于允许误差的仪表为合格，否则为不合格。仪表的准确度等级确定了仪表的允许误差。

### 三、准确度和准确度等级

仪表的准确度也叫精确度或精度，是反映仪表指示值接近被测参数真实值程度的质量指标。

仪表的准确度是按国家统一规定的允许误差大小划分成几个等级。如准确度等级为 1.5 级的仪表，其允许误差不超过 1.5%。

常用仪表的准确度等级有 0.35、1.0、1.5、2.5 等。0.35 级以下的仪表可以当作标准仪表。仪表的准确度等级一般用规定的符号及数字标在仪表的面盘上或写在说明书里，如 1.0、⚠️、①.5。准确度等级是衡量仪表质量优劣的重要指标之一，其数值越小，仪表的测量精度越高。

仪表的准确度等级虽然代表着仪表的允许误差，但被测参数的误差在每一个测量点都是不同的，某测量点最大可能出现的绝对误差为

$$最大可能误差 = \delta_允 \times \frac{\chi_上 - \chi_下}{x_i}$$

例如，某只精度为 2.5 级的测温仪表，测温范围为 0～50℃，但测温读数为 5℃时

$$最大可能误差 = \pm2.5\% \times \frac{50-0}{5}℃ = \pm0.25℃$$

当测温读数为 50℃时：

$$最大可能误差 = \pm2.5\% \times \frac{50-0}{50}℃ = \pm0.025℃$$

可见，仪表的准确度固然对测量结果有着很大影响，但一般来说，仪表的准确度并不就是测量结果的准确度，后者还与被测量值的大小有关。只有仪表运用在满刻度时，测量结果的准确度才等于仪表的准确度。在使用仪表时，应尽量使被测参数值指示在靠近仪表量程的上限部分。但同时也要考虑到被测参数可能出现的最大值不要超过仪表量程，以免损坏仪表。因此，在选用仪表时，一般要求在满足被测量的数值范围的前提下，尽可能选择量程小的仪表，并使测量值在上限或全量程的 2/3～3/4 处，避免使测量值出现在仪表量程的 1/3 以下。

### 四、变差

在外界条件不变的情况下，用同一仪表对被测参数进行正反行程（即由小到大和由大到小）测量时，被测参数的仪表指示值有时并不相同，如图 1-22 所示。

我们把两次测量值最大绝对误差 $\Delta'_{max}$ 与仪表量程范

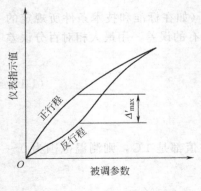

图 1-22　测量仪表的变差

围之比的百分数称为仪表的变差，即

$$变差 = \frac{\Delta'_{max}}{\chi_{上} - \chi_{下}} \times 100\%$$ (1-13)

仪表的变差应不大于仪表的允许误差，变差越小，仪表的恒定度越好，工作越可靠。造成变差原因很多，如传动机构的间隙、仪表运动部件的摩擦、弹性元件的弹性延迟、一定方向的外磁场等等。

### 五、灵敏度和灵敏限

① 灵敏度表示测量仪表对被测参数变化的敏感程度。用公式表示为

$$S = \frac{\Delta\alpha}{\Delta x}$$ (1-14)

式中　$S$——灵敏度；

$\Delta\alpha$——仪表指针的位移；

$\Delta x$——引起仪表指针位移的被测参数变化量。

② 仪表的灵敏限是指能引起仪表指针发生动作的被测参数的最小变化量，也称灵敏限或分辨力。仪表灵敏限的数值不大于仪表允许绝对误差值的一半。

仪表的准确度越高，灵敏度越高，灵敏限就越小；但灵敏度高的仪表，易受噪声、振动等外界条件的影响而使准确度降低。因此，应在仪表的灵敏度和准确度之间加以协调。

# 思　考　题

1-1　什么是人工控制？什么是自动控制？两者有何异同点？

1-2　一个简单自动控制系统有几个环节组成？各环节的输入和输出参数分别是什么？系统的输入和输出参数又是什么？

1-3　什么叫开环系统与闭环系统？各有何特点？

1-4　什么叫正反馈，什么叫负反馈？要保证系统稳定，应采用何种反馈？

1-5　自动控制系统按结构可分成几类？各有何特点？

1-6　自动控制系统按给定值的形式不同，可分为哪几类，各有何特点？

1-7　在阶跃干扰作用下，控制系统的过渡过程由哪几种基本形式？

1-8　什么叫控制系统的静态、动态和干扰？

1-9　控制系统的过渡过程用哪几项主要的性能指标来衡量？

1-10　什么是控制规律？有哪些常见的形式？

1-11　双位控制有何特点？适用于什么场合？

1-12　比例、积分、微分控制器的特性分别是什么？放大系数、积分时间、微分时间对调节过程影响如何？

1-13　为什么单纯的比例控制不能消除静态偏差？为什么积分作用可以消除静态偏差？

1-14　什么是对象的自平衡？具有自平衡性质的对象对控制有何好处？

1-15　什么是控制对象的特性？描述对象的参数有哪些？分别有何意义？

1-16　如习题图 1-16 为温度自动控制系统在单位阶跃干扰下的过渡过程曲线，试求出控制过程的性能指标？

1-17　仪表的质量指标有哪些？

1-18　串级控制系统主要用于什么场合？

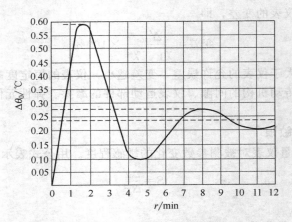

习题图 1-16　室温过渡过程曲线

# 模块二　常用控制器

**教学目标**

1. 能辨认用于冷冻和空调系统的控制器的常用类型。
2. 能熟练掌握常用控制器的工作原理、结构和使用场合。
3. 能了解某型号的常用控制器的基本技术参数和性能特点，并正确选用。

制冷与空调装置要实现正常运行，并按照控制规律达到规定的运行参数指标，必须建立自动控制系统。控制器是制冷与空调系统中确保被测热工参数达到预定要求的检测和控制器件。常用的有温度控制器、压力控制器、湿度控制器和液位控制器等。

## 项目一　温度控制器

本项目主要通过制冷与空调系统中温度控制任务，介绍双金属式温度控制器、压力式温度控制器和电子式温度控制器等的基本结构、工作原理和使用场合，了解常用温度控制器的型号、基本技术参数和性能特点，并能正确选用。

制冷与空调系统中的温度控制器（又称温度继电器或温度开关，简称温控器）可以根据冷冻（冷藏）库、房间和回风等处温度高低，利用感温元件，将温度的变化转换成电器开关接触点切换的变化，达到控制压缩机的开停和水量调节阀的通与断，使温度保持在选定范围内的目的，其控制规律通常采用双位控制。例如，在单机单库场合，可用温度控制器直接控制压缩机停、开，使库温稳定在所需的范围内。在单机多库的制冷装置中，温度控制器是和电磁阀配合使用，对各库的温度进行控制。

温控器的控制方法一般分为两种：一种是由被冷却对象的温度变化来进行控制，多采用蒸气压力式温度控制器；另一种是由被冷却对象的温差变化来进行控制，多采用电子式温控器。由于温度不能直接测量，只能借助于温度变化时物体的某些物理性质（如几何尺寸、电阻值、热电势、辐射强度、颜色等）随之发生变化的特性来进行间接测控。

温控器分为以下几种。

① 膨胀式　分为金属膨胀式温控器和液体膨胀式温控器。例如：双金属片温度控制器、电触点水银温度计。

② 机械式　分为蒸气压力式温控器、气体吸附式温控器。其中蒸气压力式温控器又分为：充气型、液气混合型和充液型。例如：压力式温度控制器。

③ 电子式　分为电阻式温控器和热电偶式温控器。例如：电子恒温控制器。

## 一、双金属温度控制器

双金属温度控制器是由两条焊在一起的不同金属片构成。两种金属通常是采用黄铜与钢,铜比钢的膨胀系数大,随着温度增加它比钢的膨胀量大,这样双金属片将随温度的升高而弯曲变形,金属片的弯曲动作使控制电路中触点开启或关闭,金属片弯曲动作如图 2-1 所示。

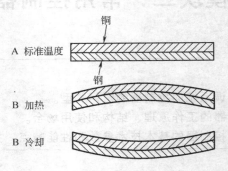

图 2-1　温度变化与双金属片弯曲变形

另一种常见的开关形式是水银接点开关,它被装在卷绕的双金属片的一端。这种形式的温控器最适用于空调和供热温控器。

如图 2-2 所示为双金属盘管式温度控制器,当盘管周围的空气变冷时,盘管收缩,温包向下倾斜,致使水银向下流动。触点不再闭合,制冷机组处于关闭状态。当供热循环时,情况恰好相反。

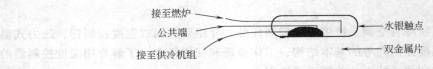

图 2-2　水银双金属式温控器

## 二、压力式温度控制器

这种控制器不需要辅加能源,只是传感元件从被控环境中取得能量,就足以驱动执行器动作,这意味着不需要投入营运成本,安装费用极低。

1. WTZK—50 压力式温度控制器

如图 2-3 所示为 WTZK—50 温度控制器结构简图,其原型号为 WT—1226 型压力式温度控制器,又称感温式温度控制器,主要由感温包 1、毛细管 2、波纹管 3、定值弹簧 8、差动弹簧 19、杠杆 4、拨臂 7、触头等部件组成。其中感温包 1、毛细管 2 和波纹管 3 构成感温机构。在密封的感温机构中充以 R12、R22 或 R40(氯甲烷)工质,供不同的使用场合选用。感温包 1 感受被测介质温度后,工质的饱和压力作用于波纹管 3 上,使杠杆 4 产生向上的顶力,此顶力矩与定值弹簧 8 所产生的力矩,对刀口支点 5 达到力矩平衡。其动作分析如图 2-4 所示。

当被测对象温度变化时,感温包 1 和波纹管 3 中的饱和蒸气压力亦产生相应的变化,使波纹管 3 的顶力矩和定值弹簧 8 所产生的力矩失去平衡,使杠杆 4 转动。若杠杆 4 转动 $\Delta\phi$ 角度后,使点 A 走过一段间隙 $\Delta S$,差动弹簧 19 才开始作用在杠杆 4 上,此时,波纹管 3 的顶力矩需克服定值弹簧 8 作用力矩和差动弹簧 19 作用力矩后,才使杠杆 4 继续转动。当杠

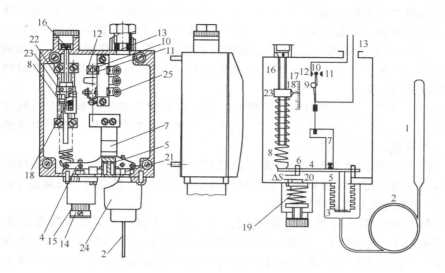

图 2-3　WTZK—50 压力式温度控制器

1—感温包；2—毛细管；3—波纹管；4—杠杆；5—刀口支点；6—螺钉；7—拨臂；
8—定值弹簧；9—跳簧片；10—动触头；11,12—定触头；13—进线孔；14—差
动旋钮；15—差动标尺；16—主调螺杆；17—温度标尺；18—指针；19—差
动弹簧；20—弹簧座；21—止动螺钉；22—导杆；23—活动
螺母；24—波纹管室；25—接线柱

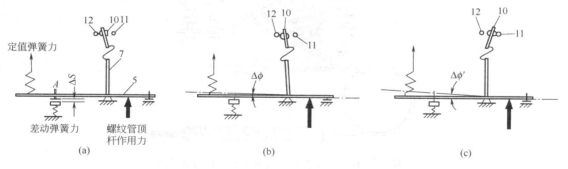

图 2-4　压力式温度控制器动作分析

杆再继续转动一个（$\Delta\phi'-\Delta\phi$）角度后，拨臂 7 拨动触头 10，使之迅速动作。旋转差动旋钮 14，改变差动弹簧 19 作用力，可调整控制器和差动范围。

在制冷系统中，WTZK—50 温度控制器普遍用于冷库库温控制，感温机构感受冷库室内温度，控制制冷剂供液电磁阀的开与关。当动触头 10 与定触头 12 闭合时，电磁阀导通，制冷剂进入冷库蒸发器降温。当冷库温度下降到规定的下限值时，感温包 1 压力下降，通过波纹管 3 与杠杆 4 作用，可使动触头 10 脱离定触头 12，同定触头 11 闭合，电磁阀断路，制冷剂停止进入冷库蒸发器。

从温度控制器动作过程中，我们可以看到，在降温控制中：

① 定值弹簧 8 的拉力的大小决定了温度控制器的预定下限温度值。数值大小可以从标尺 17 上反映出来，旋动主调螺杆 16，改变定值弹簧 8 的拉力，就能调整所需的预定下限温度值。

② 差动弹簧 19 的压力大小，决定了差动的大小（温度控制器触头从"断开"到"闭

合"的温度值称之为差动）。旋转差动旋钮 14，改变差动弹簧 19 的压力就能获得不同的差动范围。以菜库为例：要求库温为＋3～＋5℃，我们就把定值弹簧 8 调到＋3℃，差动范围调动＋2℃，则当库温下降到＋3℃时，温度控制器触头跳开，电路被切断，电磁阀关闭，停止向库房供液；当库温回升到＋5℃时，温度控制器触头闭合，电路接通，电磁阀开通，恢复向库房供液进行降温。

WTZK—50 型温度控制器有不同的规格，以适应不同的温度控制范围，例如温度控制范围为－40～－10℃、－25～0℃、－15～15℃、－10～40℃等几种。选用时还要注意毛细管所需长度以及触头的电压容量。

③ 感温包 1 应放在能正确反映冷库内空气流动的地方。不应过于接近冷库壁面或冷却盘管，不应置于冷库门口或热货处。在吹风冷却的冷藏库中，感温包一般接近于回风口。

2. WJ—3.5 型压力式温度控制器

它的结构与 WTZK—50 型有明显的区别，但就其工作原理来说是大致相仿的。如图 2-5 所示，由感温包 1、毛细管 9、波纹管 7 所组成的感温机构，对杠杆 4 产生一个顶力，此顶力矩与弹簧产生的拉力矩相平衡，若被测环境的温度低于调定值时，由于顶力矩小于拉力矩而使杠杆 4 以 O′ 为支点逆时针方向转动，杠杆 4 将微动开关 5、6 按下，可以切断电源，停止电磁阀供液；反之，当被测环境温度上升，则动作过程相反，使微动开关 5、6 复位，使电磁阀控制电路导通，电磁阀开通供液。

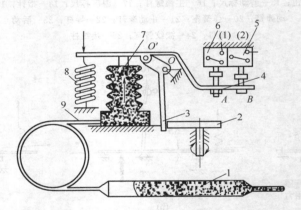

图 2-5　WJ—3.5 型压力式温度控制器的原理图
1—感温包；2—偏心轮；3—曲杆；4—杠杆；5,6—微
动开关；7—波纹管；8—弹簧；9—毛细管

温度调定值的调整是由偏心轮 2 来控制的。当转动偏心轮 2 推动曲杆 3 向左移动时，由于曲杆 3 以 O 点为支点作顺时针方向转动，把弹簧 8 的拉力矩增大，这就使温度调定值升高。反之，则可使温度调定值降低。

它的差动温度（即动作温度差）是固定的，不能自行调整，一般为 1～2℃。

它有两只微动开关。一只用于制冷工况控制，另一只用于制热（如有热泵型空调器）工况的控制。

3. WTQ—288 型电接点压力式温度控制器

WTQ—288 型电接点压力式温度控制器适用于测控 20m 之内的对铜和铜合金不起腐蚀作用的液体、气体的温度，并能在工作温度达到和超过预定值时，发出电信号和警铃。它也能作为温度调节系统内的电路接触开关。

　　其结构示意如图 2-6 所示。温包 1、毛细管 2 和弹簧管 7 组成一个密闭的感温系统。系统内充注一定压力的氮气。温包插在被测介质中，当被测介质的温度变化时，温包内氮气的压力也相应变化，此压力经毛细管传给弹簧管并使其变形。借助与弹簧管自由端相连的传动杆 9，带动齿轮传动机构 8，使装有示值指示针 5 的转轴偏转一定的角度，于标盘上指示出被测介质的温度值。

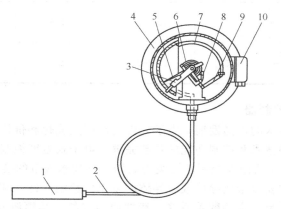

图 2-6　WTQ—288 型电接点压力式温度控制器结构示意图

1—温包；2—毛细管；3—接点指示针；4—表壳；5—示值指示针；6—游丝；

7—弹簧管；8—齿轮传动机构；9—传动杆；10—接线盒

　　温控器电接点装置的上、下限接点，可按需要借助专用钥匙调整上、下限接点指示针 3 的位置（图上只画出了一根指针），使测温范围在任一预定值上，动接点是随着示值指示针 5 一起移动的。当被测介质的温度达到和超过最大（最小）预定值时，动触点便和上限接点（或下限接点）接触，发出电信号或警铃，且闭合（断开）控制电路。

　　接点的装置方式，一个作为最小极限（下限）接点，一个作为最大极限（上限）接点，见图 2-7。如果按图 2-7 的方式接线，当被测介质的温度下降到下限值时，示值指示针（动接点）就和下限接点相接，1、2 接通，信号灯就亮；当被测介质的温度上升达到上限值时，动接点就和上限接点相接，2、3 接通，警铃就响。

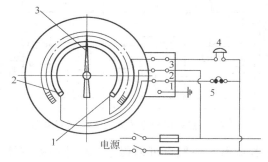

图 2-7　WTQ—288 型温度控制器电接点的装置与接线图

1—上限接点；2—下限接点；3—示值指示针（动接点）；4—警铃；5—信号灯

　　由于 WTQ—288 型温度控制器的接点功率容量小于 10W，一般只能串联在控制线路中，不能直接串接在动力线路中进行"断开"与"闭合"的动作，所以需要通过中间继电器在动力线路中执行"断开"与"闭合"的控制，否则触点易烧坏。

　　除了上面介绍的 WTQ—288 型电接点压力式温度控制器外，还有 WTZ—288 型、WTQ—280 型和 WTZ—280 型。"280"型设有上、下限可调电极点，因此不能作为温度调节系统中的电路接触开关，它只能作远距离测量指示用。它们的主要技术参数见表 2-1 所示。

表 2-1　WTQ 型温度计技术参数

| 型　　号 | 测温范围/℃ | 精度等级 | 温包插入深度/mm | 温包耐压/MPa | 表面直径/mm | 温包安装螺纹 |
|---|---|---|---|---|---|---|
| WTQ—288 | −60～+40 | | 320～420 | 1.6 | 150 | |
| WTQ—280 | −30～+40 | 2.5 | 320～420 | 1.6 | 150 | M33×2 |
| WTZ—288 | −20～+60 | | 170～260 | 1.6 | 100,125,150 | |
| WTZ—280 | 0～+50 | 2.5 | 170～260 | 1.6 | 100,125,150 | M27×2 |

### 三、电子式温度控制器

　　近年来随着电子技术的迅猛发展，电子元件的高度集成化和价格的降低，性能和可靠性的提高，电子温度控制技术和控制功能的日趋完善，电子式温度控制器已广泛为众多冷冻冷藏和空调厂家采用。电子式温度控制已被视为高档、高技术含量的换代产品。

　　这种温度控制器主要以金属导体或半导体的电阻为感温元件，利用它的电阻值能随温度变化而明显地改变，并呈一定函数关系这一特性而制成的。其感温元件常用的有铂热电阻、铜热电阻和热敏电阻。

　　热敏电阻电子式温度控制器是由感温元件（负温度系数热敏电阻）、放大器、直流继电器和电源变压器等组成，其基本电路如图 2-8 所示，根据热敏电阻独特的感温特性而用于空调器的温度控制电路中，采用直流单臂（惠斯登）电桥原理制成，将热敏电阻 W 与可变电阻器 $R_1$ 一起连接在电路中，温度信号通过电路进行放大，再通过继电器 KM 来控制压缩机用电动机的运转和停机。

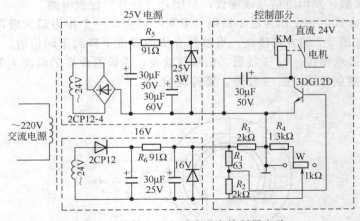

图 2-8　热敏电阻电子式温度控制器电路

　　近年来，电子式温度控制器，一般以可编程序（单片微处理器）IC 为核心，采用集成电路，配以热敏元件作温度传感器；配以按钮或电位器作为参数设定输入；配以继电器或光隔离固体开关作为执行元件；配以发光二极管、数码管或液晶板作为显示元件等硬件组成。通过单片微处理器预编的程序对各项输入进行处理后对制冷系统的压缩机、电动风门、电风扇、除霜加热管等电气部件输出控制。

　　其输入有：①各间室温度输入（各间室独立温度设定和传感）；②除霜温度输入（除霜

OFF 和 ON 温度预设定和除霜温度传感）；③强制除霜开关；④电动风门开关（风门位置舌簧开关）。其输出控制功能如下。

1. 温度控制功能

（1）各间室储藏温度控制　通过控制压缩机和风扇电机开停，电动风门开闭控制各间室储藏温度处于所设定的范围。

（2）自动除霜进入和退出温度条件控制　确保冰箱必须经过制冷并达到预定的低温时才可进入除霜；除霜区域温度达到预定的温度时退出除霜。

2. 时间控制功能

（1）自动除霜时间控制　累计压缩机运行时间达到预定时间时，自动进行除霜。

（2）压缩机开、停间隔时间控制　霍尼韦尔（HONEYWELL）T7984/T6984 系列电子温度控制器，如图 2-9 所示。T7984/T6984 是以微处理器为核心的温度控制器，提供比例积分控制，用于 HVAC（Heating, Ventilation and Air Conditioning 供热通风与空调工程）系统。T7984 系列不仅提供模拟信号控制，其可选功能还包括冬夏模式自动转换、VAC 再热控制、夜间节能控制、远程传感器。外接传感器有 272845 墙装式传感器、272847 风道式传感器。

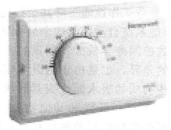

图 2-9　霍尼韦尔（HONEYWELL）T7984/T6984 系列电子温度控制器

电源：19～30VAC，50～60Hz，2VA，Class2（不包括执行器功耗）

工作环境：5%～95%相对湿度，0～40℃

精度：1℉（0.4℃）

设定范围：T7984A，C，E：13～32℃；T7984B，D❶，加热：13～24℃；T7984B，D*，制冷：24～32℃

外接传感器：47kΩNTC 热敏电阻。

模拟输出：2～10VDC 或 4～20mA。

T7894 可用于 70 系列风门执行器如 ML7161，ML7284 或水阀门执行器如 ML7421，ML7984；所有型号均带温度拨盘；所有型号均输出信号 LED 显示；夜间节能控制即可集中控制，又可现场手动实现；冬夏模式自动转换可选 1.5℃或 3℃"零能量带"；再热型可选择快、慢两种模式以配合系统的动态特性；每个控制器均带水平和竖直两种面板。

# 项目二　湿度控制器

本项目主要通过制冷与空调系统中湿度控制任务，介绍毛发（或尼龙）湿度控制器、干

---

❶　最高加热设定温度和最低制冷设定温度自动限位于 24℃

湿球湿度控制器、氯化锂湿度控制器和电容式湿度控制器等的基本结构、工作原理和使用场合，了解湿度控制器的型号、基本技术参数和性能特点，并能正确选用。

表示空气中水汽多寡亦即干湿程度的物理量，称为空气湿度。湿度的大小常用水汽压、绝对湿度、相对湿度和露点温度等表示。

相对湿度是空气中实际水汽含量（绝对湿度）与同温度下的饱和湿度（最大可能水汽含量）的百分比值。它只是一个相对数字，并不表示空气中湿度的绝对大小。

在人的日常生活中，人类居住和贮存物质的空间也是一个人工环境。空气过湿，将使人们感到沉闷和窒息；空气过燥，又会使人的口腔感到不适，甚至可能发生咽喉炎等疾病。空气湿度过大，烟草、粮食、茶叶、种子等极易受潮而造成损坏：烟草、粮食、茶叶会变味发霉，种子发霉会不发芽；很多种类的化学品及药品受潮后均可引起成分、性状的变化，一些西药、中成药、中药材等受潮后会使成分及药效降低或发生不良变化，长霉后会造成报废，香料会丧失香气，瞬间黏结剂会固化等；复印机墨粉、粉状药品、粉末冶金材料、粉末化学材料以及奶粉、咖啡等粉末材料受潮后会产生潮解、结块或性状及化学成分产生变化，导致丧失功效，从而影响使用或造成报废；光谱仪、高精度天平等精密仪器，块规等精密量具以及其他精密测量、计量、加工、实验等精密机械产品和高亮度金属物品，即使微量水分所造成的氧化，也会造成失准、精度下降、亮度降低，导致工作性能下降甚至报废；而现代精密仪器往往具有电子部件，受潮后也会导致故障。如果能系统自动控制这个最常见的空间，人的生活将更舒适。

湿度控制与温度、压力等参数控制差异较大，测量的基本方法有露点温度测量法、干湿球温度测量法。各种湿度控制器的差异，也是由于测湿与信号转换方法的不同而形成，测湿的原理通常有两种：一是基于某些物质的吸水而改变其形状和尺寸的特性，它们取决于空气的相对湿度，可以使用人的头发、木材、纤维和其他物质。二是采用电子仪器测量相对湿度，通过使用一种能够随含湿量而改变导电系数的材料进行测量，操作时只需要将敏感元件放入被测环境即可测量其相对湿度。

湿度控制器分为机械式湿度控制器和电子式湿度控制器两大类。常用的有毛发、尼龙薄膜湿度控制器、干湿球湿度控制器、氯化锂湿度控制器和电容式湿度控制器等。

## 一、毛发（或尼龙）湿度控制器

毛发（或尼龙）在不同湿度下伸缩率不同，利用其长度发生变化之位移量作为湿度控制信号，通过不同形式的控制器、放大器、执行器来控制空气湿度，即为毛发（或尼龙）湿度控制器。

一般经过精选脱脂处理后的毛发，在空气相对湿度增加时会伸长，反之，会收缩。通常相对湿度 $\Phi$ 每改变 $10\%$，毛发的伸缩率就会改变 $2\%$，通常在相对湿度 $\Phi = 30\% \sim 100\%$ 的范围内，其相对湿度 $\Phi$ 与毛发伸缩率成正比关系。如果以一束精选脱脂毛发（或尼龙）感受空气相对湿度变化，并通过它把相对湿度 $\Phi$ 的变化转换为毛发的位移量，以此位移量作为信号去移动控制器的喷嘴挡板及组件，经放大后再去推动执行机构改变控制阀的开度，就构成了所谓毛发（或尼龙）气动湿度控制。如果以此位移量去移动滑线电阻或启闭电控开关，取出信号放大，就构成了电动湿度控制。

图 2-10 所示为一种较简单的双位式毛发湿度控制器结构工作原理图。该控制器主要由感湿毛发 1、乙形杠杆（兼拨臂）2、电触点 4、角杠杆 6、调节螺钉 7、湿度指示 5 及平衡弹簧 3 等组成。其工作原理是：当感湿毛发 1 感湿伸缩时，通过乙形杠杆 2 改变电触点 4 的位置而启闭蒸气加湿（或水喷湿）电磁阀，进而达到对空气湿度的控制。如空气湿度下降时，则毛发 1 收缩，于是乙形杠杆 2 绕支点作逆时针转动。当湿度下降到某一限值，乙形杠

杆 2 另一端的拨臂便改变触点位置按通 ab，使蒸气加湿电磁阀开启，因此，空气被加湿。反之，空气经加湿后，湿度不断上升，感湿毛发将逐渐伸长，乙形杠杆在平衡弹簧 3 作用下，即绕支点作顺时针转动，及至湿度上升到某一上限，触点 ab 被切断，蒸气加湿电磁阀关闭，则空气加湿停止。

为了满足不同湿度条件的控制作用，控制器中设有调节螺钉 7。通过调节螺钉 7 改变角杠杆 6 位置，即可调节感湿毛发的预紧，以改变湿度控制值，该湿度控制值在角杠杆 6 的另一端湿度指示 5 上指示出来。这一湿度控制器所控制的湿度设定值可以任意设定，但湿度的幅差值由仪器本身给定，不能任意调节。

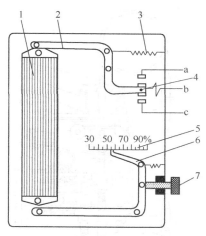

图 2-10　双位式毛发湿度控制器

1—感湿毛发；2—乙形杠杆；3—平衡弹簧；4—电触点；5—湿度指示；6—角杠杆；7—调节螺钉

　　一些尼龙膜片湿度控制器的测量范围为 30%～80%；毛发湿度控制器的测量范围为 20%～96%；比例带可调范围一般为 20%～30%。这类湿度控制器的优点是构造简单、工作可靠、价廉、不需要经常维护，因此在陆用、船用舒适空调中使用很广，虽然其调节精度不高（5%），但可以满足舒适空调对湿度控制的要求。其缺点是毛发与尼龙膜片使用时间长以后，易塑性变形和老化，造成相对湿度变化与输出位移量间变化不成线性关系，同时这种元件的零值与终值需经常进行调整。虽然毛发（或尼龙膜片）湿度控制器上附有湿度调整螺钉及温度补偿调节装置，但这仍是影响湿度测量精度的主要因素。

### 二、干湿球湿度控制器

干湿球湿度传感器是根据干湿球温度差效应原理制成的。所谓干湿球温度差效应，就是潮湿物体表面水分蒸发而冷却的效应，其冷却程度取决于周围空气的相对湿度。相对湿度愈小，蒸发能力愈大，潮湿物体表面温度（湿球温度）与干球温度差愈大；反之，相对湿度愈大，蒸发能力愈小，潮湿物体表面温度（湿球温度）与干球温度之差愈小。因此干湿球温度差与空气的相对湿度形成了一一对应的关系。

通常将干湿球传感器与控制器配套使用，组成干湿球湿度控制器。干湿球温度的测量，可以采用温包、镍电阻、铂电阻或热敏电阻等测湿传感元件，分别得到双位或比例积分控制规律。为使湿球温度计表面风速保持 4m/s，传感器上均装有专用小风扇。干湿球湿度传感元件在低温时相对误差较大，因为温度降低时，干湿球温差显著减小。为防止湿球温度计纱布套结冰，可在蒸馏水中加入甲醛（福尔马林）水溶液，也有按 1/2 的比例把氨和入水中（由于氨味臭，较少用）。

图 2-11 是一种采用温包为感湿元件的干湿球湿度控制器的结构工作原理图。两只温包，其中一只套有纱布，纱布一端浸在盛水容器内并保持经常的湿润，一干一湿的两只温包将相对湿度 Φ 转变为温度差，再通过毛细管，波纹管转变为压力差，最后使拨盘产生位移拨动电触点，于是控制器发出电信号，启动或停止加湿器或减湿器工作。

如图 2-12 所示 TH 型干湿球湿度控制器方框图，其感湿元件由干湿球及各一支微型套管式镍电阻、半透明塑料盛水杯和浸水脱脂纱布套管等组成，与 TS 系列湿度控制器配合，可以实现湿度偏差指示、双位、比例积分、比例积分微分调节，可输出继电器开关信号和连续电流输出信号（0～10mA）。同样为使湿球表面保持在 4m/s，传感器上装有微型轴流吸风

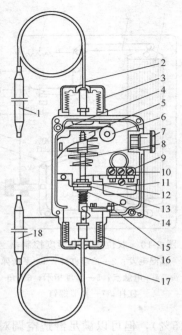

图 2-11　干湿球温包式湿度控制器
1—低温温包（湿球）；2—毛细管；3—低温波纹管组件；4—调节盘；5—主标尺；6—接线柱；7—电缆线引入孔；8—调节弹簧；9—接线柱；10—主轴；11—开关；12—上导钮；13—拨臂；14—下导钮；15—接地线；16—高温（干球）波纹管组件；17—毛细管；18—高温温包（干球）

风扇。

### 三、氯化锂湿度控制器

常用的氯化锂湿度控制器有电阻式和加热式两种。

#### 1. 电阻式湿度控制器

如图 2-13 所示是一种氯化锂电阻式湿度控制器测头。把成梳状的金属箔或镀金箔制在绝缘板上（或用两根平行的铱丝或箔丝绕在绝缘柱上），组成一对电极，表面涂上一层聚乙烯醇与氯化锂混合溶液做成的感湿膜，保证水汽和氯化锂溶液有良好的接触。二组平行的梳状金属箔本身并不接触，仅靠氯化锂涂层使它们导电且构成回路，其阻值变化由两电极反映出来。当空气中的相对湿度改变时，氯化锂涂层中含水量也改变，其电阻值也随之相应发生变化。若以此电阻信号与给定值进行比较，其偏差（电流信号）经放大后作为控制器的输出，就构成了一台氯化锂电阻式湿度控制器。

图 2-14 所示为氯化锂湿度控制器，适用于 0～40℃的环境。氯化锂测头的测量范围、环境温度通常都有明确的限制，当控制的湿度范围不同时，应采用不同规格的湿度控制测头。在 10%～95% 区域内，根据测量需要，通常将氯化锂含量涂层的测头分成五组不同规格。如图 2-15 所示显示了各种氯化锂含量传感器的相对湿度与电阻值的关系曲线。最常用规格的是 45%～70%。

氯化锂测头量程较窄，为了满足宽量程的需要，要用多个测头。有些厂家将氯化锂测头在 45%～95% 范围内分成三组，并涂以颜色标记，如红色为 45%～60%，黄色为 60%～80%，绿色为 75%～95%。也有的厂家将相对湿度从 5%～95%，分成四组测头：5%～38%、15%～50%、35%～75%、55%～95%，最高安全工作温度为 55℃。使用者必须根据需要，选择合适的湿度测头安装使用，并定期检查更换。由于环境温度对氯化锂的阻值变化有影响，因此较先进的氯化锂电阻式湿度测头均带有温度补偿线圈。其方法是选择适当电阻值的线圈，与氯化锂测头分别测量电桥的两个相邻桥臂，形成环境温度补偿回路，可以减少甚至消除温度变化对湿度传感器的影响。

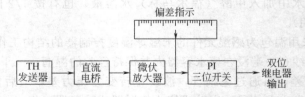

图 2-12　TH 干湿球电阻式湿度控制器方框图

为避免氯化锂电极产生电解作用，电极两端必须连接交流电，而不可使用直流电源。使用时可以根据所需调节的空气相对湿度范围和环境温度，按厂家所给出的性能曲线，决定调节旋钮的位置。调节旋钮 3 是一个可变电阻（电位器），由它来决定湿度双位控制器的给定值。

图 2-13 氯化锂电阻式
湿度控制器测头

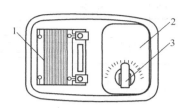

图 2-14 氯化锂湿度控制器
1—湿度控制器测头；2—湿度设定值；3—湿度调节旋钮

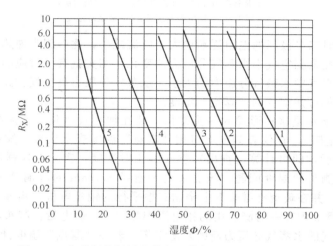

图 2-15 各种氯化锂测头的电阻值与相对湿度之间的关系
1—纯聚乙烯醇缩醛涂层、无氯化锂；2—0.25％氯化锂；3—0.5％
氯化锂；4—1％氯化锂；5—2.2％氯化锂涂层

氯化锂电阻式湿度控制器的优点是结构简单、体积小、反应速度快，吸湿反应速度比毛发大 11 倍，放湿反应速度大 1 倍多；精度高，可以测出相对湿度 ±0.14％ 的变化。故较高精度的湿度调节系统采用氯化锂电阻式湿度控制器。其主要缺点是每个测头的湿度测量范围较小，测头的互换性较差，使用时间长后，氯化锂测头还会产生老化剥落问题。当氯化锂测头在空气参数 $t=45℃$，$\Phi=95％$ 以上的高湿区使用时，更易损坏。

2. 加热式湿度控制器

加热式氯化锂湿度控制器亦称为氯化锂露点湿度控制器。在相同温度下，氯化锂饱和溶液的蒸汽分压力仅为水蒸气分压力的 11％～12％ 左右，如要二者压力相等，则需将氯化锂溶液温度升高，如从 $t_A$ 升高至 $t_B$，则氯化锂溶液在 $t_B$ 时蒸汽压力与水在 $t_A$ 时的蒸汽压力相等。

如图 2-16 所示为加热式氯化锂湿度控制器的原理图与结构图。根据上述原理，在湿度测头刚通电时，测头的温度与周围空气的温度相等，测头上氯化锂溶液的蒸气分压力低于空气中水蒸气分压力。氯化锂涂层从空气中吸收水分，呈溶液状，电阻迅速减小，通过的电流加大，测头逐渐被加热，氯化锂溶液中的水蒸气分压力逐渐升高，当测头温度升到一定值后，氯化锂中的水蒸气分压力等于周围空气的水蒸气分压力，而达到热湿平衡，氯化锂逐渐

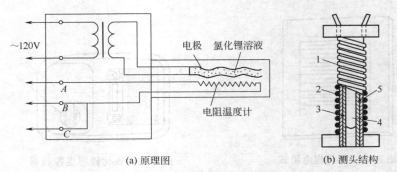

(a) 原理图　　　　　　　　(b) 测头结构

图 2-16　加热式氯化锂湿度控制器
1—氯化锂溶液涂层（干后使用）；2—加热铂丝；
3—铜管；4—铂电阻温度计；5—玻璃纤维套

形成结晶状态，此时二电极间的电阻逐渐增大，电流减小，此后测头加热量不再增加，维持在一定温度上。因此根据空气中水蒸气分压力的变化，测头就有一对应的平衡温度。测得测头的温度，就可知空气中水蒸气分压力的大小，水蒸气分压力是空气"露点"的函数，因此得出测头的温度，就可知空气的"露点"温度。

如图 2-16(b) 所示是这种形式的测头结构，装在加热式氯化锂湿度控制器中的铂电阻温度计 4（或热敏电阻），在仪表刻度上可用"露点"温度表示出来。知道了"露点"温度和空气的干球温度后，即可计算（查出）空气的相对湿度。实际上这样的测量空气湿度问题，转化成了测定测头的温度问题。该测头为一直径 3.5mm 的薄铜管 3，经绝缘处理后，装上玻璃纤维套 5，并在玻璃纤维套 5 上绕制二根平行的铂丝电极，再浸入氯化锂溶液，干后形成涂层 1。铜管 3 内有一对测温用的铂电阻温度计 4，通电后，测头将发热，建立起氯化锂溶液与周围空气的水蒸气分压力新的热湿平衡。若在"露点"温度计上读出"露点"温度，如"露点"温度为 4.5℃，空气干球温度为 20℃，则相对湿度 $\Phi=36\%$。

这种湿度控制器的优点是每个测头可以有较宽的测量范围。湿度范围为 3%～100%，温度范围为 15～50℃时，可以有效地使用加热式氯化锂湿度控制器。但在低温低湿区，这种测头是无法测量的。

### 四、电容式湿度控制器

电容式湿度控制器的基本原理是：对一定几何结构的电容器来说，其电容量与二极间介质的介电系数 $\varepsilon$ 成比例关系。不同物质，$\varepsilon$ 值互不相等，一般介质 $\varepsilon$ 值在 2～5 之间，但水的 $\varepsilon=81$，比一般物质大很多。电容式湿度控制器就是利用这个特点制成的，当空气中含有的水分变化时，能引起电容器电容值的变化，这个变化与空气中含水量有线性关系，但电容介质损耗与介质湿度也有关，湿度越高，则损耗越大，损耗大对测量精度是不利的。如损耗很大，甚至无法测出电容量的变化。因此，电容式湿度控制器常用于低湿区的湿度测量，而低湿区的湿度测量却是前面几种湿度传感器的薄弱环节。国际上大约在 20 世纪 80 年代初研制成功，并且用于空调的湿度控制环节中，它具有性能稳定、精度高（±3.5%RH）、测量范围宽（0～100%RH）、响应快、线形及互换性能好、使用寿命长、不怕结露、体积小、几乎不需要维护保养和安装方便等优点，被公认为理想的湿度传感元器件。故被广泛地应用于空气调节中。其缺点为与溶剂和腐蚀性介质接触，性能会受到影响，引起测量误差加大甚至永久性损坏，且价格较贵。

常见的电容式湿度传感器有两种：一种为高分子类，另一类为氧化铝湿敏电容。电容式湿度控制器是由电容式湿度传感器、电子线路和控制开关等构成的。如图 2-17 所示，图中有两个电子振荡器，振荡器 I 以固定标准电容 $C_0$ 作为时基电容，产生一固定脉宽比的方波。振荡器 II 以电容式湿度传感器的电容 $C_\Phi$ 为时基电容，它产生随湿度而变化脉宽比的方波。将两个方波进行比较，其差值仍为具有脉宽比的方波，它是湿度的函数。将此方波经整流、滤波，获得发波变化的平均值，然后经放大器输出一标准电压信号 0～10V DC，在一定范围内与相对湿度成线性比例关系，与控制器中的设定值进行比较后，发出相应的控制信号。

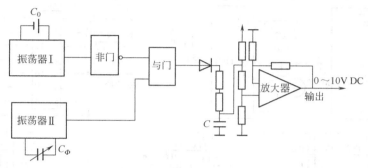

图 2-17　电容式湿度传感器

如图 2-18 所示是某电容式湿度控制系统结构原理图，该控制系统通过单片机 AT89C51 及其各种接口电路来实现湿度的检测。其工作原理是：电容式相对湿度传感器的电容值随着湿度的变化而线性的变化，通过信号检测和转换电路（F/V）将变化的电容转换成与之对应的变化的电压，再由 A/D 转换器把模拟电压信号转换为数字信号并送入到单片机 AT89C51 中，单片机对采集到的信号进行滤波处理并通过查表得到实际测量的湿度值，之后通过单片机的各外部接口电路显示该湿度值，或通过其与上位机的接口把此值送入到上位机进行保存及打印等操作。下位机以单片机 AT89C51 为核心，配以湿度检测和传送电路（F/V）、A/D 转换电路、存储器电路、时钟电路、串行通信电路、键盘和 LED 显示电路及电源电路等组成。

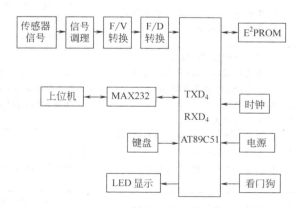

图 2-18　AT89C51 电容式湿度控制系统结构原理图

本系统的湿度传感器采用高精度的 HS11000 电容式相对湿度传感器，它采用电容式湿度敏感元件，其特点是尺寸小、响应时间快、线性度好、温度系数小、可靠性高和稳定性好。在相对湿度为 0～100%RH 范围内，电容量由 162pF 变到 200pF 时，其误差不大于 ±2%RH，而且响应时间小于 5s，温度系数为 0.04pF/℃，可见该湿度传感器受温度的影响是很小的。

如图 2-19 所示为湿度检测和传送电路的原理图。该电路的作用是将被检测出的湿敏元件参数的变化转化成电压变化使其能满足 A/D 转换电路的要求。该部分电路由自激多谐振荡器、脉宽调制电路和频率/电压转换器 LM2917 电路组成。

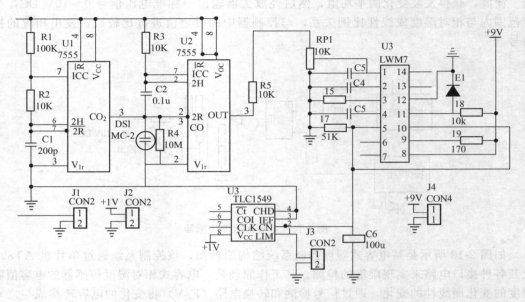

图 2-19　湿度检测和传送电路的原理图

其主程序流程图如图 2-20 所示。

主要湿度控制器的特点见表 2-2。

**表 2-2　主要湿度控制器的特点**

| 类　　型 | 优　　点 | 缺　　点 | 测量范围 |
|---|---|---|---|
| 氯化锂电阻湿度控制器 | 1. 能连续指示，远距离测量与调节；<br>2. 精度高，反应快 | 1. 受环境气体的影响大；<br>2. 互换性差；<br>3. 使用时间长了会老化 | 5%～95%RH |
| 氯化锂露点湿度控制器 | 1. 能直接指示露点温度；<br>2. 能连续指示，远距离测量与调节；<br>3. 不受环境气体温度影响；<br>4. 使用范围广；<br>5. 元件可再生 | 1. 受环境气体流速的影响和加热电源电压波动的影响；<br>2. 受有害的工业气体影响 | 露点温度<br>$-45$～70℃DP |
| 电容式湿度控制器 | 1. 能连续指示，远距离测量与调节；<br>2. 精度高，反应快；<br>3. 不受环境条件影响，维护简单；<br>4. 使用范围广 | 1. 价格贵；<br>2. 对油质的污染比较敏感 | 10%～95%RH |
| 电动干湿球控制器 | 1. 使用电阻测温能得到稳定特性；<br>2. 不受环境气体成分的影响 | 1. 需经常维护纱布上水防止污染；<br>2. 微型轴流风机有噪声 | 10%～100%RH<br>10～40℃<br>（空调应用） |
| 毛发湿度控制器 | 1. 结构简单；<br>2. 价格低廉 | 1. 有滞后，有变差；<br>2. 灵敏度低 | 10%～90%RH |

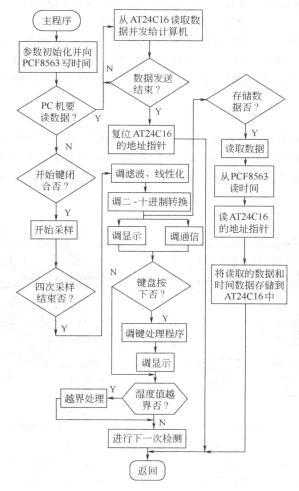

图 2-20　主程序流程图

# 项目三　压力（差）控制器

本项目主要通过制冷与空调系统中压力（差）控制任务，介绍压力（差）控制器的基本结构、工作原理和使用场合，了解压力（差）控制器的型号、基本技术参数和性能特点，并能正确选用。

在制冷与空调系统中，压力和温度之间有一定的对应关系，通常利用控制蒸发压力和冷凝压力的方法来控制蒸发温度和冷凝温度。另外，制冷与空调生产中使用了大量的压力容器和制冷机器，这些装置要在一定的压力范围内工作，非常有必要对其压力进行检测和控制，采用了各种类型的压力（差）控制器。

压力控制器又叫压力继电器，是一种用压力控制的电路开关，主要用于制冷系统压力调节和危险压力保护。按压力高低可以分为低压、高压压力控制器。低压压力控制器在制冷系统中的蒸发压力低于设定值时，能切断电源，使压缩机停机，待压力回升后恢复开机。高压压力控制器是当制冷系统的冷凝压力超过设定值时，能及时切断电源，使压缩机停机，同时伴随灯光或铃声报警，起到安全保护和自动控制的作用。

压力控制器除了可以做成单体的高压控制器、低压控制器外，针对制冷机的某些使用场合往往会有对高压和低压同时控制的要求，将二者做成结构上一体的所谓高低压控制器。许多制冷装置中，还用低压控制器作压缩机正常启停控制器，对库温实行双位调节。

### 一、压力控制器

目前国内外普遍采用高低压控制器来分别控制高压与低压，高低压控制器是把两个压力控制器组合在一起，亦有用两个单独的压力控制器来分别控制高压和低压的。如图 2-21 所示为压力控制器的典型结构。图 2-22 所示为高低压控制器的结构图。图 2-23 所示是它们的开关动作图。

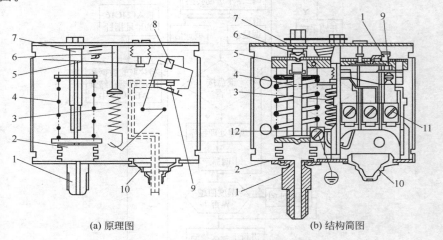

(a) 原理图    (b) 结构简图

图 2-21　压力控制器的典型结构

1—压力信号接口；2—波纹管；3—差动弹簧；4—主弹簧；5—杠杆；6—差动设定杆；
7—压力设定杆；8—翻转开关；9—电触点；10—电线套；11—接线柱；12—接地端

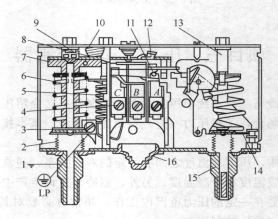

图 2-22　高低压控制器的结构（KP15 型）

1—低压接口；2—波纹管；3—接地端；4—端子板；5—差动弹簧；6—主弹簧；7—主杠杆；
8—低压差动设定杆；9—低压压力设定杆；10—盖板；11—触点；12—翻转开关；
13—高压压力设定杆；14—杠杆；15—高压接口；16—电线入口套

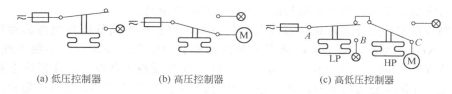

(a) 低压控制器　　　　　(b) 高压控制器　　　　　(c) 高低压控制器

图 2-23　高低压控制器的开关动作

下面以 YWK 型高低压压力控制器为例，说明其工作原理，其结构及接线图如图 2-24 所示，图 2-24(a) 左边为高压控制部分，右边为低压控制部分。

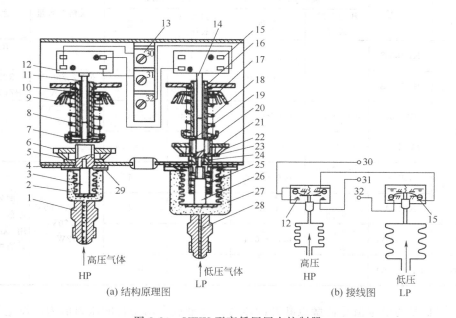

(a) 结构原理图　　　　　　　(b) 接线图

图 2-24　YWK 型高低压压力控制器

1,28—高、低压接头；2,27—高、低压气箱；3,26—顶力杆；4,24—压差调节座；
5,22—碟形簧片；23,29—簧片垫板；6,21—压力（差动）调节盘；7,20—弹簧
座；8,18—弹簧；9,17—压力调节盘；10,16—螺纹柱；11,14,19—传动杆；
12,15—微动开关；13—接线柱；25—复位弹簧；30—外接电源进线；31—接
事故报警灯或警铃；32—接触器线圈接线

低压气体通过毛细管进入低压波纹管，若低压气体的压力大于设定值时，由波纹管的弹力通过顶力杆 26，传动杆 19、14，传动到微动开关 15 的按钮上，使其按下而使控制电路闭合，压缩机正常运转。若吸气压力低于设定值时，则调节弹簧 18 的张力克服低压气箱 27 内波纹管的弹力，将顶力杆 26、传动杆 19 抬起，消除传动杆 14 对微动开关的压力，再由开关自身的张力使微动开关 15 的按钮抬起，于是控制电路断开，压缩机停转。

高压气体通过毛细管进入高压波纹管，当其压力小于设定值时，这时弹簧 8 的张力大于气体压力，将螺纹柱 10 抬起并消除传动杆 11 对微动开关 12 的压力。微动开关 12 触点靠自身弹力抬起，使控制电路闭合，压缩机正常运行。若压缩机排气压力超过调定值时，高压波纹管上的压力通过螺纹柱使传动杆压下按钮，使控制电路断开，压缩机停止运行。

压力控制器的设定值，可通过转动压力调节盘 6、21 来调节。以低压为例，当顺时针转

动压力调节盘 21 时，使调节弹簧压缩，弹力增加，控制的低压额定值就增高，逆时针旋转时，则压力降低。高压的调节方法和低压的调节方法是相似的。

我国制冷空调行业作为压缩机排气与吸气高低压保护用的高低压控制器品种很多，如 FP214 型，KD155 型等，但这类高低压控制器均没有定值及差动刻度，不便于现场调试。近年来已被 YK—306 型、YWK—11 型等带刻度的高低压控制器取代，在国际上较有代表性的是丹麦 Danfoss 公司的 KP15 型。它们的结构与工作原理均相似。表 2-3 是常用压力控制器的技术指标。

表 2-3　常用压力控制器的技术指标

| 类　别 | 型　号 | 低压/MPa | | 高压/MPa | | 开关触头容量 | 适用介质 |
|---|---|---|---|---|---|---|---|
| | | 压力范围（表压） | 差动 | 压力范围（表压） | 差动 | | |
| 高低压控制器 | KD155-S | 0.07～0.35 | 0.05±0.01～0.15±0.01 | 0.6～1.5 | 0.3±0.1 | AC222/380V 300VA DC115/230V 50W | R12,油,空气 |
| | KD255-S | | | 0.7～2.0 | | | R22,R717,R713,油,空气 |
| | YK—306 | 0.07～0.6 | 0.06～0.2 | 0.6～3.0 | 0.2～0.5 | | R12 |
| | YWK—11 | −0.02～0.4 | 0.025～0.1 | 0.6～2.0 | 0.1～0.4 | | |
| | KP15 | −0.02～0.75 | 0.07～0.4 | 0.8～2.8 | 0.4 | AC16A,400V DC220V, 12W | 型号后有字母 A 的为氨、氟通用，无字母 A 的只适用于氟利昂 |
| | KP15A | −0.09～0.70 | 0.07 | 0.8～2.8 | 0.4 | | |
| 低压控制器 | KP1/(1A) | −0.02～0.75 | 0.07～0.4 | | | | |
| 高压控制器 | KP5/(5A) | — | — | 0.8～2.8 | 0.4 | | |

低压控制器的设定值是使触点断开的压力。使触点自动闭合的压力值为：设定压力＋差动值。分为差动值不可调的和差动值可调的。差动可调的低压控制器，其设定压力范围是 −0.02～＋0.75MPa（表压），差动调整范围是 0.07～0.4MPa。差动不可调的低压控制器，其固定差动值一般是 0.07MPa；设定压力范围是 −0.09～＋0.7MPa（表压）。

高压控制器的设定值是使触点断开的压力。允许触点接通的压力值为：设定压力−差动值。它的差动值大多是不可调的，固定差动值为 0.4MPa 或 0.3MPa（个别可调差动值为 0.18～0.6MPa），压力设定范围是 0.8～2.8MPa。高压控制器断开后，再复位接通的方式有自动和手动两种。考虑到由高压控制器动作所造成的停车，无疑是表明机器有故障，应查明原因，排除故障后才能再次运行，所以，通常不希望高压控制器自动复位，而以手动复位为宜。

压力控制器使用时注意事项如下。

（1）适用介质，有的压力控制器只适用于氟利昂制冷剂，有的则氨、氟通用。

（2）触头开关的容量，以便正确进行电气接线。

（3）正确进行压力设定和差动值设定。压力控制器的高、低压调定值，在出厂时已调好，一般不需再调节。在选用时，高、低压端的压力调节范围的上、下限值，应满足使用的制冷压缩机组最高排气或最低吸气压力值。一般情况下，用 R12 为制冷剂的机组，选用 KD155—S 型压力控制器；用 R22 为制冷剂的机组，选用 KD255—S 型压力控制器。

（4）压力控制器尽量安装在振动小的地方，安装时，注意控制器外壳铭牌文字的方向，不可颠倒与卧放。

（5）尽量选用带有手动复位装置的压力控制器。

（6）每年对压力控制器的调定值进行一次校验，以保证制冷压缩机组的安全、正常运行。压力控制器的调定值，如在使用时需要重新调节，其方法是：顺时针方向转动压力调节盘，调定值增加；反之减少。

## 二、压差控制器

压差控制器在制冷与空调装置中是起保护作用的，其保护部位有压缩机压力润滑的压差保护和制冷剂液泵压差保护。

压缩机在运行过程中，其运动部件需要一定压力的润滑油进行不断润滑和冷却。为了保证压缩机安全运行，避免油压过高造成耗油量过大，必须对供油压力予以控制。当油压力与曲轴箱压力之差小于某一数值时，压差控制器便自动切断压缩机电源，起安全保护作用。另外，采用压力供油的压缩机，多有油压卸载机构来进行能量调节，如果油压不正常，压缩机卸载机构也不能正常工作。

氨冷库制冷系统常用泵强制循环的蒸发器供液方式。氨泵多为屏蔽泵，它的石墨轴承靠氨液冷却和润滑，屏蔽电动机也靠氨液来冷却。电动机启动后，泵要能够正常输送液体，很快地建立起泵前后流体压力差，才能满足泵本身冷却和润滑的需要，得以继续维持运行。另外，为了防止泵受到气蚀破坏，泵前后的压力差也必须在一定的数值上。基于上述原因，需要对氨泵进行压差保护。

压差保护用压差控制器来实现。但不管是油泵还是氨泵，其压差都只能在泵运行起来以后才能建立的。为了不影响泵在无压差下正常启动，油压差所控制的停机动作应延时执行。所以，上述压差保护中，采用带有延时的压差控制器。如果压差控制器本身不带延时机构，则必须再外接一只延时继电器，与压差控制器共同使用。

### 1. JC—3.5 型压差控制器

如图 2-25 所示为 JC—3.5 型压差控制器的结构图。控制器由压差开关 9 和延时机构 12

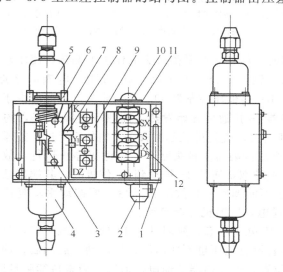

图 2-25　JC—3.5 型压差控制器结构图

1—外壳；2—进线接头；3—指针；4—高压波纹管箱；5—低压波纹管箱；6—定位柱；
7—刻度牌；8—跳板；9—压差开关；10—复位按钮；11—复位标牌；12—延时机构

两部分组成。延时机构 12 的电触点串接在压缩机启动控制回路中，基本控制过程为：压差开关 9 受压差信号控制通、断，使延时机构中的电加热器接通或断开。电加热器通电加热一定时间后，延时开关的电触头断开压缩机的启动控制电路。

如图 2-26 所示为 JC—3.5 型压差控制器的原理图，将润滑油泵出口端与高压波纹管 1 相接，低压波纹管 7 接压缩机曲轴箱，使之在两个对顶的波纹管产生压力差，其差值由主弹簧 5 平衡。当压差大于调定值时，压差开关 17 处于实线位置，K 与 a 触点接通；延时开关 $K_S$ 与 X 接通，电流由 B 点经 K、a 触点回到 A 点，工作信号灯亮；B 点另一路经接触器线圈 $K_M$、X、$K_S$、$S_X$、$F_R$ 再回到 A 触点。由于热继电器 $F_R$ 和高低压力继电器 $K_D$ 均处正常闭合状态，$K_M$ 线圈通电，其主触头接通压缩机电源，压缩机正常运行。

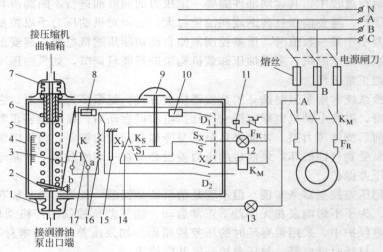

图 2-26　JC—3.5 型压差控制器原理

1—高压波纹管；2—平衡板；3—杠杆；4—标尺；5—主平衡弹簧；6—压差
调节螺丝；7—低压波纹管；8—试验按钮；9—手动复位按钮；10—降压
电阻；11—$K_D$ 高低压控制器；12—故障灯；13—工作信号灯；14—延
时开关；15—双金属片；16—加热器；17—压差开关

当压差小于给定值时，杠杆 3 在平衡板 2 的作用下偏转，使压差开关 17 处于虚线位置，K 和 a 触点断开，K 和 b 触点闭合，工作信号灯 13 灭，电流从 B 点经 K、b、加热器 16、$D_1$、X、$X_1$、$K_S$、$S_X$、$K_D$ 高低压控制器 11、$K_R$ 到 A 点。此时由于 $K_M$ 线圈仍通电，故压缩机继续运转；但加热器 16 接通后开始发热。加热双金属片 15，约经 60s 后，当双金属片 15 向右侧弯曲程度逐渐增大，直至推动延时开关 14 的 $K_S$ 与 $S_1$ 接通，便切断了接触器线圈 $K_M$ 及加热器的电源，交流接触器主触头断开，压缩机停止运行，故障灯 12 亮，加热器 16 停止加热。由于延时开关被双金属片 15 推动到 $S_1$ 位置时，其端部已被自锁开关扣住，虽然加热器已不通电，$K_S$ 也不能弹回。当故障排除后，要按动手动复位按钮，使 $K_S$ 恢复到与 X 接通位置，$K_M$ 线圈通电，压缩机才能启动。

启动前，双金属片 15 处于冷态，延时开关 14 处于实线位置，只要电源合闸，启动控制电路便接通。这时，尽管没有油压也不妨碍压缩机启动。启动后，油压建立的过程中，尽管压差开关 17 处于虚线位置，电加热器 7 通电，但通电尚未持续到足以使双金属片 15 变形至可以推动延时开关 14 动作，油压已达正常，于是压差开关 17 回到实线位置，电加热电路断开，同时接通正常运行信号灯 16，至此，启动完成。

控制器的正面有试验按钮 8，供试验延时机构的可靠性时使用。在制冷压缩机正常运行中，依箭头所示方向推动按钮，强迫压差开关 17 扳到虚线位置，并保持 60s（即模拟延时继电器持续通电时间），如果能够使延时开关 14 动作，切断电源，令压缩机停车，则证明压差控制器能够可靠工作。

### 2. CWK—22 型压差控制器

CWK—22 型压差控制器主要用于制冷压缩机的油压差保护，故又称油压差控制器。其结构如图 2-27 所示，控制器由两个波纹管对置设置。从曲轴箱来的低压压力接至上端气箱 1，下端气箱接至油泵的出口端，感受油泵排出压力。两个波纹管的力方向相反，都作用在顶杆 6 上，通过调节弹簧 5 来平衡。另外，CWK—22 型压差控制器内部附有电热丝加热的双金属片延时机构。设置延时机构的原因是：第一，制冷压缩机启动时，建立正常的油压差需要一定的时间，油泵的油压控制必须把这一段时间除去，没有一定的延时，制冷压缩机就启动不了；第二，在制冷压缩机运转中，由于曲轴箱压力不稳或带进液体工质，使油压不稳或成泡沫状，均有可能使油压降到危险压力以下，但经若干秒后油压往往能自行恢复，加上延时机构后，可避免不必要的频繁停车。

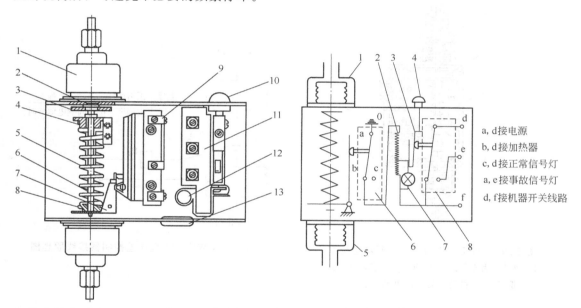

图 2-27　CWK—22 型压差控制器结构图
1—气箱；2—调节螺杆；3—调节盘；4—调节螺母；
5—调节弹簧；6—顶杆；7—跳板；8—弹簧座；
9—微动开关；10—复位按钮；11—延时底
座；12—气压指示灯；13—进线橡皮圈

图 2-28　CWK—22 型压差控制器原理图
1—低压气箱；2—加热器；3—双金属片；4—复
位按钮；5—高压气箱；6—差压开关；
7—欠压指示灯；8—延时开关

a, d 接电源
b, d 接加热器
c, d 接正常信号灯
a, e 接事故信号灯
d, f 接机器开关线路

其控制原理如图 2-28 所示。机器开始启动时，CWK—22 压差控制器同时通电，电接点 a—b—d 接通，加热器通电加热，开始延时，欠压指示灯 7 亮。如图 2-27，在调定的延时时间内，若油压差上升到调定值调节弹簧 5 被压缩，顶杆 6 带动跳板 7，推动差压开关 6 触点动作，使 a—c 接通，a—b 断开，延时机构和欠压指示灯被切断，制冷压缩机投入正常运转；若在调定的延时时间内，油压差没能升到调定值，双金属片受热变形，推动延时开关动作，使触点 d—e 接通，d—a 断开，切断制冷压缩机电源，并发出报警信号。延时开关被双金属片推动变位时，延时开关的凸钮即被机械扣住，不能自行复位。需人工复位按钮以后，延时开关的凸钮才被释放，触点复位，允许制冷压缩机重新启动。但延时开关切断电源而使制冷压缩机停车后，至少需隔 5min，待双金属片延时机构冷却复原后，才能按复位按钮复位。否则延时时间将不准确。转动压差调节螺母，可改变主弹簧的预紧力，从而改变油压差的设定值。该值是控制器的上限，在仪表的刻度板上指示出来。下限油压差等于上限（指示值）减去幅差。幅差为 0.02MPa 且不可调。改变电加热丝与双金属片之间的距离，即可改变延时开关的延时时间。

3. CWK—11 型压差控制器

CWK—11 型压差控制器主要用于氨泵断液保护，保护氨泵进出口压差在一定的数值之上，以免发生气蚀现象。此外，该控制器也可用于其他液泵。CWK—11 型压差控制器的结构如图 2-29 所示。它的结构和工作原理与 CWK—22 基本相同，但缺少延时机构，使用时若需延时，应另配时间继电器。窗口的刻度板上指针指出的是控制器的下限压差。上限压差等于指针数值加幅差（0.01MPa）。

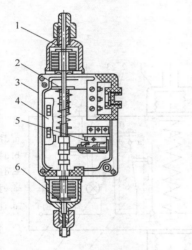

图 2-29　CWK—11 型压差控制器结构图
1—进液压力端；2—调节盘；3—壳体；4—刻度盘；5—微动开关；6—出液压力端

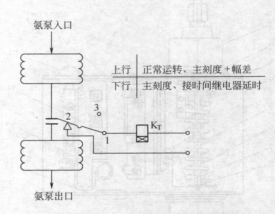

图 2-30　CWK—11 型压差控制器接线原理图

CWK—11 型压差控制器用作氨泵断液保护时，上端气箱接氨泵入口，下端气箱接氨泵出口，另配时间继电器 $K_T$ 作延时机构。图 2-30 是 CWK—11 型控制器的接线原理图，氨泵刚启动时，压差尚未建立，触点 1—2 通，时间继电器 $K_T$ 通电延时。在调定的延时时间内，压差达到控制器的上限值，波纹管推动顶杆上移，带动微动开关动作，使触点 2—3 闭合，1—2 断开，将时间继电器 $K_T$ 从电路中切除，氨泵投入正常运转；若在调定的延时时间内，氨泵的进出口压差达不到上限值，时间继电器 $K_T$ 动作，其触点切断氨泵电路，使氨泵停止运转。在氨泵运转过程中，如果氨泵进出口压差低于控制器下限时，控制器触点 1—2 接通，继电器 $K_T$ 重新延时。在延时时间内，压差恢复到控制器上限，氨泵继续运转；恢复不到上限则停泵。

4. CPK—1 型微压差控制器

CPK—1 型微压差控制器主要用于采用冷风机降温的库房发不定时的冲霜信号，也可以与电动执行机构配合用于空调系统作压差、流量控制。其结构如图 2-31 所示。膜片 3 将控

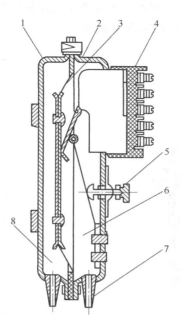

图 2-31　CPK—1 型微压差控制器结构图

1—下壳体；2—上壳体；3—膜片；4—接线罩；5—调
节螺钉；6—低压腔；7—管嘴；8—高压腔

制器分成高、低压两个密闭腔室 8、6。当两腔室的压力差增大到等于或超过调定值时，膜片硬芯对杠杆端部的作用力也随之增大到一定值，带动微动开关动作，触点变位，发压差上限信号。

在冷风机降温的库房中，空气在冷风机的作用下在室内循环。空气流过蒸发器管组时，必将产生压力损失，因而冷风机的下部进风口和上部出风口是有风压差的。蒸发器管组结霜后，使管间的通道截面变小，空气流过时压力损失增大，风压差也增大。显然，霜层越厚，风压差越大。将此风压差用软管分别引入 CPK—1 型微压差控制器的高、低压管嘴，当冷风机的进、出口风压差达到调定值时，发出冲霜信号。

通过调节螺钉 5 可以调节微压差控制器的给定值。

除以上介绍的压差控制器外，另有国产 JCS—0535 型压差控制器以及国外的 MP 型压差控制器，均可用作压缩机的油压差保护。MP 型与 JC3.5 型功能原理类似，也带有热延时继电器。MP 型延时时间不可调，有 45s，60s，90s 和 120s 四种。CWK—22 型延时时间可调（调整范围 45～60s），另外，它无试验按钮，设有欠压指示灯。用欠压指示灯试验的方法为：压缩机启动时若欠压指示灯不亮，或者超过延时时间后欠压指示灯不灭都说明控制器有故障。JCS—0535 型压差控制器采用晶体管延时机构，延时时间可调（调整范围 0～60s），通过旋钮改变 RC 元件直接调整。晶体管延时机构具有自动复位功能，故不需手动复位。

不带延时机构的压差控制器就是一个单纯的压差开关。例如国产 CWK—11 型、YCK型和国外的 RT 型就属于此类。RT 型压差控制器主要用于液泵的压差保护及维持螺杆压缩机的油压。

如图 2-32 所示为 RT260A 型压差控制器的构造图，图 2-33 为它的动作原理图，它是一只需要外接延时继电器的压差控制器。其动作原理从图 2-33 看十分清晰。压差给定值可通过调整定值螺母 3、主调整螺杆 5 来改变主弹簧 4 的预紧度来实现，而压差控制器的差动则可用改变 7、8 差动值调整螺母间的间隙来实现。

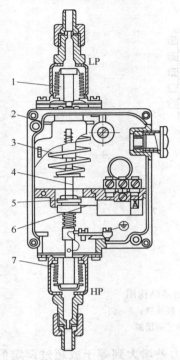

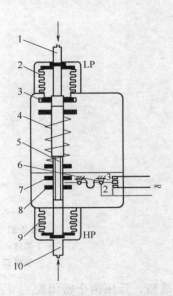

图 2-32  RT 型压差控制器结构图
1—低压波纹管；2—定值调整螺母；3—主弹簧
（调完值）；4—主调整螺杆；5—差动调整螺母；
6—动触点（微动开关）；7—高压波纹管

图 2-33  RT 型压差控制器原理图
1—低压侧接头；2—低压波纹管；3—调整定值螺母；
4—主弹簧；5—主调整螺杆；6—动触头；7,8—差
动值调整螺母；9—高压波纹管；10—高压侧接头

RT260A 型压差控制器用于控制氨泵时，泵压差的设定值下限一般为 0.04～0.09MPa，差动值为 0.02～0.03MPa；外接延时继电器，延时时间为 15s 左右。控制过程与油压差控制器控制压缩机工作完全类似；氨泵启动时，一通电即开始延时计时，在规定的延时时间 15s 内，压差升到设定值的上限（0.6MPa），则延时终止，氨泵进入正常运转。运行中，若压差低于设定值的下限（0.4MPa），则延时开始，在 15s 之内若压差不能回升到 0.6MPa，则停泵并报警。

RT260A 型在螺杆压缩机上使用时，低压波纹管中作用的是冷凝压力，高压波纹管中作用的是润滑油压力。低压波纹管中最高压力达 2.1MPa，高压波纹管中最高压力达 2.4MPa。油压力与冷凝压力之差不得超过 0.3MPa。从启动到正常运行，低压波纹管和高压波纹管中的压力变化不得超过 0.8MPa。由于上述工作条件超出控制器通常的工作条件范围，导致波纹管的寿命下降到动作 1 万次（而正常寿命是动作 4 万次）。表 2-4 列出了一些压差控制器的技术指标。

压差控制器在安装使用时应注意：

① 高、低压接口分别接油泵出口油压和曲轴箱低压，切不可接反；

② 控制器本体应垂直安装，高压口在下，低压口在上；

③ 油压差等于油压表读数与吸气压力表读数的差值，不要误以油压表读数为油压差；

表 2-4　常用压差控制器的技术指标

| 型　　号 | 压力差/MPa | 差动压力/MPa | 延时时间/s | 电触头容量 | 适 用 工 质 |
|---|---|---|---|---|---|
| CWK—22 | 0.05～0.40 | 0.02 | 40～60 可调 | AC220V 50Hz,3A | R12,R22,R717 氟利昂,氨,油 |
| JC3.5 | 0.05～0.35 | 0.05 | 60±20 固定 | AC220/380V DC220V 50W | |
| RT262A | 0.01～0.15 | 0.01 | — | AC400V 1A,2A,3A,4A, 10A DC220V | |
| RT260A | 0.05～0.40 | 0.03 | | | |
| | 0.05～0.60 | 0.05 | | | |
| | 0.15～1.10 | 0.05 | | | |
| MP55A | 0.03～0.45 | 0.02 | 45,60,90,120 无延时 | 12W | 氨,油 |
| MP55 | 0.03～0.45 | — | 45,60,90,120 无延时 | AC250V 2A DC125V 12W | |
| MP54 | 固定 0.065 | 0.02 | 45 | | |
| | 固定 0.09 | 0.02 | 60,90,120 | | |
| | 固定 0.21 | 0.02 | 120 | | |

④ 油压差的设定值一般调整为 0.15～0.2MPa；

⑤ 采用热延时的压差控制器，控制器动作过一次后，必须待热元件完全冷却（需 5min 左右）、手动复位后，才能再次启动使用。

# 项目四　液位控制器

本项目主要通过制冷与空调系统中液位控制任务，介绍电感式浮球液位控制器、晶体管水位控制器和热力式液位控制器等的基本结构、工作原理和使用场合，了解常用液位控制器的型号、基本技术参数和性能特点，并能正确选用。

为确保制冷与空调系统正常、安全、有效地运行，系统中一些有自由液面的设备需维持一定的液位。例如，需要保持满液式蒸发器、中间冷却器、低压循环液桶等容器中的制冷剂液位；在油系统中，需要控制油分离器、集油器和曲轴箱中的油位，并根据油位控制排抽和加油。这些容器中的液（油）位检测与控制也是制冷与空调自动化的一项重要内容。

## 一、UQK—40 型电感式浮球液位控制器

UQK—40 型电感式浮球液位控制器适用于以氨、R12、R22 为工质的制冷系统，与电磁阀配合使用，可自动控制容器内工质的液位。其结构如图 2-34 所示，阀体 6 内装有不锈钢浮球 5，阀体上部是电感线圈 2，浮杆 4 由浮球 5 带动在电感线圈 2 内随液面的变化而上下移动，使线圈电抗发生变化，一定的液位高度（相对于起始液位）有相应的电抗与之对应。

其控制接线原理图见图 2-35 所示。当容器中液位升高，浮球上升，线圈的电抗也增大，线圈两端的交流电压讯号增大，通过桥式整流，叠加在三极管 $V_8$ 的基极，使 $V_8$ 的基极电位下降，当线圈电抗增大到一定值时，$V_8$ 截止，$V_9$ 饱和导通，继电器 K 线圈通电，触点 6—7 通，发液位上限信号；当液位下降，浮球下降，线圈电抗减小，线圈两端交流电压减小，经整流后叠加于三极管 $V_8$ 基极的直流电压也减小，使 $V_8$ 的基极电位升高，当 $V_8$ 的基

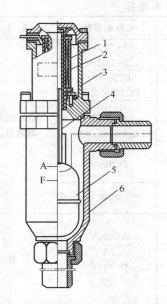

图 2-34 UQK—40 型电感式浮球
液位控制器结构图

1—线圈支架；2—线圈；3—上筒；
4—浮杆；5—浮球；6—阀体

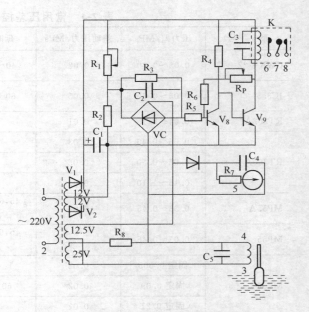

图 2-35 UQK—40 型电感式浮球液
位控制器接线原理图

极电位升高到某一数值时，$V_8$ 饱和导通，$V_9$ 截止，双稳开关电路翻转，继电器 K 线圈断电，触点 6—7 断开，7—8 通，发液位下限信号。$R_P$ 和 $R_6$ 构成正反馈，加快双稳开关电路的翻转速度。调节 $R_P$ 可改变双稳开关电路两次翻转时所需的最大电抗和最小电抗，即调节控制器的幅差范围。折算为液位控制器的幅差可在 0～60mm 范围内调节。

电位器 $R_1$ 作低温补偿用。当电感线圈处于－30℃以下低温时，通电后线圈电阻改变很大，可能使下液位信号显著下移，以致发不出下液位信号。这时调节 $R_1$ 可使控制器下液位信号稳定发出。一般在使用中按最低温度一次调好，以后不需再调。在传感电路输出部分接上 $500\mu A$ 的电流表，可远距离显示容器的液面情况。

UQK—40 型电感式浮球液位控制器的给定值由浮球阀体的安装位置确定，液位的起始值（下限）用红色油漆标在阀体上，如图 2-34 所示，画有"A—"处为氨系统的起始液位，"F—"为氟利昂系统的起始液位，安装时对准所需控制的液面即可。

### 二、UQK—41、42 型电感式浮球液位控制器

UQK—41、42 型电感式浮球液位控制器主要由玻璃管液位指示器和浮球开关两部分组成。两种型号的结构基本相同，大部分零件通用。其结构如见图 2-36 所示。

玻璃管液位指示器与制冷系统中用的直读式液位指示器相同。玻璃管常用规格为：外径 $\Phi25mm$；壁厚 2.5mm；41 型长度 300mm，42 型长度 200mm；耐压 3MPa。

玻璃管 6 周围装有有机玻璃保护罩，玻璃管内装有浮球 7。浮球为对接长圆形，内放钢珠 8，使其立于液面，如图 2-37 所示。浮球相对密度为 0.78，轻于油而重于氨，在氨液和油共存的容器中，浮球沉于氨而浮于油面，从而指示出油的液位。玻璃管外装有两个胶木开关盒 5，盒内装有晶体管接近开关。开关盒所在的位置，即分别为控制液位设定值的上、下限。UQK—41 型常用于容器放油控制，UQK—42 型常用于压缩机加油控制。

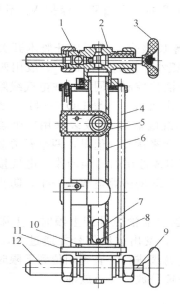

图 2-36　UQK—41、42 电感式浮球液位
控制器结构图

1—钢球；2—阀体；3—手柄；4—支杆；5—开关盒；
6—高压玻璃管；7—浮球；8—钢珠；9—阀杆；
10—压紧圈；11—夹板；12—接头

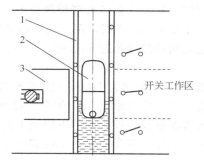

图 2-37　浮球接近开关工作示意图
1—玻璃管；2—浮球；3—接近开关

晶体管接近开关电气原理如图 2-38 所示。接近开关由串联型晶体管稳压电源供电。三极管 $V_4$、电容 $C_6$ 和变压器（$L_1$、$L_2$）组成 LC 振荡器，只要线圈 $L_1$ 的相位正确，选择合适的匝数比，就能保证起振。$L_2$、$C_6$ 组成谐振回路，接在 $V_4$ 集电极，使振荡器输出波形良好，振荡频率也同时确定。当指示液位的浮球未进入接近开关控制区时，振荡器振荡正常，振荡电压由 $L_3$ 耦合输出，经二极管 $V_{12}$ 整流后，给三极管 $V_5$ 提供一正偏压，使 $V_5$ 饱和导通，而后三极管 $V_6$ 基极电位很低，迫使 $V_6$、$V_7$ 截止，继电器 K 不动作；当浮子进入接近开关工作区时，浮球在振荡器的高频磁场中产生涡流，使振荡回路 $Q$ 值下降，破坏了振荡条件，迫使高频振荡器停振，$L_3$ 线圈无振荡电压输出，$V_5$ 截止，而 $R_{10}$、$R_{11}$ 向 $V_6$ 的基极提供了一个正向偏压，使 $V_6$ 饱和导通，$V_7$ 随即也饱和导通，继电器 K 动作，其触点输出开关信号。当 $V_7$ 管子由饱和转向截止时，其集电极所带继电器线圈要产生自感电势，

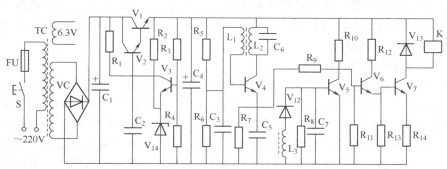

图 2-38　接近开关电气原理图

很可能将 $V_7$ 击穿，加 $V_{13}$ 续流二极管，是为自感电势提供一个通路，保护 $V_7$ 不被击穿。$R_9$ 是正反馈电阻，用以提高开关电路翻转灵敏度。

由上面的分析可知，浮球进入胶木开关盒，继电器 K 吸合，浮子离开胶木开关盒，继电器 K 释放。由于浮球很小，控制的液位幅差范围也很小，而且不可调。一般用两个（或多个）胶木开关盒，一个做下限液位控制，一个做上限液位控制。同时，在电气线路上设自锁触点，以保证只有在达到另一限位时才改变原来的动作状态。一般 UQK—41、42 电气盒内带有自锁触点（无自锁触点的，使用单位需另配中间继电器）。当仪表采用二个胶木开关盒控制时，幅差的调节可在玻璃管上通过移动胶木开关盒来达到。但是，两个开关盒的距离不能小于 20mm，否则，两个高频磁场互相干扰，从而造成控制器的误动作。电气接线盒与胶木盒之间的接线超过 50m 时，最好并联 $100\mu F$ 和 $0.47\mu F$ 的旁路电容各一个，防止外界的干扰。

如图 2-39 所示为 UQK—41 型放油电气原理图。当容器液位升到上限时，上限油位接近开关动作，常开触点 $1K_1$ 闭合，放油继电器 3K 吸合，发出放油信号并通过 $3K_1$ 触点自锁，使得在放油过程中油位下降到上限以下时放油仍能持续进行。直到油位到下限时，下限接近开关动作，其常闭触点 $2K_1$ 断开，使放油继电器 3K 释放，停止放油。

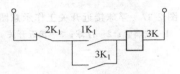

图 2-39 UQK—41 电感式浮球式液位
控制器放油电气原理

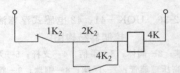

图 2-40 UQK—42 型电感浮球式液位
控制器加油电气原理

如图 2-40 所示是 UQK—42 型加油电气原理图。油位降到下限时，加油继电器 4K 吸合加油，油位升到上限时停止加油。

### 三、晶体管水位控制器

晶体管水位控制器也是一种晶体管位式控制器。其种类较多，但由于工作原理基本相似，仅以空调中使用较多的 SY 型晶体管水位控制器为例介绍。

SY 型晶体管水位控制器是用来根据喷水室底池（或回水箱）的水位，控制回水泵的启停，其内部接线原理如图 2-41 所示，它的输出是继电器的触点。其工作原理是：电源供电后，如果水池水位低于"高"水位时，继电器不动作；当水位升到"高"、"中"水位极板接通时，三极管 $V_4$ 基极电路接通，$V_4$ 饱和导通，继电器 K 吸合，输出常闭触点 6、7 断开。也就是说，它通过继电器（比如浮沉式水银继电器）控制水泵的启动。由于是用一对常开触点与"中"水位组成继电器自锁电路，所以只有当水位下降到"中"极板位置以下时，继电器 K 才释放，水泵停止运行。

### 四、热力式液位控制器

热力式液位控制器在制冷系统中常用于控制满液式蒸发器、中间冷却器和气液分离器等容器中的液位。丹佛斯（Danfoss）公司的 TEVA20/TEVA85 型热力式液位控制器的结构如图 2-42 所示。它相当于一个热力膨胀阀，不同于一般的热力膨胀阀之处是温包 1 中装有电加热器。温包安装在容器所要控制的液面高度处，电加热器安装在温包内，电加热器通电对温包加热。如果容器的液位上升，制冷剂浸湿到温包，则液位通过制冷剂液体逸散，热力头中压力降低，使阀开度变小或者完全关闭。温包被液体浸没程度（即液位高度）决定阀的开启程度。如果液位降到温包之下，温包暴露在气相中，热量较难逸散，热力头内压力升高，于是阀开大，增加流量，继而补充液体提高液位。

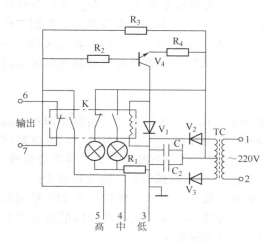

图 2-41 SY 型晶体管水位控
制器内部接线原理图

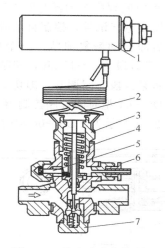

图 2-42 热力式液位控制器
1—带有加热器的温包；2—热力头；3—连接件；4—阀
体；5—设定杆；6—外平衡管接口；7—节流孔组件

热力式液位控制器的主要技术参数为：适用于温度介于 $-50\sim10℃$ 的 R717、R22 等制冷剂中；最高工作压力为 1.9MPa，最高试验压力为 2.85MPa；温包内电加热器功率为 10W，采用 24V 直流电源。

# 项目五 程序控制器

制冷与空调装置的自动控制，多数采用定值控制，近年来随着技术的不断进步，越来越多地采用了程序控制。例如融霜的时间程序控制和制冷压缩机能量的参数程序控制。本项目以 TDS 型时间程序控制器和 TDF 型分级步进能量控制器为例，主要介绍程序控制器的控制原理。

## 一、TDS 型时间程序控制器

融霜通常是按照一定的顺序进行。例如，采用水和热氨联合融霜的系统，融霜程序如下：

第一步 关闭供液阀、风机停转和关闭回汽阀，然后开启排液阀和热氨阀；

第二步 开启融霜水泵和进水阀，向蒸发器淋水；

第三步 停止融霜水泵和关闭进水阀；

第四步 关闭热氨阀和排液阀，然后开启回汽阀和供液阀，风机运转，融霜结束，系统恢复正常降温工作。

在整个融霜过程的每一步之间都要延时一定时间，以保证融霜效果。若用时间程序控制器把融霜过程的每一步都用时间控制进行，即可实现自动控制融霜。TDS 型时间程序控制器就是主要用于制冷系统冷风机自动融霜控制的仪器，其中 TDS—04 型为定时融霜程序控制，TDS—05 型为指令融霜程序控制。

TDS 型时间程序控制器具有多个时间继电器的控制功能，它能按照预定的程序定时发出一系列控制信号。

TDS 型时间程序控制器为四刀三段式，工作时，自动按照所调定的四个接点三个时间区段依次发出电气讯号，控制自动融霜。控制器的最后一个讯号为切换复原讯号，控制工作过程完毕后即自动恢复原状。三个区段时间分配为：第一区段 0～20min，第二区段 0～30min，第三区段为 0～15min，控制全程最长 65min。具体使用时可根据需要调整各区段时间，也可将某区段时间调零，即切除该区段。

### 1. TDS—04 型时间程序控制器

如图 2-43 所示为 TDS—04 型时间程序控制器机械结构图。该仪表主要由微型同步电动机 2、定时盘 3、定时拨板 5、凸轮组 4、齿轮减速机构 1、开关拨板 6 和两个微动开关 7 等部分组成。定时盘 3 上有 12 个定时螺钉孔，定为每隔 2h 一个，用来控制融霜次数，拧上几个螺钉，每 24h 便融几次霜。每次融霜时间间隔按定时螺钉间的划分或螺钉孔数查算，但间隔至少 2h。

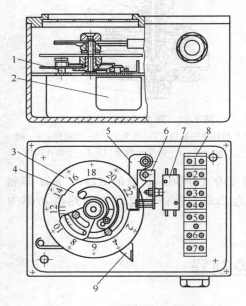

控制器接入电路后，微型同步电动机 2 长期通电，通过减速齿轮机构 1 带动定时盘 3 每 24h 转一圈，凸轮组 4 每 2h 转一圈。融霜开始前，两个微动开关 7 均处于压紧状态，当定时盘 3 转动到定时螺钉钩住定时拨板 5 时，微动开关 7 处于可释放状态。当凸轮组 4 转动使开关拨板 6 向前滑入凸轮组 4 凹边时，下面微动开关 7 顶杆弹出，触点变位，接通第一区段，开始融霜。然后，凸轮组 4 继续转动，当开关拨板 6 滑向凸轮另一凹边时，上面微动开关 7 顶杆弹出，触点变位，发出第二区段信号。凸轮继续转动，当开关拨板 6 被凸轮斜边逼回前面一个凸边时，上面微动开关 7 顶杆被压回，触点复位，进入第三区段。最后，开关拨板 6 被凸轮斜边逼回最外层凸边，下面微动开关 7 顶杆被压回，触点复位，发出融霜结束、系统复原信号。以后，微型同步电动机带动定时盘和

图 2-43 TDS—04 型时间程序
控制器机械结构图
1—齿轮减速机构；2—同步电动机；3—定时盘；
4—凸轮组；5—定时拨板；6—开关拨板；
7—微动开关；8—接线板；9—脱齿拨板

凸轮组继续转动，定时拨板脱口复位。当定时螺钉再度钩住定时拨板时，进行下次融霜。

凸轮组由四片凸轮组成，在微型同步电动机带动下 2h 转一圈，即每旋转 3°角相当于 1min。移动凸轮片，改变其边长，便可调整各区段的时间。

### 2. TDS—05 型指令程序控制器

TDS—05 型指令程序控制器结构基本与组成 TDS—04 型时间程序控制器相同。只是 TDS—05 型指令程序控制器无定时盘，由指令（手动或自动）接通微型同步电动机，直接带动凸轮组拨动两个微动开关控制融霜程序。为了使凸轮组复位归零，增加了复位盘、变压器、高灵敏继电器和复位微动开关。电气控制原理如图 2-44 所示。

当按动融霜指令按钮 $S_1$ 后，继电器 2K 吸合，微型同步电动机通电，带动凸轮组转动，控制器工作，开始融霜。当融霜完毕后，为了使控制器复位归零，微型同步电动机继续运转。等到复位盘边缘上的刀口顶动复位电器开关 $S_2$ 时，继电器 2K 释放，1K 吸合。电动机

继续转动，等到复位顶杆使 $S_2$ 复原时，继电器 1K 释放，微型同步电动机停止运转，此时，控制器停在零位。下次接到指令后，融霜从此位置（零位）开始。由于凸轮组 2h 转一圈，所以，两次融霜指令必须相隔 2h 以上。TDS—05 型指令控制器仪表盖上设有指示灯，控制器工作时指示灯亮，复位归零后指示灯灭。在指示灯亮时发第二次融霜指令，指令无效，也不保持指令。必须在指示灯不亮时发融霜指令才能有效。

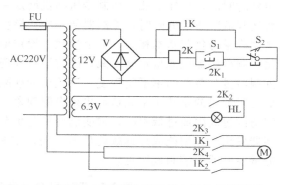

图 2-44　TDS—05 型指令控制器电气控制原理图

　　TDS—05 型指令融霜程序控制器的手动指令也可以用电气指令来代替。电气指令可直接加在按钮开关 $S_1$ 的两个焊有接线的接线柱上。采用电气指令后，即可实现自动融霜。例如，TDS—05 型指令程序控制器和微压差控制器配合。当冷风机翅片管上霜层厚度增加到一定程度，冷风机进出口风压差相应增大到一定值，微压差控制器动作发出电气讯号，指令 TDS—05 指令程序控制器工作，进行自动融霜。

### 二、TDF 型分级步进能量控制器

　　在制冷与空调系统中，对象的负荷一般来说不是常数，因此，要求制冷压缩机的能量（制冷量）能够根据负荷的变化按一定规律增减，使系统在比较经济、合理的条件下运行。蒸发温度和蒸发压力都能反映出制冷压缩机的制冷量与系统负荷的平衡状况，在制冷与空调装置中，常以蒸发温度或蒸发压力为调节参数，实现能量调节，使制冷压缩机的能量与系统的负荷相匹配。

　　TDF 型分级步进能量控制器是专门为制冷系统设计的能量调节仪表。它能根据调节参数的变化，对制冷机群进行定点延时分级调节，对制冷压缩机能量的增减实现步进控制。

　　TDF 型分级步进能量控制器有 TDF—01 型和 TDF—02 型两种，其结构基本相同，仅所配的测量元件不同。TDF—01 型要求直接输入 0～10mA 的直流信号，当调节参数的信号不同时，应通过变送器加以变送。如以蒸发压力作调节参数时，可通过压力变送器（如 YSC—01 型电感式压力变送器）将压力信号变化转变为 0～10mA 的直流信号变化。TDF—02 型控制器一般以蒸发温度作调节参数，控制器内装有将热电阻信号转变成 0～10mA 直流信号的线路，故与 Pt100 型铂热电阻配合使用，无需温度变送器转换信号，铂热电阻直接与控制器连接即可。

　　TDF 型分级步进能量控制器最多有八级继电器输出，即可在 4～8 级内调节。每级可控制一台或几台制冷压缩机，也可以控制制冷压缩机的几组汽缸，具体情况视机群的规模而定。八级能量输出的控制方式为分级步进式。步进方式有加速上载、延时上载、延时卸载、加速卸载四种。延时时间为 0～30min 可调，加速时间为延时时间的 1/8。

　　TDF 型分级步进能量控制器的控制定点有四个设定值，即过高限、高限、低限、过低限，由装在控制器背面的四个拨盘开关分别设定。输入的调节参数与这四个设定值比较，根据比较的结果，按预定的控制规律输出调节信号。

　　当制冷压缩机的制冷量小于系统的负荷，调节参数上升到高限时，控制器自动开始延时，延时时间到，调节参数若仍在高限，就在原来所在能量级的基础上增加一个能量级运行，即制冷压缩机延时上载；当制冷量远远小于负荷，调节参数达过高限时，控制器自动缩

短延时时间，加速上载，使制冷压缩机增加一个能量级；当制冷量大于系统负荷，使调节参数达到低限或过低限时，控制器使制冷压缩机延时卸载或加速卸载，降低一个能量级运行；当制冷量与负荷基本相等，调节参数在设定值的高限和低限之间时，调节器的输出不发生变化，制冷压缩机能量不增不减，维持运行在现有的能量级。所谓的"步进"调节，就是指根据制冷量与负荷的不平衡程度，逐级增加或减少制冷压缩机能量的调节方式。增能和减能采取延时的目的是防止系统负荷出现虚假现象，避免能量增减频繁。当调节参数达到或超过设定值的过高限或过低限时，说明制冷量与负荷相差太大，需要加速扭转这种局面。这时，控制器发出加速增能或加速减能信号，使调节参数尽快回复到高低限之间。TDF 型分级步进能量控制器的控制规律见表 2-5。

**表 2-5　TDF 型分级步进能量控制器的控制规律**

| 比　较　情　况 | 能量平衡情况 | TDF 输出调节方式 | 能量状态显示 | |
|---|---|---|---|---|
| | | | 红　灯 | 绿　灯 |
| 调节参数≥过高限 | 制冷量≤热负荷 | 加速　增能 | 闪 | 熄 |
| 调节参数≥高限 | 制冷量＜热负荷 | 延时　增能 | 亮 | 熄 |
| 高限＜调节参数＜低限 | 制冷量≈热负荷 | 能量不增不减 | 熄 | 熄 |
| 调节参数≤低限 | 制冷量＞热负荷 | 延时　减能 | 熄 | 亮 |
| 调节参数≤过低限 | 制冷量≥热负荷 | 加速　减能 | 熄 | 闪 |

这种调节的实质是调节参数幅差不变，机器投入运行的级数与系统负荷成正比。负荷增减多少，机器的能量跟随增减多少，总使制冷压缩机处于和负荷相适应的状况下运行。这种调节有两个特点：一是使调节参数总在控制的范围内，幅差可以很小；二是根据负荷将制冷压缩机分成几个能量级，制冷压缩机能量跟随负荷的变化成比例地增减，机器使用比较合理。

TDF 型分级步进能量控制器采用较复杂的晶体管电路，其原理方框图如图 2-45 所示。控制器的输出级数用拨盘开关控制，根据需要可在 4～8 级内调节。若需要 8 级以上输出时，可通过加接时间继电器的方法来解决。

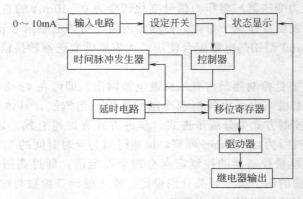

图 2-45　TDF 型分级步进能量控制器原理方框图

图 2-46 是 TDF 型分级步进能量控制器的面板布置图。按一下手动增能或手动减能按钮，可以人为地增加或减少一级能量。面板右上方的红灯和绿灯指示出能量的增减状态，八

级状态指示灯指示出输出级数，灯亮的数目就是控制器即时输出的级数。

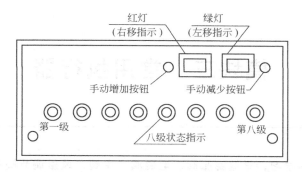

图 2-46　TDF 型分级步进能量控制器面板布置图

# 思　考　题

2-1　温度控制器有哪几种类型？各有何特点？使用场合如何？

2-2　温度控制器的主要作用是什么？如何实现对温度的控制与调节？

2-3　湿度控制器有哪几种类型？简述其基本结构、工作原理和使用场合。

2-4　压力（差）控制器有哪几种？简述其基本结构、工作原理和使用场合。

2-5　简述机械式压力控制器的基本工作原理。

2-6　使用压力控制器时要注意什么？

2-7　JC—35 型压差控制器是如何实现正常工作、故障停车和延时启动的？

2-8　RT 型压差控制器有没有延时机构？又是如何工作的？可以使用在哪些场合？

2-9　压差控制器使用时要注意些什么？

2-10　液位控制器有几种类型？各是如何工作的？

2-11　试简要介绍热力式液位控制器的基本结构，并说明其工作原理。

2-12　试简要介绍 TDS 型时间程序控制器和 TDF 型分级步进能量控制器的工作原理。

# 模块三　常用执行器

**教学目标**

　　通过本模块的学习，掌握膨胀阀、电磁阀、主阀、风量调节阀和防火排烟阀等常用执行器的特点、选择方法、应用及工作原理。

　　执行器是制冷空调自动控制系统的执行机构，是自动控制系统中极其重要的装置。执行器的作用是接受控制器或计算机的输出信号，直接调节生产过程中相关介质的输送量，从而使温度、压力、流量等过程参数得到控制。在控制系统的设计中，执行器选择不当，会直接影响到系统的控制品质。

　　执行器由执行机构和调节机构两部分组成。执行机构是执行器的推动部分，按控制信号产生相应的力或力矩。调节机构最常见的就是控制阀，又称调节阀。

　　按所使用的能源，执行器可分为气动、电动、液动三种类型。气动执行器是以压缩空气为动力源，通常气动压力信号的范围为 0.02～0.1MPa。气动执行机构有薄膜式和活塞式两种。气动执行器结构简单、紧凑、价格较低，工作可靠，维护方便，在过程控制中应用最广泛，特别适合于防火防爆的场合。其缺点是必须要配置压缩空气供应系统。电动执行器采用工频电源，信号传输速度快，传输距离长、动作灵敏、精度高，安全性好，其缺点是体积较大、结构复杂、成本较高、维护麻烦。液动执行器的特点是推力大，一般要配置压力油系统，适用于特殊场合。制冷与空调装置的自动控制中最常用的执行器是气动执行器和电动执行器。

　　气动执行机构往往和调节机构形成一个整体。如图 3-1 所示为气动调节阀的结构示意

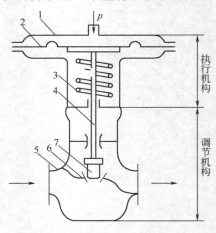

图 3-1　气动调节阀

1—上盖；2—膜片；3—平衡弹簧；4—阀杆；5—阀体；6—阀座；7—阀芯

图。气动调节阀的执行机构由膜片 2、阀杆 4 和平衡弹簧 3 组成。控制信号的压力 $p$ 由气动调节阀的顶部引入，作用在膜片 2 上产生向下的推动力，固定在膜片 2 上的阀杆 4 向下移动，压缩平衡弹簧 3。当阀杆 4 的推力与平衡弹簧 3 的作用力相等时，阀杆停止移动，阀芯 7 停留在需要的位置上。图 3-1 所示的气动调节阀在气源中断时，阀门是全开的。控制信号从 0.02～0.1MPa 逐渐变化时，阀门从全开到全关。气动调节阀按作用方式不同，分为气开阀与气闭阀两种。气开阀随着信号压力的增加而打开，无信号时，阀处于关闭状态。气闭阀即随着信号压力的增加，阀逐渐关闭，无信号时，阀处于全开状态。气开阀、气闭阀的选择主要从生产安全角度考虑。当系统因故障等原因使信号压力中断时（即阀处于无信号压力的情况下时），考虑阀应处于全开还是全闭状态才能避免损坏设备、伤害工作人员。若阀处全开位置危害性小，则应选气闭阀；反之，应选气开阀。

电动执行器的执行结构，把来自控制器的 4～20mA 的直流控制信号，转换成相应的位移或转角，以驱动执行器的调节结构（控制阀）。如图 3-2 所示是电动执行器执行机构的工作原理方框图。执行机构是角行程电动执行机构，由伺服放大器、伺服电动机、减速器、位置发送器、操作器等组成。

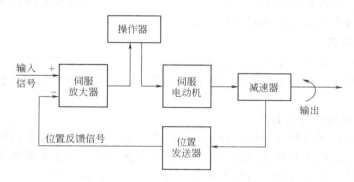

图 3-2　电动执行机构的工作原理方框图

图中的伺服放大器接受来自控制器的控制信号，与执行机构的位置反馈信号相比较，其差值经放大后供伺服电动机。当输入信号为零时，放大器无输出，电机不转动。当有不为零的控制信号输入时，输入信号与位置反馈信号产生的偏差使放大器输出相应的功率，驱动伺服电机正转或反转，减速器的输出轴也相应转动，这时，输出轴的转角又经位置发送器转换成电流信号送到伺服放大器的输入端。当位置反馈信号与控制器信号相等时，伺服电机停止转动。这时，输出轴就停止在控制信号要求的位置上。一旦电动执行机构断电，输出轴就停止在断电的位置上，不会使生产中断。这也是电动执行机构的优点之一。

电动执行机构还可以通过操作器接受来自控制室的远方信号，实现远方手动控制。当操作器的切换开关切换到手动位置时，可直接控制伺服电机，进行手动遥控操作。执行机构还配有手轮，在必要时由人工操作。角行程执行机构输出的角位移是 0°～90°。直线行程的电动执行机构输出的是直线位移，其工作原理与角行程电动执行机构完全相同，仅仅是减速器的结构不同。

电动执行机构与其调节机构（控制阀）连接的方式较多，可以分开安装，用机械装置把两者连起来，也可以安装固定在一起。有些产品在出厂时就是执行机构与控制阀连为一体的电动执行器。

气动信号有它的优点，如防火防爆等，电信号也有它的优点，如可远距离传输等。在控制系统的组成上，控制器等采用电信号，执行器采用气动信号，这样的设计是很多的。特别是计算机控制为核心的先进控制系统，只能对电信号进行处理。所以，与执行器、变送器相配合，还有气—电或电—气转换器。它们的作用是将气动信号转换成相应的电信号或相反。

制冷与空调装置中常用的执行器主要有膨胀阀、电磁阀、主阀、水量调节阀、风量调节阀、防火阀、排烟阀或防火排烟阀等。

# 项目一 膨 胀 阀

本项目通过对热力膨胀阀和电子膨胀阀的结构、类型等知识的介绍，培养学生掌握膨胀阀的特点、工作原理等基础知识，具有正确选择膨胀阀的能力。

在制冷系统中，制冷剂液体的膨胀过程是由节流机构来完成，膨胀节流的作用是将液体制冷剂从冷凝压力减小到蒸发压力，并根据需要调节进入蒸发器的制冷剂流量。制冷系统的节流膨胀机构主要有热力膨胀阀、热电膨胀阀、电子膨胀阀和毛细管等。其中毛细管在节流过程中有不可调性，故在大型制冷系统中不再采用毛细管，而采用膨胀阀来控制，常用的有热力膨胀阀、热电膨胀阀和电子膨胀阀三种。

## 一、热力膨胀阀

热力膨胀阀是一种改进型的自动膨胀阀，广泛用于制冷和空调设备上。热力膨胀阀是压缩式制冷装置中制冷剂进入蒸发器的流量控制器件，同时完成由冷凝压力至蒸发压力的节流降压、降温过程。

### 1. 热力膨胀阀的结构与分类

热力膨胀阀有内平衡和外平衡两种形式。内平衡热力膨胀阀膜片下面的制冷剂压力是从阀体内部通道传递来的膨胀阀孔的出口压力；而外平衡式热力膨胀阀膜片下面的制冷剂平衡压力是通过外接管，从蒸发器出口处引来的压力。由于两者的平衡压力不同，它们的使用场合也有区别。

（1）内平衡式热力膨胀阀　如图 3-3 所示，控制输入信号压力 $F$ 是感温包感受到的蒸发器出口温度相对应的饱和压力，它作用在波纹膜片 5 上，使波纹膜片产生一个向下的推力，而在波纹膜片下面受到蒸发压力 $F_0$ 和调节弹簧 7 弹力 $W$ 的作用。当被控对象温度处在某一工况下，膨胀阀处于某一开度时，$F$、$F_0$ 和 $W$ 处于平衡状态，即 $F = F_0 + W$。如果被控对象温度升高，蒸发器出口处过热度增大，则感应温度上升，相应的感应压力 $F$ 也增大，这

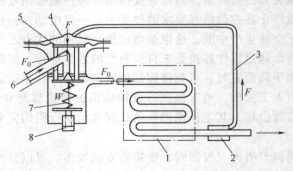

图 3-3　内平衡式热力膨胀阀的工作原理

1—蒸发器；2—感温包；3—毛细管；4—膨胀阀；5—波纹膜片；

6—推杆；7—调节弹簧；8—调节螺钉

时 $F>F_0+W$，波纹膜片 5 向下移动，推动传动杆使膨胀阀的阀孔开度增大，蒸发器出口过热度相应地降下来。相反，如果蒸发器出口处过热度降低，则感应温度下降，相应地感应压力 $F$ 也减小，此时，$F<F_0+W$，波纹膜片 5 上移，传动杆也上移，膨胀阀的阀孔开度减小，制冷剂流量减小，使制冷量也减小，蒸发器出口过热度相应地升高，膨胀阀进行上述自动控制，适应了外界热负荷的变化，满足了被控对象温度的要求。

图 3-4 所示为内平衡式热力膨胀阀的结构。膨胀阀安装在蒸发器的进口管道上，它的感温包安装在蒸发器的出口管上，感温包通过毛细管与膨胀阀顶盖相连接，以传递蒸发器出口过热温度信号。有的膨胀阀在阀进口处还设有过滤网。

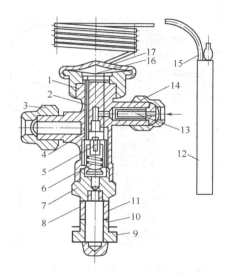

图 3-4  内平衡式热力膨胀阀的结构

1—阀体；2—传动杆；3—螺母；4—阀座；5—阀针；6—调节弹簧；7—调节杆座；
8—填料；9—帽盖；10—调节杆；11—填料压盖；12—感温包；13—过滤网；
14—螺母；15—毛细管；16—感应薄膜；17—气箱盖

（2）外平衡式热力膨胀阀　如图 3-5 所示，$F$ 为感温包感受到的蒸发器出口温度相对应的饱和压力，$F'$ 为蒸发器出口蒸发压力，$W$ 为过热调整弹簧的压力。当被控对象温度处在某一工况时，膨胀阀保持一定开度，$F$、$F'$ 和 $W$ 应处在平衡状态，即 $F=F'+W$；如果被控对象温度升高，蒸发器出口过热度增大，则感受温度上升，相应的感应压力 $F$ 也增大，这

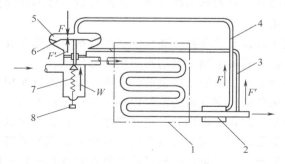

图 3-5  外平衡式热力膨胀阀的工作原理

1—蒸发器；2—感温包；3—外部均压管；4—毛细管；5—膨胀阀；
6—波纹膜片；7—过热调节弹簧；8—调整螺钉

时 $F>F'+W$，波纹膜片向下移，推动阀的传动杆使膨胀阀孔开度增大，制冷剂流量增加，制冷量也增大，蒸发器出口过热度相应下降。相反，如果蒸发器出口处过热度降低，则感受温度下降，相应的饱和压力 $F$ 也下降，这时 $F<F'+W$，使波纹膜片上移，传动杆也随之上移，膨胀阀的阀孔开度减小，制冷剂流量减小，蒸发器出口过热度也相应上升，满足了蒸发器负荷变化的需要。由于在蒸发器出口处和膨胀阀波纹膜片下方引有一个外部均压管，所以称此膨胀阀为外平衡式热力膨胀阀。

外平衡式热力膨胀阀的结构如图 3-6 所示，其安装位置与内平衡式热力膨胀阀相同。

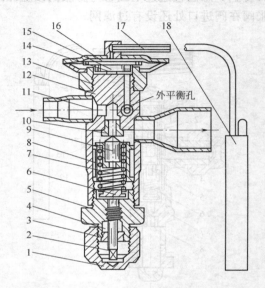

图 3-6　外平衡式热力膨胀阀的结构

1—密封盖；2—调节杆；3—填料螺母；4—密封填料；5—调节杆座；6—调节垫块；
7—弹簧；8—阀针座；9—阀针；10—阀孔座；11—过滤网；12—阀体；13—动力室；
14—顶杆；15—垫块；16—薄膜片；17—毛细管；18—感温包

**2. 热力膨胀阀的作用原理**

热力膨胀阀是一种节流装置，它是制冷系统中自动控制制冷剂流量元件，广泛用于各种制冷系统中，热力膨胀阀的工作特性好坏，直接影响到整个制冷系统能否正常工作。

热力膨胀阀以蒸发器出口的过热度为信号，根据信号偏差来自动控制制冷系统的制冷剂流量，因此，它是以传感器、控制器和执行器三位组合成一体的自动控制器。具体来说，热力膨胀阀一般有三个作用。

（1）节流降压　把冷凝器来的高温、高压液态制冷剂节流降压成为容易蒸发的低温、低压雾状制冷剂送入蒸发器，隔离了制冷剂的高压侧和低压侧。

（2）自动调节制冷剂流量　由于制冷负荷的改变，要求流量作相应调节，以保持室内温度稳定，膨胀阀能自动调节进入蒸发器的流量以满足制冷循环要求。

（3）控制制冷剂流量、防止液击和异常过热现象发生，膨胀时以感温包作为感温元件控制流量大小，保证蒸发器尾部有一定量的过热度，从而保证蒸发器容积的有效利用，避免液态制冷剂进入压缩机而造成液击现象，同时又能控制过热度在一定范围内。

多数制冷系统在运行过程中，其冷负荷是变化的。如系统刚开始降温时，室内温度较高，这时就要求将蒸发温度升高，使进入蒸发器的制冷剂流量增大。而当室内温度较低时，冷负荷需要量较少了，这时蒸发温度就相应地降低，使进入蒸发器的流量减少，因此，热力膨胀阀就是根据冷负荷需要量的变化而自动地调整其流量，使制冷系统能正常工作。

3. 热力膨胀阀的选用

热力膨胀阀是一种直接作用式比例控制器，它的给定值弹簧是事先按需要调整好的，而对象的负荷与工况是动态变化的。因此，变化的动态负荷是不可能和不可变化的静态过热度保持全工况的最佳匹配。故采用"动态匹配"，才能及时对蒸发器的动态特性的变化做出反应，使系统始终在给定性能指标约束下得到最佳匹配。

热力膨胀阀的容量应与制冷系统相匹配，图 3-7 所示为热力膨胀阀和制冷系统制冷量特性曲线。制冷系统的制冷量曲线 2 与膨胀阀的制冷量曲线 1 交点，就是运行时的制冷量。从图中看出，膨胀阀在一定的开启度下，它的制冷量 $Q_0$ 随着蒸发温度 $\theta_0$ 的下降而增加，而制冷系统的制冷量随蒸发温度的下降而减少，两者要相互匹配，其制冷量就应相等。所以应对某一制冷系统所使用的热力膨胀阀进行选配。

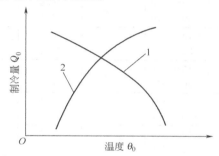

图 3-7 热力膨胀阀和制冷系统制冷量特性曲线
1—热力膨胀阀能量曲线；2—制冷系统能量曲线

目前，国产热力膨胀阀的铭牌上，一般都标出热力膨胀阀的孔径或某一工况下（如标准工况或空调工况）的制冷量，而正确标出的应是以规定工况下的额定开启度下的制冷量。表 3-1 和表 3-2 分别为国产内、外平衡式热力膨胀阀主要性能参数，表 3-3 为美国 SPORLAN 公司的热力膨胀阀主要性能参数。

以膨胀阀孔径为它的容量参数，不能定出热力膨胀阀的确切制冷量，因为各厂生产的膨胀阀的额定开启度不同，所以不同生产厂家生产的同一孔径的膨胀阀其制冷量不一定相同。特别是锥形阀针的锥度不同，其制冷量也就不同，因此应按制造厂提供的产品样本选用，或根据已知的膨胀阀机构参数进行计算。

热力膨胀阀的容量与膨胀阀入口处液体制冷剂的压力（或冷凝温度）、过冷度、出口处制冷剂的压力（或蒸发温度）及阀门开度有关。热力膨胀阀出厂时，需进行容量实验，容量实验是为了确定膨胀阀在给定条件下的制冷量。膨胀阀的容量要与制冷空调系统特别是蒸发器的容量相匹配，使蒸发器最大限度地加以利用。若容量选择过大，使阀经常处在小开度下工作，阀开闭频繁，影响室内温度稳定，并降低阀门寿命；若容量选择过小，则流量太小，不能满足室内所需制冷量的要求。一般情况下，膨胀阀容量应比蒸发器能力大 20%～30%，否则，制冷与空调装置就不能产生足够的制冷量。另外，还可以根据蒸发器压力降 $\Delta p_0$ 值的大小来选用膨胀阀，当蒸发器压力降 $\Delta p_0$ 值较小时，宜选用内平衡式热力膨胀阀；蒸发器压力降 $\Delta p_0$ 值较大时，宜选用外平衡式热力膨胀阀，以避免过热度过高，蒸发器利用率大幅度降低的缺点。使用内平衡式热力膨胀阀的蒸发器压力降 $\Delta p_0$ 的允许值见表 3-4。

表 3-1　国产内平衡式热力膨胀阀主要性能参数

| 型　号 | 通径/mm | 使用制冷剂 | 适用温度范围/℃ | 可调节关闭过热度/℃ | 标准制冷量/kW | 空调制冷量/kW | 接管规格/mm 进口 | 接管规格/mm 出口 |
|---|---|---|---|---|---|---|---|---|
| RF12N0.8<br>RF22N0.8 | 0.8 | R12<br>R22 | +10～-30<br>-30～-70 | 2～8 | 1.2<br>1.9 | 1.0 | $\phi 10 \times 1$ | $\phi 12 \times 1$ |
| RF12N1<br>RF22N1 | 1 | R12<br>R22 | +10～-30<br>-30～-70 | 2～8 | 1.4<br>3.6 | 1.3 | $\phi 10 \times 1$ | $\phi 12 \times 1$ |
| RF12N1.5<br>RF22N1.5 | 1.5 | R12<br>R22 | +10～-30<br>-30～-70 | 2～8 | 2.2<br>3.6 | 2.0 | $\phi 10 \times 1$ | $\phi 12 \times 1$ |
| RF12N2<br>RF22N2 | 2 | R12<br>R22 | +10～-30<br>-30～-70 | 2～8 | 2.9<br>4.8 | 2.6 | $\phi 10 \times 1$ | $\phi 12 \times 1$ |
| RF12N3<br>RF22N3 | 3 | R12<br>R22 | +10～-30<br>-30～-70 | 2～8 | 5.8<br>10 | 5.6 | $\phi 10 \times 1$ | $\phi 12 \times 1$ |
| RF12N4<br>RF22N4 | 4 | R12<br>R22 | +10～-30<br>-30～-70 | 2～8 | 10.5<br>17.4 | 9.3 | $\phi 10 \times 1$ | $\phi 12 \times 1$ |
| RF12N5<br>RF22N5 | 5 | R12<br>R22 | +10～-30<br>-30～-70 | 2～8 | 13.1<br>21.5 | 11.6 | $\phi 10 \times 1$ | $\phi 12 \times 1$ |
| RF12N7<br>RF22N7 | 7 | R12<br>R22 | +10～-30<br>-30～-70 | 2～8 | 18.4<br>30.2 | 16.3 | $\phi 16 \times 1.2$ | $\phi 16 \times 1.2$ |
| RF12N9<br>RF22N9 | 9 | R12<br>R22 | +10～-30<br>-30～-70 | 2～8 | 31.4<br>53.5 | 29.1 | $\phi 16 \times 1.2$ | $\phi 16 \times 1.2$ |
| RF12N11<br>RF22N11 | 11 | R12<br>R22 | +10～-30<br>-30～-70 | 2～8 | 45.3<br>69.8 | 44.2 | $\phi 19 \times 1.5$ | $\phi 19 \times 1.5$ |
| RF12N12<br>RF22N12 | 12 | R12<br>R22 | +10～-30<br>-30～-70 | 2～8 | 60.5<br>58.1 | 58.1 | $\phi 19 \times 1.5$ | $\phi 19 \times 1.5$ |

表 3-2　国产外平衡式热力膨胀阀主要性能参数

| 型　号 | 制冷量/kW | 型　号 | 制冷量/kW |
|---|---|---|---|
| TRF22HW | 22 | TRF55HW | 55 |
| TRF26HW | 26 | TRF75HW | 75 |
| TRF35HW | 35 | TRF100HW | 100 |
| TRF45HW | 45 | | |

注：蒸发温度 $\theta_0 = 4.0℃$，冷凝温度 $\theta_k = 37.8℃$。

表 3-3　美国 SPORLAN 公司热力膨胀阀主要性能参数

| 阀　型 | 额定制冷量/kW | 蒸发温度/℃ 4.4 压降/kPa 689.5 | 蒸发温度/℃ 6.7 压降/kPa 861.8 |
|---|---|---|---|
| M | 34 | 34 | 37.1 |
| M | 42 | 42 | 45.8 |
| O | 55 | 55 | 59.3 |
| V | 70 | 73 | 78.8 |
| V | 100 | 100 | 108 |
| W | 135 | 143 | 154 |

注：进入膨胀阀的 R22 制冷剂为液态 37.8℃，O 代表钎焊接头，W、M、V 代表法兰接头。

表 3-4 使用内平衡式热力膨胀阀的 $\triangle p_0$ 允许值 单位：kPa

| 蒸发温度/℃ | | 10 | 0 | —10 | —20 | —30 | —40 | —50 | —60 |
|---|---|---|---|---|---|---|---|---|---|
| 制冷剂 | R12 | 20 | 15 | 10 | 7 | 5 | 3 | | |
| | R22 | 25 | 20 | 15 | 10 | 7 | 5 | 3 | 2 |
| | R502 | 30 | 25 | 20 | 15 | 10 | 7 | 5 | 4 |

热力膨胀阀是应用最广的一类节流机构，广泛应用于冷藏箱、陈列柜、汽车空调和柜式空调机等装置中。一般认为热力膨胀阀的调节规律为比例调节。热力膨胀阀和蒸发器组成的控制回路有时会发生"振荡"现象，严重影响系统的正常工作。

**二、电子膨胀阀**

热力膨胀阀用于蒸发器供液控制时存在很多问题，如控制质量不高，控制系统无法实施计算机控制，只能实施静态匹配；工作温度范围窄，感温包延迟大，在低温调节场合，振荡问题比较突出。因此自 20 世纪 70 年代开始，出现了电子膨胀阀，至 90 年代末，已逐步走向成熟。

电子膨胀阀是以微型计算机实现制冷系统变流量控制，使制冷系统处于最佳运行状态而开发的新型制冷系统控制器件。微型计算机根据给定值与室温之差进行比例积分运算，以控制阀的开度，直接改变蒸发器中冷媒的流量，从而改变其状态。压缩机的转数与膨胀阀的开度相适应，使压缩机输送量与通过阀的供液量相适应，而使蒸发器能力得以最大限度发挥，实现高效制冷系统的最佳控制，使过去难以实施的制冷系统有可能得以实现。因而，在变频空调、模糊控制空调和多路系统空调等系统中，电子膨胀阀作为不同工况控制系统制冷剂流量的控制器件，均得到日益广泛的应用。

电子膨胀阀是采用电子手段进行流量调节的阀门。电子膨胀阀采用蒸发器的温度或压力信号，经过控制器，实现多功能的流量控制和调节。其制冷剂流量调节范围大，蒸发器出口过热度偏差小，允许系统负荷波动范围大。而且还可以通过指定的调节程序，扩展电子膨胀阀的很多控制功能。

电子膨胀阀的种类较多，按阀的结构形式来分主要有三类：电磁式、热动式和电动式（早期尚有双金属片驱动，近年逐渐被替代）。

**1. 电磁式电子膨胀阀**

电磁式电子膨胀阀是依靠电磁力开启进行流量调节控制的阀门。结构如图 3-8(a) 所示，电磁线圈通电前，阀针 7 处于全开位置；通电后，由于电磁力的作用，由磁性材料制成的柱塞 2 被吸引上升，与柱塞 2 连成一体的阀针 7 开度变小。阀针 7 的位置取决于施加在线圈 3 上的控制电压（线圈电流），因此可以通过改变控制电压来调节膨胀阀的流量，其流量特性如图 3-8(b) 所示。

电磁式电子膨胀阀结构简单，动作响应快，但工作时需要一直为它提供电压。

另外，还有一种电磁式电子膨胀阀。它实际上是一种特殊结构的电磁阀，带有内置节流孔，通电开型。电磁线圈上施加固定周期的电压脉冲，一个周期内阀开、闭循环一次。阀流量由脉冲宽度决定。负荷大时，脉宽增加，阀打开时间长；负荷低时，脉宽减小，阀打开时间短。断电时，阀完全关闭，还起到电磁截止阀的作用。工作中由于阀交替打开和关闭，液管和吸气管中会产生压力波动，但并不影响制冷机的运行特性。

**2. 热动式电子膨胀阀**

热动式电子膨胀阀是靠阀头电加热的调节产生热力变化，从而改变阀的开度，进行调节

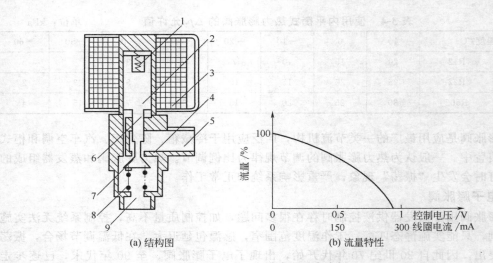

(a) 结构图    (b) 流量特性

图 3-8　电磁式电子膨胀阀

1—柱塞弹簧；2—柱塞；3—线圈；4—阀座；5—入口；6—阀杆；7—阀针；8—弹簧；9—出口

控制。Danfoss 公司的专利产品——热动式电子膨胀阀也称参考压力系统（PRS）电子膨胀阀，适用于中大型制冷装置的供液控制。该型电子膨胀阀的结构如图 3-9 所示，TQ 型为直接驱动式。PHTQ 型为带自给放大的结构，用于大冷量系统。

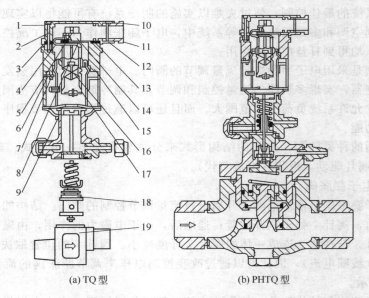

(a) TQ 型    (b) PHTQ 型

图 3-9　热动式电子膨胀阀

1—阀头；2—止动螺钉；3—O 形圈；4—电线套管；5,6—螺钉；7—电线；8—上盖；9—垫片；
10—电线旋入口；11—密封圈；12,13—垫片；14—端板；15—膜头；16—NTC 传感元件；
17—PTC 加热元件；18—节流组件；19—阀体

该系统由热动式电子膨胀阀 TQ、EKS65 电子控制器和两只 AKS21A 传感器等组成。其基本工作原理是用两只 $1000\Omega$ 的铂电阻温度传感器，分别检测蒸发器进、出口温度 $t_1$ 和 $t_2$，并将信号输入 EKS65 电子控制器，该控制器将蒸发器进、出口温差值（$t_2 - t_1$）与要求的温差值（该值在控制器上设定）进行比较，若温差值（$t_2 - t_1$）偏离给定温差值，则控制器向 TQ 电子膨胀阀输入电脉冲，使电子膨胀阀的开度改变，相应地调整制冷剂流量，使温差值（$t_2 - t_1$）回到要求的给定值。

TQ/PHTQ＋EKS65 型电子膨胀阀控制系统，适用制冷剂 R12，R22，R502，R134a，R404a。

传感器（Pt100）的测量范围是 $-70 \sim 160℃$，EKS65 电子控制器温差的设定范围为 $2 \sim 18℃$，控制规律为比例积分（PI），比例系数 $K_P = 1 \sim 5$，积分时间 $T_1 = 30 \sim 300s$，输入电压是 AC24（±10％）V、50/60Hz，消耗电功率为 5W；TQ 电子膨胀阀的输入为交流脉冲电压 24V，功耗为 50W，阀的额定容量见表 3-5。

**表 3-5 TQ 型和 PHTQ 型电子膨胀阀的额定容量**

a. R22（压力 0.10～0.75MPa,温度 -40～10℃）

| 型 号 | 阀上压降 $\Delta p$/MPa | | | | | | | |
| --- | --- | --- | --- | --- | --- | --- | --- | --- |
| | 0.2 | 0.4 | 0.6 | 0.8 | 1.0 | 1.2 | 1.4 | 1.6 |
| | 额定容量/kW | | | | | | | |
| TQ5-1 | 10 | 13 | 14 | 16 | 16 | 17 | 17 | 18 |
| TQ5-2 | 16 | 20 | 23 | 25 | 26 | 27 | 28 | 28 |
| TQ5-3 | 23 | 28 | 32 | 35 | 37 | 38 | 39 | 40 |
| TQ20-1 | 24 | 32 | 37 | 40 | 43 | 44 | 45 | 46 |
| TQ20-2 | 39 | 52 | 59 | 64 | 68 | 70 | 72 | 73 |
| TQ20-3 | 58 | 76 | 86 | 93 | 98 | 102 | 104 | 106 |
| TQ20-4 | 75 | 99 | 113 | 122 | 128 | 133 | 136 | 138 |
| TQ20-5 | 88 | 114 | 129 | 139 | 146 | 152 | 155 | 158 |
| TQ55-0.3 | 55 | 70 | 80 | 87 | 92 | 95 | 98 | 98 |
| TQ55-0.5 | 92 | 117 | 133 | 145 | 153 | 159 | 163 | 164 |
| TQ55-0.7 | 128 | 164 | 187 | 203 | 215 | 223 | 228 | 230 |
| TQ55-1 | 183 | 235 | 267 | 290 | 307 | 318 | 325 | 328 |
| TQ55-2 | 269 | 340 | 386 | 419 | 443 | 460 | 465 | 467 |
| PHTQ85-1 | 96 | 125 | 143 | 155 | 164 | 170 | 174 | 176 |
| PHTQ85-2 | 144 | 185 | 210 | 229 | 242 | 251 | 256 | 259 |
| PHTQ85-3 | 237 | 301 | 341 | 371 | 392 | 407 | 415 | 419 |
| PHTQ85-4 | 408 | 510 | 577 | 627 | 663 | 689 | 703 | 709 |
| PHTQ125-1 | 571 | 718 | 813 | 884 | 934 | 970 | 991 | 1000 |
| PHTQ300-1 | 937 | 1177 | 1332 | 1448 | 1531 | 1589 | 1623 | 1638 |
| PHTQ300-2 | 1455 | 1812 | 2049 | 2228 | 2356 | 2446 | 2497 | 2517 |

b. R134a（压力 0.10～0.65MPa,温度 -30～25℃）

| 型 号 | 阀上压降 $\Delta p$/MPa | | | | | | | |
| --- | --- | --- | --- | --- | --- | --- | --- | --- |
| | 0.2 | 0.4 | 0.6 | 0.8 | 1.0 | 1.2 | 1.4 | 1.6 |
| | 额定容量/kW | | | | | | | |
| TQ5-1 | 8 | 11 | 12 | 12 | 13 | 13 | 12 | 12 |
| TQ5-2 | 13 | 17 | 19 | 19 | 20 | 20 | 19 | 19 |
| TQ5-3 | 19 | 24 | 26 | 28 | 28 | 28 | 28 | 28 |
| TQ20-1 | 22 | 28 | 31 | 32 | 34 | 34 | 34 | 32 |
| TQ20-2 | 35 | 43 | 48 | 50 | 53 | 53 | 53 | 53 |
| TQ20-3 | 52 | 64 | 71 | 74 | 77 | 78 | 77 | 76 |
| TQ20-4 | 67 | 82 | 91 | 91 | 100 | 101 | 100 | 98 |

b. R134a(压力 0.10～0.65MPa,温度—30～25℃)

| 型　号 | 阀上压降 $\Delta p$/MPa | | | | | | | |
|---|---|---|---|---|---|---|---|---|
| | 0.2 | 0.4 | 0.6 | 0.8 | 1.0 | 1.2 | 1.4 | 1.6 |
| | 额定容量/kW | | | | | | | |
| TQ20-5 | 76 | 94 | 104 | 109 | 113 | 114 | 114 | 112 |
| TQ55-0.3 | 47 | 59 | 66 | 70 | 71 | 70 | 70 | 69 |
| TQ55-0.5 | 78 | 99 | 110 | 116 | 117 | 117 | 117 | 115 |
| TQ55-0.7 | 110 | 139 | 155 | 162 | 165 | 164 | 163 | 161 |
| TQ55-1 | 157 | 198 | 221 | 232 | 235 | 234 | 233 | 230 |
| TQ55-2 | 228 | 284 | 317 | 332 | 332 | 329 | 325 | 322 |
| PHTQ85-1 | 84 | 107 | 119 | 125 | 127 | 126 | 126 | 125 |
| PHTQ85-2 | 124 | 156 | 174 | 184 | 186 | 185 | 184 | 182 |
| PHTQ85-3 | 202 | 252 | 281 | 294 | 299 | 298 | 295 | 293 |
| PHTQ85-4 | 341 | 425 | 472 | 493 | 498 | 496 | 494 | 492 |
| PHTQ125-1 | 480 | 599 | 666 | 698 | 707 | 704 | 700 | 695 |
| PHTQ300-1 | 786 | 980 | 1091 | 1142 | 1157 | 1153 | 1145 | 1138 |
| PHTQ300-2 | 1208 | 1505 | 1672 | 1746 | 1764 | 1758 | 1750 | 1744 |

c. R404A(压力 0.10～0.75MPa,温度—40～10℃)

| 型　号 | 阀上压降 $\Delta p$/MPa | | | | | | | |
|---|---|---|---|---|---|---|---|---|
| | 0.2 | 0.4 | 0.6 | 0.8 | 1.0 | 1.2 | 1.4 | 1.6 |
| | 额定容量/kW | | | | | | | |
| TQ5-1 | 8 | 10 | 11 | 12 | 12 | 12 | 13 | 12 |
| TQ5-2 | 13 | 16 | 17 | 18 | 19 | 19 | 19 | 19 |
| TQ5-3 | 18 | 23 | 25 | 27 | 27 | 28 | 28 | 27 |
| TQ20-1 | 18 | 24 | 28 | 29 | 30 | 31 | 31 | 30 |
| TQ20-2 | 30 | 39 | 43 | 46 | 47 | 49 | 49 | 47 |
| TQ20-3 | 44 | 57 | 64 | 68 | 70 | 72 | 72 | 70 |
| TQ20-4 | 58 | 76 | 85 | 90 | 93 | 94 | 94 | 93 |
| TQ20-5 | 68 | 88 | 98 | 103 | 106 | 108 | 108 | 106 |
| TQ55-0.3 | 45 | 57 | 63 | 67 | 68 | 70 | 70 | 69 |
| TQ55-0.5 | 75 | 95 | 105 | 111 | 114 | 116 | 116 | 115 |
| TQ55-0.7 | 105 | 136 | 147 | 155 | 160 | 162 | 163 | 161 |
| TQ55-1 | 150 | 190 | 210 | 222 | 228 | 232 | 233 | 230 |
| TQ55-2 | 222 | 277 | 305 | 320 | 330 | 335 | 332 | 325 |
| PHTQ85-1 | 78 | 101 | 112 | 118 | 122 | 124 | 125 | 123 |
| PHTQ85-2 | 117 | 149 | 165 | 175 | 180 | 183 | 184 | 182 |
| PHTQ85-3 | 195 | 245 | 269 | 283 | 292 | 296 | 297 | 293 |
| PHTQ85-4 | 340 | 416 | 454 | 476 | 490 | 500 | 502 | 495 |
| PHTQ125-1 | 473 | 586 | 642 | 673 | 693 | 705 | 708 | 699 |
| PHTQ300-1 | 777 | 961 | 1050 | 1101 | 1134 | 1155 | 1160 | 1145 |
| PHTQ300-2 | 1213 | 1480 | 1611 | 1688 | 1740 | 1773 | 1783 | 1760 |

对 $\Delta t_s$ 的过冷度校正系数(R22,R134a,R404A)

| $\Delta t_s$/K | 4 | 10 | 20 | 30 | 40 |
|---|---|---|---|---|---|
| 校正系数 | 1.00 | 0.95 | 0.83 | 0.77 | 0.71 |

### 3. 电动式电子膨胀阀

电动式电子膨胀阀是采用电动机直接驱动，有直动型和减速型两种驱动形式。直动型是电动机直接驱动阀杆；减速型是电动机通过减速齿轮驱动阀杆，因此用小转矩的电动机可以获得较大的驱动力矩。直动型的结构和流量特性如图 3-10 所示。

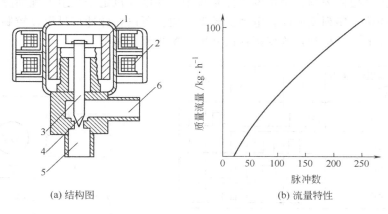

(a) 结构图　　　　　　　　　(b) 流量特性

图 3-10　电动式直动型电子膨胀阀

1—转子；2—线圈；3—阀杆；4—阀针；5—入口；6—出口

直动型电子膨胀阀电动机转子的转动，主要是依靠电磁线圈间产生的磁力进行的，转矩是由导向螺纹变换成阀针作直线移动的，从而改变阀口的流通面积。转子的旋转角度及阀针的位移量与输入脉冲数成正比。

电动式电子膨胀阀的另一种形式是减速型，其结构和流量特性如图 3-11 所示。减速型电子膨胀阀的工作原理是：电动机通电后，高速旋转的转子 1 通过齿轮组 7 减速，再带动阀针 4 作直线移动。由于齿轮的减速作用大大增加了输出转矩，使得较小的电磁力可以获得足够大的输出力矩，所以减速型电子膨胀阀的容量范围大。减速型电子膨胀阀的另一特点是电动机组合部分与阀体部分可以分离，这样，只要更换不同口径的阀体，就可以改变膨胀阀的

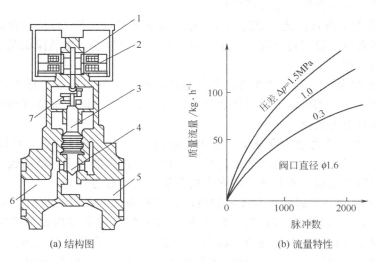

(a) 结构图　　　　　　　　　(b) 流量特性

图 3-11　电动式减速型膨胀阀

1—转子；2—线圈；3—阀杆；4—阀针；5—入口；6—出口；7—减速齿轮组

容量。

这类膨胀阀是采用电动机来驱动的，目前使用最多的是四相脉冲电动机（步进电动机）。其控制原理如图 3-12 所示，四相脉冲电动机的接线图如图 3-13 所示。电动机转子采用永久磁铁，由转子感应的磁极与定子绕组感应的磁极之间产生磁力的吸引或排斥作用，使转子旋转。脉冲电动机由微机控制，微机发出控制指令，在电动机定子绕组上施加脉冲电压，驱动转子动作，指令信号序列反向时，电动机转动反向。所以，脉冲信号可以控制电动机正、反转，使调节阀杆上、下移动，改变阀针的开度，实现流量调节。

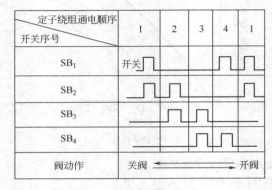

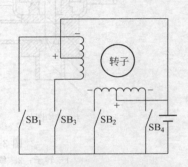

图 3-12　电子膨胀阀的控制原理　　　　图 3-13　四相脉冲电动机的接线图

电子膨胀阀的主要特性：

① 电子膨胀阀可以控制阀的能力 10%～100%，所以适应很宽的负荷范围。对于冷冻、冷藏装置，冷冻汽车，冷冻运输船极为适用。

② 电子膨胀阀适用于 -70～10℃ 的温度范围。因此，非常适用于多种目的运输船，由于货物种类不同，需要采用不同的冷藏温度。

③ 电子膨胀阀的过热度在冻结时为 5～10℃，在低温冷藏库时为 4～8℃。因热力膨胀阀过热度，在冻结时为 25～40℃，在低温冷藏库时为 15～30℃。因而，电子膨胀阀提高了压缩机冷冻能力，充分发挥了蒸发器的作用。

④ 热力膨胀阀不能自由地设定过热度。电子膨胀阀可以选择 2～18℃ 设定过热度，适应各式各样的装置自由地设定过热度。对于一切冷冻、空调装置，在最佳状况下运行的可能性起到节约能源的作用。

⑤ 热力膨胀阀为了防止压缩机的过负荷运转，要设定其最高运行压力，其压力是固定的。电子膨胀阀在 0.3MPa 以上可以任意选择，所以不仅可以防止过负荷运转，而且可以防止冷冻设施不超过电力负荷。

⑥ 热力膨胀阀不能使过热度减少。电子膨胀阀适应各式各样装置，可以保持最小的过热度，从而使蒸发温度和室温之间的温差减小。而且使蒸发器表面的结霜也减少，所以对于增大冷冻能力（降低室温）和防止冷藏库中的食品干耗是最适合的。

⑦ 热力膨胀阀在调节阀的能力或过热度时，要在室内的低温下进行。电子膨胀阀由于是电子控制的，必须调节阀时（设定过热度等），在常温的控制室内即可很容易地实现远距离操作，所以对于多目的冷冻运输船等场合，实现省人、省力是最合适的。

⑧ 热力膨胀阀是否进行着适当的控制无法显示出来。电子膨胀阀可以通过指示灯来显示动作情况，从而进行监视，可以提高运行的可靠性。

⑨ 热力膨胀阀必须根据周围温度的变化环境条件，来调节合适的阀工作能力。电子膨胀阀适应性极大，可以适合很宽的高压和低压的条件变化。因而，对于昼夜温度变化显著，热带和高纬度地区或在南半球和北半球航行的船舶冷冻和空调装置极为适用。

如图 3-14 所示为电子膨胀阀在空调制冷系统中的应用。输入微处理器的信号有蒸发器的出口温度、出口压力及压缩机的排气压力。蒸发器出口温度、压力决定了蒸发器的过热度，该过热度送入控制器中，与给定值相比，经 PID 处理后输出信号控制电动机正转或反转，从而实现对制冷系统中的工质流量的精密控制，排气压力信号用于控制电子膨胀阀开度，以防止高压超过规定范围，并能保持机组连续运转。

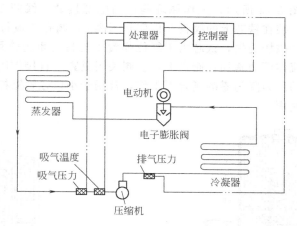

图 3-14　电子膨胀阀在空调制冷系统中的应用

需要强调的是，电子膨胀阀控制系统除可获得较满意的流量特性外，在增加一些外围附件，还可以扩大其应用范围，如最高工作压力限（MOP）的控制、制冷温度控制，显示和报警。电动式电子膨胀阀还允许制冷剂逆向流动，利用此特点，在空调热泵系统和热气除霜系统中应用广泛，而制冷系统的组成又大为简化。因此，电子膨胀阀供液控制代表了制冷技术控制的发展方向。

# 项目二　电　磁　阀

本项目通过对制冷与空调装置中常用的二通、三通、四通电磁阀的介绍，使学生掌握电磁阀分类、工作原理和应用，能正确选用电磁阀。

电磁阀是制冷空调装置液路系统中最常用的实现液路通断或液流方向改变的流体控制元件，它一般具有一个可以在线圈电磁力驱动下滑动的阀芯，阀芯在不同的位置时，电磁阀的通路也就不同。阀芯的工作位置有几个，该电磁阀就叫几位，电磁阀二位的含义对于电磁阀来说就是带电和失电，对于所控制的阀门来说就是开和关。阀体上的接口，也就是电磁阀的通路数，有几个通路口，该电磁阀就叫几通电磁阀，通常有二通、三通、四通等多种用途。按结构与控制方式，分为一次开启式、二次开启式和多次开启式电磁阀。

一次开启式电磁阀一般用于可靠性要求高而通径较小的场合；二次开启式电磁阀（或多次开启式）实际上是一种自给放大控制，它的最大好处在于：可把各种不同尺寸的电磁阀的电磁线圈做成共同的统一尺寸，减小电磁阀尺寸与重量，又便于系列化生产。

电磁阀按适用介质种类，分为制冷剂用电磁阀（不同制冷剂有不同要求，选用时要仔细阅读说明书）、空气电磁阀、水电磁阀、蒸汽电磁阀等。此外适用电压、电流也各有不同，选用时均需事先注意。

### 一、二通电磁阀

二通电磁阀在制冷空调装置自动控制中应用广泛，常作为双位控制器的执行器，或作为安全保护系统的执行器。按其工作状态，可分为通电开型（常闭型）和通电关型（常开型）。一次开启式电磁阀，也叫直接作用式电磁阀，它直接由电磁力驱动，故也称直动式电磁阀。制冷系统或油压系统中，一般管内径在 3mm 以下，较多采用直动式电磁阀。通电开型二通电磁阀的典型结构如图 3-15 所示。工作原理是：当电源接通，线圈 1 通过电流产生磁场，铁芯 3 被电磁力吸起，装在铁芯上的阀盘 5 也离开阀座 6，阀孔 7 被打开。当线圈电流由于控制器动作被切断时，磁场消失，铁芯由于复位弹簧 4 与自身重力作用而落下，阀门关闭，关闭后由于阀入口侧流体压力施加在阀盘上，使阀关闭更紧。直接作用式电磁阀工作灵敏可靠，也可在阀前后流动压力降为零的场合下工作，常用于小口径管路控制，也用于控制毛细管流动或做电磁导阀使用。

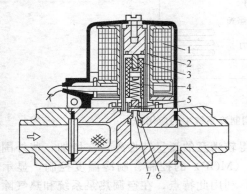

图 3-15 一次开启式电磁阀
1—线圈；2—阻尼涡流环；3—铁芯；4—复位弹簧；
5—阀盘；6—阀座；7—阀孔

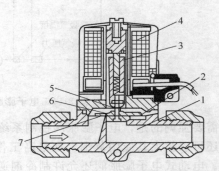

图 3-16 二次开启式电磁阀
1—主阀口；2—膜片式主阀组件；3—铁芯；4—线圈；
5—导阀口；6—阀盘；7—平衡孔

二次开启式电磁阀，又称间接作用式电磁阀，一般用于中大管径（一般 6mm 以上管径）场合，以避免直接靠电磁力驱动导致电磁线圈尺寸大、耗电过多的缺点。

二次开启式电磁阀有活塞式和膜片式两种，电磁阀起导阀作用。膜片式二次开启电磁阀的典型结构如图 3-16 所示，阀的上半部分是小口径的直接作用式电磁阀，起导阀作用，下半部分为主阀。当电磁阀线圈 4 通电后，铁芯 3 被吸起，导阀口 5 打开，主阀膜片上腔与阀下游流体连通，故上腔降为阀下游的压力，在阀前后流体压力差作用下，膜片浮起，主阀口 1 打开。可见二次开启式电磁阀利用浮动膜片（或活塞）较大的截面积，借助阀前后流体压力差作自给放大，提供主阀开启的驱动力。因此，二次开启式电磁阀要打开及维持开启状态，必须保持电磁阀前后一定的压力差。最小开阀压力差是一个很重要的参数，目前国际上像 Danfoss、Alco、鹭宫等企业的二次开启式电磁阀产品目录，均详细地标出最小开阀压力差。如 Danfoss 二次开启式电磁阀最小压降值为 7kPa。

用于空调制冷系统中的电磁阀，应根据电磁阀制造厂给出的技术参数进行选用，这些技术参数应包括产品型号、通径、接管形式、流量系数和外形尺寸等，以上海恒温控制器厂产品为例，电磁阀的技术参数见表 3-6。

表 3-6　电磁阀的技术参数

| 型　号 | 通径 /mm | 接管尺寸 /mm | 接管形式 | 流量系数 $K_v$① /m³·h⁻¹ | 外形尺寸/mm | | |
|---|---|---|---|---|---|---|---|
| | | | | | 长 | 宽 | 高 |
| FDF6M | 6 | $\phi 8\times 1$ | 扩口/焊接 | 0.8 | 100 | 48 | 85 |
| FDF8M | 8 | $\phi 10\times 1$ | 扩口/焊接 | 1.0 | 100 | 48 | 85 |
| FDF10M | 10 | $\phi 12\times 1$ | 扩口/焊接 | 1.9 | 126 | 60 | 98 |
| FDF13M | 13 | $\phi 16\times 1.5$ | 扩口/焊接 | 2.6 | 126 | 60 | 98 |
| FDF16M | 16 | $\phi 19\times 1.5$ | 扩口/焊接 | 3.9 | 163 | 72 | 110 |
| FDF19M | 19 | $\phi 22\times 1.5$ | 扩口/焊接 | 5.0 | 163 | 72 | 110 |
| FDF25M | 25 | $\phi 28\times 1.5$ $\phi 32\times 3.5$ | 焊接/法兰 | 9.8 | 250~190 | 86~112 | 165 |
| FDF32M | 32 | $\phi 38\times 3$ | 焊接/法兰 | 15 | 190 | 112 | 170 |

①　流量系数 $K_v$ 指阀全开时，作用于阀两端的水压差为 0.1MPa，且水的密度为 1000kg/m³ 条件下，每小时流经阀的水量。下同。

　　电磁阀和主阀组合在一起，可以形成控制式电磁阀，其工作原理和二次开启式（间接作用式）电磁阀无本质区别，主阀结构如图 3-17 所示，它实际上是一个单独的放大执行机构，它不能单独使用，必须与导阀配合使用，导阀作为主阀的控制阀，可以是电磁导阀，也可以是压力导阀（恒压阀）和温度导阀（恒温阀）等，它们与主阀组合在一起，构成组合阀，分别起压力、温度控制作用。

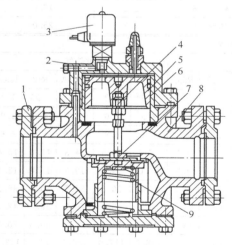

图 3-17　电磁主阀

1—连接法兰；2—阀盖；3—电磁导阀；4—阀杆；
5—活塞；6—活塞套；7—阀芯；
8—阀体；9—弹簧

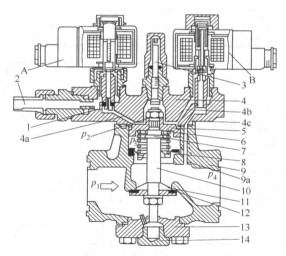

图 3-18　无压降开启控制式电磁主阀

A—电磁导阀（常闭型）；B—电磁导阀（常开型）
1—阻尼孔；2—接口；3—手动顶杆；4—上盖；4a、4b、
4c—上盖 4 中的通道；5—伺服活塞；6—弹簧；7—锁环；
8—内衬套；9—阀体；9a—阀体中的通道；10—阀杆；
11—阀芯；12—阀板；13—底盖；14—堵头

　　图 3-18 是另一种形式的控制式电磁阀。其不同点在于主阀上有一个控制压力接口 2 和两个电磁导阀（A、B）。导阀 A 为常闭型，B 为常开型。使用时，接口 2 必须用外接管引入系统的控制压力 $p_2$，$p_2$ 至少要比阀入口压力 $p_1$ 高出 0.1MPa。当两个电磁阀导阀都通电时，A 打开，B 关闭，控制压力 $p_2$ 引入活塞上腔，使主阀打开；当电磁导阀 A、B 都断电时，A

关闭，B 打开，活塞上腔与阀出口侧接通，控制压力 $p_2$ 释放，主阀关闭。

这种电磁阀由于引入外部控制压力作为驱动力，故阀前后流体压力降为零的情况下，也能够打开和继续维持开启状态，故称为无压降开启控制式电磁阀，特别适用于制冷系统的吸气压力控制，在低蒸发温度的装置中，可以有效地防止吸气压降引起的制冷量减少。

国产电磁阀厂家普遍存在品种欠全，产品目录上性能数据欠完整问题。国外名牌企业中，以丹麦 Danfoss 公司的产品较有代表性，表 3-7 列举了 Danfoss 电磁阀的部分性能数据。

在选用电磁阀时，要查出容量校正系数，并对容量进行修正，按修正的容量选择电磁阀。

**表 3-7　Danfoss 公司 EVR 型电磁阀性能**

| 型　号 | 开启压降 | | | 介质温度/℃ | 最大工作压力 $p_{max}$/MPa | 流量系数 $K_v$/m³·h⁻¹ |
| --- | --- | --- | --- | --- | --- | --- |
| | $\Delta p_{min}$/kPa | $\Delta p_{max}$/MPa | | | | |
| | | AC | DC | | | |
| EVR2 | 0 | 2.5 | 1.4 | −40～105 | 3.5 | 0.16 |
| EVR3 | 0 | 2.1 | 1.8 | −40～105 | 3.5 | 0.27 |
| EVR6 | 5 | 2.1 | 1.8 | −40～105 | 3.5 | 0.8 |
| EVR10 | 5 | 2.1 | 1.8 | −40～105 | 3.5 | 1.9 |
| EVR15 | 5 | 2.1 | 1.8 | −40～105 | 3.2 | 2.6 |
| EVR20 | 5 | 2.1 | 1.6 | −40～105 | 3.2 | 5.0 |
| EVR22 | 5 | 2.1 | 1.6 | −40～105 | 3.2 | 6.0 |
| EVR25 | 7 | 2.1 | 1.4 | −40～105 | 2.8 | 10.0 |
| EVR32 | 7 | 2.1 | 1.4 | −40～105 | 2.8 | 16.0 |
| EVR40 | 7 | 2.1 | 1.4 | −40～105 | 2.8 | 25.0 |

| 型　号 | 容量/kW | | | | | | | | | | | | | | |
| --- | --- | --- | --- | --- | --- | --- | --- | --- | --- | --- | --- | --- | --- | --- | --- |
| | 液体 | | | | | 吸入蒸汽 | | | | | 过热气 | | | | |
| | R22 | R134a | R404A | R12 | R502 | R22 | R134a | R404A | R12 | R502 | R22 | R134a | R404A | R12 | R502 |
| EVR2 | 3.2 | 2.9 | 2.2 | 2.4 | 2.1 | | | | | | 1.5 | 1.2 | 1.2 | 0.95 | 1.1 |
| EVR3 | 5.4 | 5.0 | 3.8 | 4.1 | 3.6 | | | | | | 2.5 | 2.0 | 2.0 | 4.6 | 1.9 |
| EVR6 | 16.1 | 14.8 | 11.2 | 12.6 | 10.7 | 1.8 | 1.3 | 1.6 | 1.2 | 1.5 | 7.4 | 5.9 | 6.0 | 4.9 | 5.6 |
| EVR10 | 38.2 | 35.3 | 26.7 | 29.8 | 25.4 | 4.3 | 3.1 | 3.9 | 2.8 | 3.6 | 17.5 | 13.9 | 14.3 | 11.6 | 13.4 |
| EVR15 | 52.3 | 48.3 | 36.5 | 39.2 | 34.8 | 5.9 | 4.2 | 5.3 | 4.0 | 4.9 | 24.0 | 19.0 | 19.6 | 15.8 | 18.3 |
| EVR20 | 101.0 | 92.8 | 70.3 | 78.4 | 67.0 | 11.4 | 8.1 | 10.2 | 7.6 | 9.4 | 46.2 | 36.6 | 37.7 | 30.3 | 35.2 |
| EVR22 | 121.0 | 111.0 | 84.3 | 94.1 | 80.3 | 13.7 | 9.7 | 12.2 | 9.1 | 11.2 | 55.4 | 43.9 | 45.2 | 36.7 | 42.3 |
| EVR25 | 201.0 | 186.0 | 141.0 | 152.0 | 134.0 | 22.8 | 16.3 | 20.4 | 14.5 | 18.7 | 92.3 | 73.2 | 75.3 | 60.6 | 70.4 |
| EVR32 | 322.0 | 297.0 | 225.0 | 243.0 | 214.0 | 36.5 | 26.1 | 32.6 | 23.2 | 30.0 | 148.0 | 117.0 | 120.0 | 97.0 | 113.0 |
| EVR40 | 503.0 | 464.0 | 351.0 | 380.0 | 334.0 | 57.0 | 40.8 | 51.0 | 36.3 | 46.8 | 231.0 | 183.0 | 188.0 | 152.0 | 176.0 |

注：1. 容量表基于阀前液体温度 $t_1 = 25℃$，蒸发温度 $t_e = -10℃$，过热度 0K。

2. 若线圈为直流，用于交流 EVR20 和 22 型，值为 1.3MPa。

3. 液体吸入蒸汽容量是基于蒸发温度 $t_e = -10℃$，阀前液体温度为 $t_1 = 25℃$，压降 $\Delta p = 15$kPa，过热气容量则等于冷凝温度 $t_c = 40℃$，阀上压降 $\Delta p = 80$kPa，过热温度 $t_h = 65℃$，制冷剂过冷度 $\Delta t_{sub} = 4℃$。

## 二、三通电磁阀

二位三通电磁阀是电磁阀中的一种特例，它有三个管接口。当电磁线圈通电后，改变连通状态，起控制液体流动方向作用。

早年大多用于活塞式压缩机能量调节系统，即用于气缸卸载式能量调节的油路系统控制。近年来，电冰箱制冷系统为了节能，采用双毛细管系统，必须采用二位三通电磁阀，使二位三通电磁阀的应用量大幅度增加。

上海恒温控制器厂生产的 FDF1.2 S1 三通卸载电磁阀是一种直动式二位三通换向电磁阀，适用于制冷、机械、纺织、化工等工业部门，作为液体、气体等不同介质在系统中接通、切断或转换介质的流动方向，可以广泛地用于制冷、气动、液压系统的自动控制上，也可以用于一些保护回路中。该阀采用了全塑封电磁线圈和 DIN 国际标准电气接插装置，使本阀具有优良的绝缘、防水、防湿、抗震和耐酸碱性。其结构如图 3-19 所示，由阀体 5、全塑封电磁线圈 3、接线盒 1、套管组、铁芯 4 五大部件组成。不通电时，压力介质从 $p_1$ 流入、自 $p_2$ 流出；当电磁线圈通电后，铁芯 4 在电磁力的作用下向上运动，打开下阀口，使压力介质流向转为从 $p_2$ 流入，$p_0$ 流出，然后当电磁线圈再失电时（非通电状态下），电磁吸力消失，由于在 $p_1$ 端的压力介质的推力和铁芯 4 的自重作用下，铁芯作向下运动。自行打开上阀口，关闭下阀口，使压力介质的流向恢复原来状态，即 $p_1$ 端流入，$p_2$ 端流出。

FDF1.2S1 型三通电磁阀主要技术数据如下：

通径：1.2mm

接管尺寸：$\phi 6mm \times 1mm$

介质：R12、R22、R502、空气、清洁水、运动黏度 $\leqslant 65mm^2/s$ 的油及其他干燥、无腐蚀性的液体

介质温度：$-20 \sim 65℃$

工作压力：3MPa

开阀压力差：$0 \sim 2.6MPa$

线圈：B 级绝缘；AC：36/110/220/380V，50Hz DC：24V

外形尺寸（长×宽×高）：75mm×31mm×94mm

ZCYS—4 型三通电磁阀，也是一种油用二位三通电磁阀，主要用于活塞式压缩机气缸卸载能量调节的油路系统，其结构如图 3-20 所示。图中 a 接口接来自液压泵的高油压；b 接

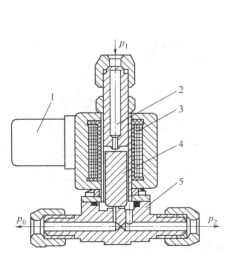

图 3-19 FDF1.2S1 型二位三通电磁阀结构

1—接线盒；2—定电磁芯；3—线圈；
4—铁芯；5—阀体

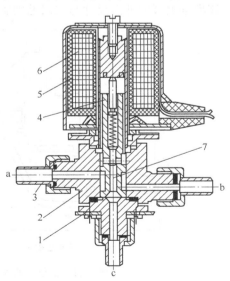

图 3-20 ZCYS—4 油用二位三通电磁阀结构

1—连接片；2—阀体；3—接管；4—铁芯；
5—罩壳；6—电磁线圈；7—滑阀

口接能量调节液压缸的油管；c 接口接曲轴箱回油管。电磁线圈断电时，铁芯 4 与滑阀 7 落下，则 a 与 b 接通，液压泵的高压油送往能量调节液压缸，使相应的气缸加载。电磁线圈通电时，铁芯 4 与滑阀 7 被吸起，接口 b 与 c 相通，气缸中的压力油回流至曲轴箱，气缸卸载。

油用三通电磁阀的主要技术参数如下：

额定直径：4mm

适用介质：油类

线圈电源：AC：220V、50Hz、功率 8W

介质温度：$-40\sim60^\circ\!C$

最大开启压力差：1.6MPa

使用环境：$t=-20\sim40^\circ\!C$，$\varphi<95\%$

电冰箱用二位三通电磁阀的主要结构特点是：阀体是由不锈钢管和三根毛细管组合焊接而成，全密封，铁芯与阀座等封死在不锈钢管阀体内，电磁线圈套在钢管外，是一种很巧妙的全密封结构形式的电磁阀，电源电压为 220V，但线圈工作电压为直流 24V，电磁阀内有降压整流块。浙江三花集团生产的二位三通电磁阀的主要技术参数如下：

安全工作压力：2.5MPa

最大工作压力差：1.8MPa

液管额定压力降：20kPa(R12)、30kPa(R502)、30kPa(R134a)

线圈电源及功率：AC：220V($\pm15\%$)，50Hz，4W

使用环境温度：$-20\sim60^\circ\!C$

介质温度：$-30\sim95^\circ\!C$

额定制冷量：0.185kW

寿命：≥20 万次

该型电磁阀的外形尺寸与在双毛细管电冰箱制冷系统中的安装系统如图 3-21 所示。

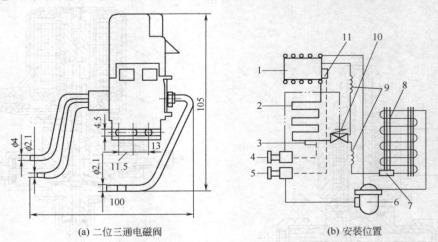

(a) 二位三通电磁阀　　　　　　　　　　　(b) 安装位置

图 3-21　二位三通阀及其在电冰箱制冷系统中的安装

1—冷冻室蒸发器；2—冷藏室蒸发器；3—冷藏室感温包；4—冷藏室温控器；5—冷冻室温控器；
6—压缩机；7—干燥过滤器；8—冷凝器；9—毛细管；
10—FDF0.83/ZD 电磁阀；11—冷冻室感温包

### 三、四通电磁换向阀

如图 3-22 所示，四通电磁换向阀是由一个先导电磁阀（导阀）和一个四通换向阀（主阀）所组合成的阀。由先导电磁阀驱动，使主阀阀体内两侧产生压力差从而使滑块作左右水平方向的位移，以达到改变气体制冷剂流向的阀。

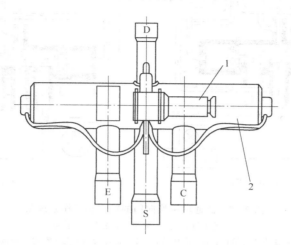

图 3-22 四通电磁换向阀外形图

1—先导电磁阀；2—换向阀

D—气管，接制冷压缩机的排气管；C—气管，接冷凝器的进气管

S—气管，接制冷压缩机的吸气管；E—气管，接蒸发器的回气管

空调用热泵机组，无论是空气—空气热泵机组，还是空气—水或水—空气型热泵，都必须安装上四通电磁换向阀来按制冷或制热循环的要求，改变制冷剂流动方向，实现制冷或制热目的。故四通电磁换向阀是空调热泵机组的一个关键控制阀门。它通过电磁导阀线圈的通断电控制，使四通滑阀切换，改变制冷剂在系统中的流动方向。使蒸发器和冷凝器的功能发生切换，实现制冷与制热的二种功能。

四通电磁换向阀的结构与工作原理如图 3-23 所示，当电磁导阀处于断电状态［如图 3-23(a)］，系统进行制冷循环，此时导阀阀芯左移，高压制冷剂进入毛细管 1，再流入主阀活塞腔 2，同时主阀活塞腔 4 制冷剂排出，活塞及滑阀 3 左移，系统实现制冷循环。当电磁导阀处于通电状态［如图 3-23(b)］，系统进行制热循环，此时导阀阀芯在线圈磁场力的吸引下向右移，高压制冷剂先进入毛细管 1，再流入主阀活塞腔 4，同时主阀活塞腔 2 的制冷剂排出，活塞和滑阀 3 右移，系统就切换成供热循环。

四通电磁换向阀选用时，主要是按名义容量选配。当然选配时要考虑四通电磁换向阀与制冷系统的最佳匹配问题。因为四通电磁换向阀在热泵系统中，不仅仅只是一种切换专用控制阀体。实验证明，由于该阀装在热泵系统中，在稳定时，系统的 COP 将下降 3%（大型热泵下降可达 8%～10%）。四通电磁换向阀生产厂家提供的名义阀容量，是指在规定工况下通过阀吸入通道制冷剂流量所产生的制冷量，我国机标规定名义工况为：

① 冷凝温度 40℃；

② 送入膨胀阀（或毛细管）液体制冷剂温度 38℃；

③ 蒸发温度 5℃；

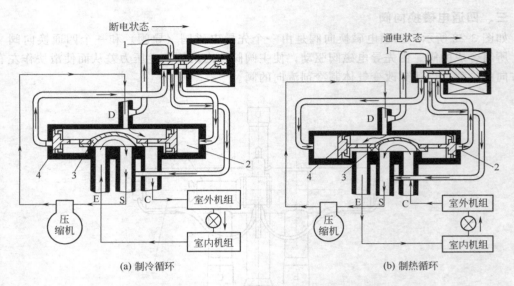

图 3-23　四通电磁换向阀的结构和工作原理图

1—毛细管；2,4—主阀活塞腔；3—滑阀

C—室外盘管接口；D—高压接口；S—低压接口；E—室内盘管接口

④ 压缩机吸气温度 15℃；

⑤ 通过阀吸入通道的压力降 0.015MPa。

表 3-8 为标准的四通电磁换向型号、接管外径与名义容量。

表 3-8　四通电磁换向阀型号规格

| 型　　号 | 接管外径/mm | | 名义容量/kW |
| --- | --- | --- | --- |
| | 进气 | 排气 | |
| DHF5 | 8 | 10 | 4.5 |
| DHF8 | 10 | 13 | 8 |
| DHF10 | 13 | 16 | 10 |
| DHF18 | 13 | 19 | 18 |
| DHF28 | 19 | 22 | 28 |
| DHF34 | 22 | 28 | 34 |
| DHF80 | 32 | 38 | 80 |

### 四、电磁阀在选型时的注意事项

结合不同的需要选择电磁阀，首先应该注重的是电磁阀本身固有的特性如下。

（1）适用性

① 管路中的流体必须和选用的电磁阀系列型号中标定的介质一致。

② 流体的温度必须小于选用电磁阀的标定温度。

③ 电磁阀允许液体黏度一般在 20CST 以下，大于 20CST 应注明。

④ 工作压差，管路最高压差在小于 0.04MPa 时应选用如 ZS，2W，ZQDF，ZCM 系列等直动式和分步直动式；最低工作压差大于 0.04MPa 时可选用先导式（压差式）电磁阀；最高工作压差应小于电磁阀的最大标定压力；一般电磁阀都是单向工作，因此要注意是否有反压差，如有安装止回阀。

⑤ 流体清洁度不高时应在电磁阀前安装过滤器，一般电磁阀对介质要求清洁度要好。

⑥ 注意流量孔径和接管口径；电磁阀一般只有开关两位控制；条件允许要安装旁路管，便于维修；有水锤现象时要定制电磁阀的开闭时间调节。

⑦ 注意环境温度对电磁阀的影响。

⑧ 电源电流和消耗功率应根据输出容量选取，电源电压一般允许±10％左右，必须注意交流启动时 VA 值较高。

（2）可靠性

① 电磁阀分为常闭和常开二种。一般选用常闭型，通电打开，断电关闭；但在开启时间很长关闭时很短时要选用常开型了。

② 寿命试验，工厂一般属于形式试验项目，确切地说我国还没有电磁阀的专业标准，因此选用电磁阀厂家时慎重。

③ 动作时间很短频率较高时一般选取直动式，大口径选用快速系列。

（3）安全性

① 一般电磁阀不防水，在条件不允许时须选用防水型，工厂可以接受定做。

② 电磁阀的最高标定额定压力一定要超过管路内的最高压力，否则使用寿命会缩短或产生其它意外情况。

③ 有腐蚀性液体的应选用全不锈钢型，强腐蚀性流体宜选用塑料王（SLF）电磁阀。

④ 爆炸性环境必须选用相应的防爆产品。

（4）经济性 有很多电磁阀可以通用，但在能满足以上三点的基础上应选用最经济的产品。

# 项目三 主 阀

本项目通过介绍导阀与主阀组合而成的间接启闭式调节阀在制冷与空调装置中的应用，了解主阀的常用类型、工作原理及应用特点。

制冷装置中的制冷剂流量控制、吸气压力、冷凝压力、蒸发压力控制等，最终均需用调节阀来实现，在中小容量制冷装置中，可用直接作用式控制阀完成，但在大容量系统中，均采用导阀与主阀的组合形式来实现，这种阀门在原理上属于间接启闭式，在结构上把导阀和主阀分开制造，然后用导压管将导阀和主阀连接起来，其组合方式灵活，不同的导阀与不同的主阀配合，例如对温度、压力的控制均可和主阀搭配，可以得到不同的调节效果。

主阀是一种自给放大型执行机构，它必须和各种导阀配合使用，完成比例动作的控制，也可作开、关式双位控制。主阀决定于导阀的形式，如将电磁导阀和主阀配合，则主阀只能实现开关型的双位控制。

国内主阀主要是 ZFS 系列主阀，有液用与气用、常开型与常闭型之分，分别用于制冷剂液体与气体管路的控制。常开型主阀在控制压力接通时才关闭，常闭型则在控制压力作用时打开。图 3-24 为液用常闭型主阀的结构与导压控制原理图。导压管未接通控制压力 $p'$ 时，阀入口压力 $p_1$ 作用于阀的伺服活塞上腔，活塞上下侧流体压力平衡，在自重与弹簧弹力作用下，主阀处于关闭状态。导压管接通时，活塞上腔压力降为 $p'$，故活塞下侧压力大于上

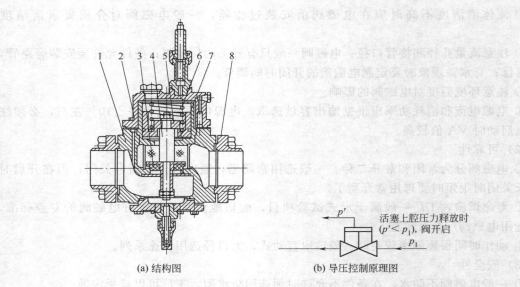

(a) 结构图

(b) 导压控制原理图

$p'$

活塞上腔压力释放时
$(p' < p_1)$，阀开启
$p_1$

图 3-24 ZFS—32、50、65YB 液用常闭型主阀

1—阀体；2—阀盖；3—阀芯；4—阀杆；5—活塞；6—主弹簧；7—活塞套；8—法兰

侧压力，该压力差将活塞抬起，主阀打开。特殊情况下，可借助阀下部手动强制顶杆，打开主阀。

如图 3-25 和图 3-26 所示是国产气用常闭型与常开型主阀结构与控制原理图。常闭型气用主阀原理与液用主阀相似；而气用常开型（见图 3-26）有以下要求：控制压力 $p'$ 应比阀入口压力高 0.1MPa 以上。当此压力作用到活塞上腔时，阀由全开逐渐关小，直至全关。控制导管未接通时，活塞上腔的高压气体经平衡孔泄出，直到活塞上下流体压力平衡，在弹簧力作用下，活塞上移，阀到全开位置。国产 ZFS 及 ZZH 系列主阀的规格与技术参数见表 3-9 和表 3-10。

国外生产的主阀与导阀品种较为完备。导阀除电磁阀，恒压阀外，还有差压阀、恒温阀、热电膨胀阀等，故主导阀的组合功能更为丰富。

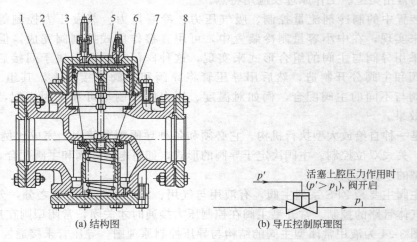

(a) 结构图

(b) 导压控制原理图

$p'$

活塞上腔压力作用时
$(p' > p_1)$，阀开启
$p_1$

图 3-25 ZFS—80、100QB 气用常闭型主阀

1—阀体；2—阀盖；3—阀芯；4—推杆；5—活塞；6—活塞套；7—主弹簧；8—法兰

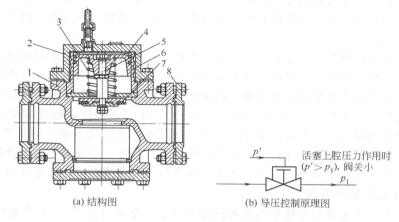

(a) 结构图　　　　(b) 导压控制原理图

图 3-26　ZFS—80、100QK 气用常开型主阀

1—阀体；2—阀盖；3—阀芯；4—推杆；5—活塞；6—活塞套；7—主弹簧；8—法兰

活塞上腔压力作用时 $(p' > p_1)$，阀关小

### 表 3-9　ZFS 系列主阀的规格和技术参数

| 型　号 | 阀径/mm | 工作压力/MPa | | 微开压降/kPa | 全开压降/kPa | 最大反压差/kPa |
| --- | --- | --- | --- | --- | --- | --- |
| | | 额定 | 最大 | | | |
| ZFS-( )( )YB<br>液用常闭型 | 32,50,65 | 1.6 | 2.0 | 12 | 18 | 20 |
| ZFS-( )( )QB<br>气用常闭型 | 32,50,65,80,100 | 1.6 | 2.0 | 7 | 14 | 15 |
| ZFS-( )( )QK<br>气用常开型 | 32,50,65,80,<br>100,125,150 | 1.6 | 2.0 | — | — | 384 |

### 表 3-10　ZZH 系列恒压阀的技术参数

| 型　号 | 压力可调范围/MPa | 最高介质温度/℃ | 最低介质温度/℃ |
| --- | --- | --- | --- |
| ZZHA,ZZHB | 0～0.7<br>0.066～0.2 | +120 | −40 |
| ZZHC,ZZHD | 0～0.7 | +120 | −40 |

# 项目四　水量调节阀

　　本项目主要介绍水量调节阀的结构、工作原理，掌握其工作原理、结构，并能正确选择。

　　冷凝器是制冷与空调装置中的主要设备之一，其控制参数是压力和温度。由于冷凝器主要状态是饱和状态，因此最有代表性的控制参数为冷凝压力。

　　冷凝压力偏高，压缩机排气温度会上升、压缩比增大、制冷量减小、功耗增大，容易引起设备的安全事故。冷凝压力偏低，会给热力膨胀阀的工作能力带来损害，阀前后压力差太小，供液动力不足，膨胀阀制冷量减小，使制冷与空调装置失调。为保证制冷系统的正常工作，对冷凝压力必须进行控制。

冷凝器主要有水冷式和风冷式两种，类型不同，冷凝压力的控制方法也不同，但基本原理是相同的，都是通过改变冷凝器的换热能力来实现对冷凝压力的控制。提高冷凝器换热能力，可以降低冷凝压力。

目前国内采用的冷凝压力控制方法主要有两种：一种是直接控制冷凝压力；另一种是用冷凝温度间接控制。两种方法都是通过控制冷凝水量来完成的，因此其水量调节阀分为压力式水量调节阀和温度式水量调节阀两种。水量调节阀一般安装在冷凝器的冷却水管路上（通常安装在冷凝器的进水端），它根据冷凝压力（或冷却水回水温度）的变化来调节冷却水的流量。当压缩机的排出压力升高（即冷凝压力或冷却水回水温度升高）时，阀会自动开大，使较多的冷却水进入冷凝器，加快制冷剂冷凝的速度；反之，当排出压力下降时，阀会自动关小，使进入冷凝器的冷却水量减少。从而，使冷凝压力保持在一定的范围内。

**一、压力式水量调节阀**

压力式水量调节阀分为直接作用式和间接作用式，如图 3-27 所示为典型的压力式水量调节阀。图 3-27（a）为直接作用式，当冷凝压力升高时，波纹管被压缩，推动调节螺杆 14 向下，螺杆通过卡在其环槽中的簧片 4 推动阀芯 13，将水阀开大；当冷凝压力降低时，调节螺杆被弹簧 5 拉动，将阀关小；调整时可转动调节螺杆的六角头，使弹簧座 3 升降，从而改变调节弹簧的张力，以达到调整冷凝压力的目的。对于大型制冷装置，冷凝器的冷却水量较大，故采用有导阀间接作用的冷却水量调节阀，如图 3-27（b）所示，可以减少冷却水压力波动对调节过程的影响。主阀、导阀组件及节流通道由铜或不锈钢组成。在节流通道前面装有镍丝的过滤网 11，以防水中杂质堵塞管道，破坏导阀正常工作，冷凝压力通过传压毛细管接头 1 引至波纹管 3 上侧。在阀底部有泄放塞 10，当阀停用时，旋出泄放塞 10 和主阀底部的螺钉 9 后，可将主阀上部空间的水放出，以免冻裂。调节阀工作时，冷凝压力通过波

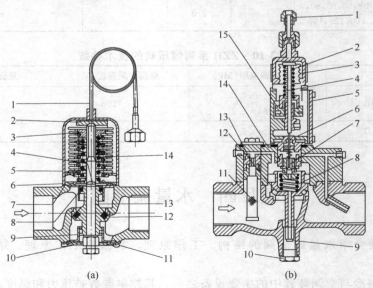

图 3-27 水量调节阀

（a）直接作用式　1—传压细管；2—波纹管承压板；3—弹簧座；4—簧片；5—弹簧；6—下部弹簧座；7—O 形圈；8—防漏小活塞；9—导向套；10—底板；11—螺钉；12—阀盘密封橡胶圈；13—阀芯；14—调节螺杆

（b）间接作用式（二次开启式）　1—传压毛细管接头；2—调整弹簧；3—波纹管；4—推杆；5—上部侧盖；6—导阀组件；7—导阀；8—伺服弹簧；9—螺钉；10—泄放塞；11—导阀进口滤网；12—主阀；13—节流通道；14—阀盖；

15—调节螺钉

纹管 3、推杆 4 传递到导阀 7 上。当冷凝压力已达到调定的开启压力时，推杆向下压开导阀，将主阀 12 上部空间的水泄至主阀出口，使主阀上侧压力降低。故主阀在阀前后压差作用下自动打开，冷凝压力升高越大，导阀开度也越大，主阀开度也越大，以增加水量，使冷凝压力回降至调定值。当冷凝压力降到低于阀的开启压力时，导阀就在伺服弹簧 8 的弹力作用下关闭，使主阀上部空间的压力升至与下部空间相同。因为主阀上部有效面积大于下部，故主阀在上下压差和伺服弹簧 8 的张力作用下关闭，切断冷却水的供应。

**二、温度式水量调节阀**

温度式水量调节阀的工作原理和结构，与压力式水量调节阀基本相同，所不同的是以感温包测量制冷剂的冷凝温度的变化或冷却水回水温度再转换成压力变化去控制阀的开度，其典型结构如图3-28所示。

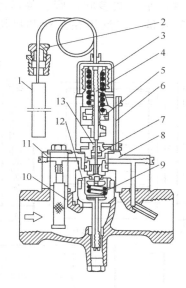

图 3-28　温度式水量调节阀

1—感温包；2—毛细管；3—波纹管；4—推杆；5—调节螺母；6—上部侧盖；

7—隔热垫；8—阀盖；9—伺服弹簧；10—接口滤网；11—节流通道；

12—主阀；13—导阀组件

温度式水量调节阀，没有压力式水量调节阀的动作响应快，但工作平稳，安装温度传感器时，不需要打开制冷系统，保证制冷系统的密封性。

各种形式的冷凝压力调节阀在调整时均应做到：压缩机在停机期间，确保阀处于关闭状态；压缩机刚停机时，由于冷凝压力较高，冷却水量调节阀仍保持开启，使冷凝压力逐渐下降，直至低于阀的调定关闭压力时，冷却水量调节阀才自动关闭。压缩机再次启动时，冷却水量调节阀开始仍保持关闭，直到冷凝压力升高到阀的开启压力时，水量调节阀才自动开启，供水进冷凝器。这样，压缩机停机时，水量调节阀就不会同时关闭，同样压缩机再一次启动时，冷水调节阀也不再会同时打开，一般水量调节阀的关闭压力，总要比开启压力低0.05MPa 左右。

为保证停机时冷却水量调节阀总是关闭的，以降低水量消耗，阀的关闭压力总是调得高一些。调整时，可以将阀的关闭压力设定在冷凝器安装环境处夏季最高温所对应的制冷剂饱和压力值。

# 项目五　风量调节阀

　　风量调节阀用在空调、通风系统管道中，用来调节支管的风量，也可用于风与回风的混合调节。按调节方法分为手动和电动，如图 3-29 所示，是通过阀门叶片（也称挡风板）的开合角度来控制风量大小，其启闭转角度为 90°，阀门为密闭结构，手动阀调节机构分为手柄式和蜗轮蜗杆式，通过调节叶片的开合角度来控制风量的大小，电动阀的叶片开合角度由电机控制。按密封性分成密闭型和普通型。按外形分为矩形、方形、圆形和椭圆形四种。按所用材料分：铁板、镀锌板、铝合金板、不锈钢板四种。按风阀叶片的运动方式分为对开式多叶风阀、平行式多叶风阀、菱形叶片风阀和蝶阀四类。电动与自控系统配套可以自动控制调节风量。广泛用在工业和民用空调及通风系统中，以达到精确控制风量的目的。

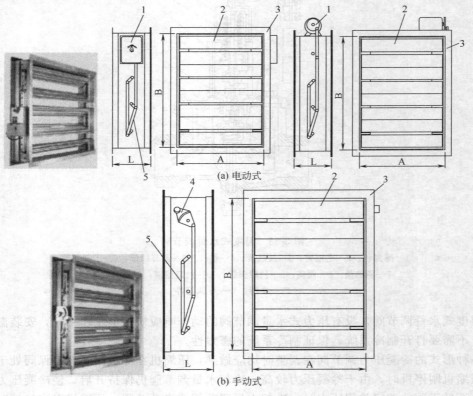

图 3-29　普通风量调节阀

1—电机；2—叶片；3—外框架；4—手柄；5—连杆

## 一、对开多叶风量调节阀

### 1. 对开多叶风量调节阀

　　对开多叶风量调节阀一般用在空调的通风系统管道中，用来调节支管的风量，也可用于新风与回风的混合调节。该阀分为手动和电动两种，按密封性来分，还可以分成密闭型和普通型两种。电动型可以自动控制调节风量与自控系统配套。

　　如图 3-30 所示，为妥思空调设备（苏州）有限公司所生产的 SLC 型对开多叶调节阀，其结构形式包括方形、矩形、圆形以及椭圆形等。风阀外框体由带导槽构架装配而成，边角部位加固的托架和孔洞可以保证阀门在大多法兰风管系统中的安装，整个结构结实、耐用。阀门叶片采用双机翼型构造。风阀提供叶片对开动作，叶片尖端部位的密封装置保证该风阀在有较小泄漏量要求的场合使用。

图 3-30　对开多叶风量调节阀

　　妥思 SLC 型多叶风量调节阀是专为通风空调系统中风量、气流和压力调节目的而设计的阀门产品。而且，其中 C2 类型风阀的边缘和尖端部位还带有密封，保证了风阀关闭时的气密度。根据具体要求，该类风阀可以装配手动限位四分仪、电动或气动执行机构。

　　如图 3-31 所示为妥思 SLC 型多叶风量调节阀的结构，外框架 1 使用电镀钢板，机翼形叶片 2 外包延展性铝材，驱动轴 3 把手采用工程塑料制作，可以保证 80℃条件下的正常使用，叶片通过 12mm×6mm 的轴体与直径 12mm 的驱动末端相连。叶片带有标准边部联动装置，保证对开动作。边部联动装置包含一块转轴和连杆，两者通过 6mm 直径插销驱动的平杆连接。边部密封均为 302 或相同等级不锈钢，可以闭合叶片与框体间隙。

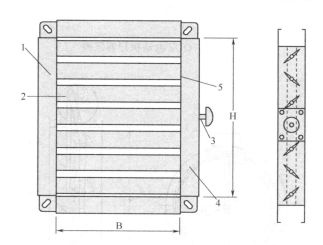

图 3-31　妥思 SLC 型多叶风量调节阀结构
1—外框架；2—翼形叶片；3—驱动轴；4—连杆部位；5—边部密封

　　FT 型对开多叶风量调节阀的结构和工作原理与妥思 SLC 型对开多叶风量调节阀基本一致，其阻力系数流量调节特性见表 3-11 和表 3-12。

**表 3-11　FT 型多叶对开风量调节阀阻力系数**

| 阀门开启角度 $\alpha/(°)$ | 90 | 72 | 54 | 36 | 18 | 0 |
|---|---|---|---|---|---|---|
| 阻力系数 $\zeta$ | 0.43 | 1.05 | 6.28 | 34.32 | 401.44 | 3656.54 |

**表 3-12　FT 型风量调节阀流量调节特性**

| 连管风速 /m·s⁻¹ | 风量 /m³·h⁻¹ | 流量百分比/% | | | | | | 相对阻力 /m |
|---|---|---|---|---|---|---|---|---|
| | | 90° | 72° | 54° | 36° | 18° | 0° | |
| 7.0 | 3970 | 100 | 62.2 | 30.1 | 12.5 | 3.6 | 1.2 | 0.305 |
| 6.0 | 3460 | 100 | 64.4 | 30.1 | 12.7 | 3.7 | 1.2 | 0.279 |
| 5.0 | 2880 | 100 | 66.3 | 30.2 | 13.2 | 3.9 | 1.2 | 0.294 |
| 4.0 | 2300 | 100 | 68.3 | 31.9 | 13.8 | 3.9 | 1.3 | 0.272 |
| 3.0 | 1730 | 100 | 70.5 | 32.9 | 14.5 | 4.0 | 1.4 | 0.230 |
| 流量平均百分比/% | | 100 | 66.3 | 31.0 | 13.3 | 3.8 | 1.3 | — |

**2. 电动风量调节阀**

电动风量调节阀的电动执行器有方、圆两种形式。方形电动执行器可以手动脱开电机齿轮，进行手动调节，而圆形电动执行器不可以。圆形电动执行器运转较平稳，可输出反馈电信号与自动控制系统连锁。

QDZ 电动执行器原理如图 3-32 所示。电动风量调节阀如图 3-33 所示，ZAJ 电动执行器原理如图 3-34 所示。

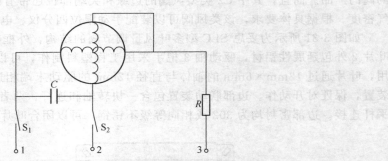

图 3-32　QDZ 电动执行器原理

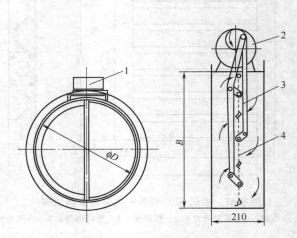

图 3-33　电动风量调节阀
1—QDZ 电动执行器；2—ZAJ 电动执行器；3—连杆；4—叶片

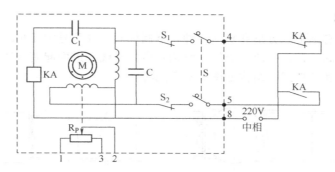

图 3-34 ZAJ 电动执行器原理

M—可逆电动机；$R_P$—滑动触点电位计；C—分相电容器；$C_1$—制动电动机继电器电容器；
S—自动、手动切换开关；KA—制动继电器；$S_1$，$S_2$—微动开关

FT 对开多叶风量调节阀规格见表 3-13。

**表 3-13 FT 对开多叶风量调节阀规格**

| 序号 | 规格<br>（A/mm×<br>B/mm） | 电动<br>执行<br>器数 | 法兰<br>尺寸<br>/mm | 每格<br>叶片 | 形式简图 | 序号 | 规格<br>（A/mm×<br>B/mm） | 电动<br>执行<br>器数 | 法兰<br>尺寸<br>/mm | 每格<br>叶片 | 形式简图 |
|---|---|---|---|---|---|---|---|---|---|---|---|
| 1 | 120×120 | | | | | 28 | 200×500 | | | | |
| 2 | 150×150 | | | | | 29 | 250×500 | | | | |
| 3 | 160×160 | | | | | 30 | 500×500 | 1 | 25 | 3 | |
| 4 | 200×120 | | | | | 31 | 630×500 | | | | |
| 5 | 200×150 | 1 | 25 | 1 | | 32 | 800×500 | | | | |
| 6 | 200×200 | | | | | 33 | 1000×500 | 1 | 30 | 3 | |
| 7 | 250×200 | | | | | 34 | 1250×500 | | | | |
| 8 | 250×250 | | | | | 35 | 1600×500 | 1 | 40 | 3 | |
| 9 | 300×250 | | | | | 36 | 250×630 | | | | |
| 10 | 300×300 | | | | | 37 | 400×630 | 1 | 25 | 4 | |
| 11 | 200×320 | | | | | 38 | 630×630 | | | | |
| 12 | 250×320 | | | | | 39 | 800×630 | | | | |
| 13 | 320×320 | | | | | 40 | 1000×630 | 1 | 30 | 4 | |
| 14 | 400×320 | | | | | 41 | 1250×630 | | | | |
| 15 | 500×320 | 1 | 25 | 2 | | 42 | 1600×630 | 1 | 40 | 4 | |
| 16 | 630×320 | | | | | 43 | 800×800 | 1 | 30 | 4 | |
| 17 | 800×320 | | | | | 44 | 1000×800 | | | | |
| 18 | 400×400 | | | | | 45 | 1250×800 | 2 | 30 | 4 | |
| 19 | 500×400 | | | | | 46 | 1600×800 | | | | |
| 20 | 600×400 | | | | | 47 | 2000×800 | 2 | 40 | 2 | |
| 21 | 630×400 | | | | | | | | | | |
| 22 | 800×400 | | | | | 48 | 1000×1000 | | | | |
| 23 | 1000×320 | | | | | 49 | 1250×1000 | 2 | 30 | 3 | |
| 24 | 1000×400 | 1 | 30 | 2 | | 50 | 1600×1000 | | | | |
| 25 | 1250×320 | | | | | 51 | 2000×1000 | 2 | 40 | 3 | |
| 26 | 1250×400 | | | | | 52 | 2000×1200 | | | | |
| 27 | 1600×400 | 1 | 40 | 2 | | | | | | | |

### 二、钢制蝶阀

钢制蝶阀通常有圆形、方形和矩形三种，钢制蝶阀主要型号为 T302—1～9。它们与 FT 多叶对开风量调节阀一样，一般在通风、空调管道的支线管道中起调节风量的作用。按使用方式又分为手柄式和拉链式，结构如图 3-35 所示。

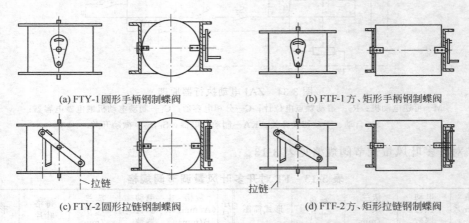

(a) FTY-1圆形手柄钢制蝶阀　　　　　　　　(b) FTF-1方、矩形手柄钢制蝶阀

(c) FTY-2圆形拉链钢制蝶阀　　　　　　　　(d) FTF-2方、矩形拉链钢制蝶阀

图 3-35　圆形、方形、矩形钢制蝶阀结构

# 项目六　防火阀与排烟阀

高层及其它各类现代建筑大都设有通风、空调及防排烟系统，一旦发生火灾，这些系统中的管道将成为火焰、烟气蔓延的通道。一个复杂的送风排烟系统，管路错综复杂。在空调送风系统中，送风机送出的风必须通过主管道分配到各支管中去；在排风或排烟系统中，风或烟由各支管汇集到主管道后进入排风机排出。那么，无论是送风系统或排烟系统中，如果没有任何阻挡的话，送风量和排烟量就无法控制，不需要送风或排烟的部位出现大量送风、排烟的情况，而需要送风或排烟的部位却不送风、排烟或只是少量送风、排烟。为了把不需要送风、排烟部位的管路切断，这就需要阀门装置。

另外，送风排烟系统中各部分的风量虽然通过管路计算，并进行相应的管路设计。但是，一方面理论计算与实际情况存在着一定的偏差，另一方面系统的运行工况在不断变化，因而必须对系统各部分的风量进行相应的调节，这又需要阀门装置。

还有，某些通风设备，如离心式通风机等，在启动时最好是空载启动，因为这样电动机的启动电流最小，对安全有利。这就需要在启动之前把系统管路切断。当风机进出口带有开关时，一般是把进口或出口关闭即可，如进出口不带开关，则必须通过阀门装置来控制。

防火阀用于有防火要求的通风空调系统的送回风管道的吸入口与进口处，通常安装在风管的侧面或风管末端及墙上，平时呈开启状态作风口使用，可调节送风气流方向，火灾发生时阀门上的易熔片在管道内气体温度达到 70° 时，动作，使阀门关闭，自动封闭烟火的通道，切断火势与烟气管的连接，防止高温气体和火焰向其它房间蔓延，有效地将火灾控制在尽可能小的范围内，以减少财产损失和人员的伤亡。

排烟防火阀简称排烟阀，安装在排烟系统管道上，平时呈关闭状态，火灾时当管道内气体温度达到 280℃时自动开启，以防止火灾时高温有毒烟气积聚，引起毒性加重。

防火排烟产品按其控制方式（手控、电控、温控、远控、调节）及结构形状（圆形、矩形、板式、多叶）可构成多种型号。防火阀、排烟防火阀作为制冷空调设备和建筑防火、防排烟系统的一个重要组成部分，其质量的好坏直接关系着上述系统设置的成败，关系着建筑防火的安全及人员疏散的安全。

## 一、防火阀

防火阀包括自重翻板式防火阀、防火调节阀、防火风口、气动防火阀、防烟防火阀、电子自控防烟防火阀等多种产品，防火类产品型号及功能见表3-14所示。这里只介绍自重翻板式防火阀、防烟防火阀和远控防烟防火阀。

表 3-14　防火类产品型号及功能　　　　单位：mm

| 序号 | 名　称 | 型号 | 功能代号 | 功能特征 | 外形 | 规　格 |
|---|---|---|---|---|---|---|
| 1 | 自重翻板式防火阀 | FHF-1 | F | 70℃易熔片熔断阀门靠自重关闭、手动复位、用户有特殊要求可加输出电信号装置 | 矩形 | ≥100×100×100 |
| 2 | | FHY-1 | F | | 圆形 | ≥φ120×120 |
| 3 | | FHF-2 | F | | 矩形 | ≥250×250 |
| 4 | 防火阀 | FFH-1 | FD | 70℃自动关闭、还可手动关闭，手动复位,输出电信号 | 矩形 | ≥300×300×320 |
| 5 | | FFH-6 | FD | | 圆形 | ≥φ300×400 |
| 6 | 防火调节阀 | FFH-2 | FVD | 70℃自动关闭、还可手动关闭，手动复位,0°～90°五档风量调节,输出电信号 | 矩形 | ≥300×300×320 |
| 7 | | FFH-7 | FVD | | 圆形 | ≥φ300×400 |
| 8 | 防烟防火调节阀 | FFH-3 | SFVD | 70℃自动关闭,电信号DC24V关闭,手动关闭,手动复位,0°～90°五档风量调节,输出2路电信号 | 矩形 | ≥300×300×320 |
| 9 | | FFH-8 | SFVD | | 圆形 | ≥φ300×400 |
| 10 | 小型防火调节阀 | FFH-4 | FVD₁ | 70℃自动关闭,手动关闭,手动复位,0°～90°无级风量调节,可输出电信号 | 矩形 | ≥300×300×200 |
| 11 | | FFH-5 | FVD₁ | | 圆形 | ≥φ300×300 |
| 12 | 方圆形防火阀 | FFH-9 | FD | 同FFH-1 | 方圆形 | ≥D300 |
| 13 | | FFH-10 | FVD | 同FFH-2 | 方圆形 | ≥D300 |
| 14 | | FFH-11 | SFVD | 同FFH-3 | 方圆形 | ≥D300 |
| 15 | 扁圆形防火阀 | FFH-12 | FD | 同FFH-1 | 扁圆形 | ≥200×100 |
| 16 | | FFH-13 | SFVD | 同FFH-2 | 扁圆形 | ≥200×100 |
| 17 | | FFH-14 | SFVD | 同FFH-3 | 扁圆形 | ≥200×100 |
| 18 | 防火风口 | FFH-15 | FVD₂ | 70℃（或280℃）自动关闭，风量调节,手动复位 | 矩形 | ≥250×250 |
| 19 | | FFH-16 | FVD₂ | | 圆形 | ≥φ250 |
| 20 | 远控防烟防火调节阀 | FFH-17 | BSVFD | 远距离手动关闭,70℃自动关闭,电信号DC24V关闭,手动复位,0°～90°无级风量调节,输出2路电信号 | 矩形 | ≥300×300×320 |
| 21 | | FFH-18 | BSVFD | | 圆形 | ≥φ250 |

注：1. 字母含义：

型号第一组字母为产品名称汉语拼音缩写：P-排，Y-烟，F-防，H-火，F-阀，K-口；

型号第二组数字为产品设计序号；

型号第三组数字为控制机构的位置，I型为控制机构在左侧，II为在上面控制功能符号意义。

2. 防火阀功能代号：

(1) F—带温度熔断器，防火阀为70℃，排烟防火阀为280℃；

(2) V—阀门的叶片可在开关两个位置之间五档调节，用于调节风量；

(3) S—带电磁铁（电磁铁为DC 24V，0.7A），可电控阀门动作；

(4) D—手动打开或关闭；

(5) B—钢缆远距离控制。

### 1. 自重翻板式防火阀

如图 3-36 所示，自重翻板式防火阀由阀体、阀板、轴、易熔片、自锁装置等组成，是一种具有感温（易熔片 3）控制，借偏重块的重力使叶片（阀板）自行关闭的重力式防火阀。叶片采用厚度 4mm 的模压件，叶片一侧加偏重块。自重翻板式防火阀主要有 FHF-1、FHF-2 和 FHY-1 几种形式，分别如图 3-36～图 3-38 所示。通常安装在通风、空调系统的管道中，也可安装在防火墙上，平时常开。FHF-2 多叶防火阀是在 FHF-1 的基础上改进了设计，阀体两法兰面间的尺寸可以大大减少，但无检查门，若需要可单独定制管道修理门，装在靠近防火阀的管道上。当风管内气温超过 70℃时，易熔片熔断，叶片在重力作用下自动关闭。根据用户要求，可安装电信号与有关送风设备连锁。

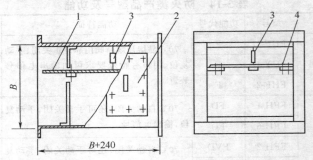

图 3-36　FHF-1 型自重翻板式防火阀

1—阀板（叶片）；2—检查门；3—易熔片；4—轴

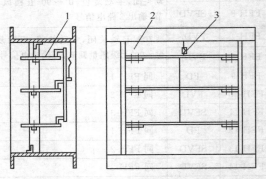

图 3-37　FHF-2 型自重翻板式防火阀

1—阀板（叶片）；2—轴；3—易熔片

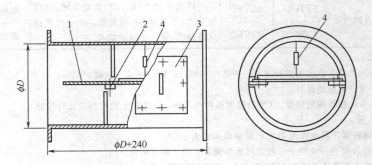

图 3-38　FHY-1 型防火阀

1—阀板（叶片）；2—轴；3—检查门；4—易熔片

　　自重翻板式防火阀有卧式和立式两种。装于水平管道中呈卧式放置的为卧式，装于垂直管道中的为立式。平时偏重的叶片由易熔片挂着而处于通风的常开状态。当管道内气流温度达到易熔片熔断温度（一般定为 70℃）时，易熔片熔断，叶片由于偏重产生重力矩而绕轴向下转动自行关闭，阻断热气流及火焰通过，防止其蔓延，因此水平安装的自重式防火阀应注意阀体不得倒置，易熔片一般应先于叶片轴接触热气流（以气流箭头方向标记为准）。立式安置在垂直管道中的自重翻板式防火阀，其叶片大面（或重块一面）应处于上方，并略有倾斜，以利于产生足够的重力矩迅速关闭阀门，而易熔片的设置则应按气流向上或向下分别处于下方或下方。其结构及原理与水平管道中安装的防火阀大同小异，订货时务必注明立式和气流方向，不注明者即为卧式。安装时必须注意其方向性，易熔片应先于叶片轴接触热气（即叶片的迎风侧）。此易熔片断开后，必须更换新片，然后手动复位使阀板恢复开启状态。该阀为简易温控型，根据需求，可改装电信号及与相关设备连锁装置。

　　2. 防烟防火阀

　　防烟防火阀既设有温度熔断器又与烟感器联动，依靠烟感控制动作，电动关闭（防烟），也可 70℃ 温度熔断器自动关闭（防火），通常安装在需要调节风量或需要用电信号控制阀门关闭的通风、空调系统的风管上，适用于水平或垂直气流的风管。采用 SFVD 控制装置，电源 DC24V，0.5A。平时常开，当风管内温度超过 70℃ 时，熔断器熔断，阀门关闭。由控制中心输出电信号 DC24V 使阀门关闭。自动关闭后，需要手动复位。阀门叶片可在 0°～90° 范围内手动五档调节。阀门关闭后发出关闭电信号和风机连锁信号。当需要阀门再次打开时，由控制中心输出电信号 DC24V 可以使阀门自动复位到原先开启状态，并可连锁风机动作。阀门既可中央控制室集中控制，又可单元自动控制。全自动控制装置设有扭矩调节装置，可根据阀体大小调整动作扭矩，扭矩调节装置分为弱、中、强三档。

　　FYH 系列防烟防火阀规格见表 3-15。

**表 3-15　FYH 系列防火阀规格**

| 型　号 | 形　状 | 功　能 | 型　号 | 形　状 | 功　能 | 型　号 | 形　状 | 功　能 |
|---|---|---|---|---|---|---|---|---|
| FYFH-1 | 方、矩形 | FD | FYFH-3 | 方、矩形 | SFVD | FYFH-7 | 圆形 | FVD |
| FYFH-2 | 方、矩形 | FVD | FYFH-6 | 圆形 | FD | FYFH-8 | 圆形 | SFVD |

　　对于 FYH-1 型、FYH-6 型防火阀，在管道内气流温度达到 70℃ 时，阀门关闭；对于 FYH-2 型、FYH-7 型防火调节阀，阀门叶片可在 0°～90° 内五档调节，在管道内气流温度达到 70℃ 时，阀门关闭。

　　3. 远控防烟防火阀

　　远控防烟防火阀有 FYH-17 型、FYH-18 型两种，主要由弹簧机构、温度熔断器、远程控制机构和叶片组成，一般用在通风、回风管道上。在较复杂地形，而且又需要经常调节的地方也比较适用（FYH-17 为方形、FYH-18 为圆形，功能相同）。

　　（1）小型控制装置原理及调整方法　小型控制装置机构如图 3-39 所示。当气流达到 70℃，易熔片 2 熔断，易熔杆芯 3 在弹簧 4 的作用下迅速向下移动。此时叶片轴 9 在扭簧 8 的作用下迅速转动，阀门关闭。调整叶片开启角度时，松开蝶形螺母 6，转动手柄 7，根据角度标牌确定叶片开启角度，然后再拧紧蝶形螺母 6。

　　松开螺母 5，拧下固定螺钉 1，取下熔断的易熔片 2，可换上新的易熔片。装上固定螺

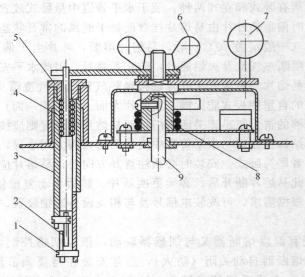

图 3-39　小型控制装置结构

1—固定螺钉；2—易熔片；3—易熔杆芯；4—弹簧；5—螺母；6—蝶形螺母；
7—转动手柄；8—扭簧；9—叶片轴

钉 1，压下弹簧 4，拧紧螺母 5，将温度熔断器放入固定套内，把拨叉放好，扳动手柄调整叶片角度，拧紧蝶形螺母 6，调整完毕，注意易熔片需迎着气流方向装设。

（2）SFVD 控制装置　结构如图 3-40 所示。当发生火灾时，烟感（或温感）发出火警信号给控制中心，控制中心接通 DC24V 电信号给电磁铁 6，电磁铁工作。拉动杠杆 10 使杠杆与棘爪 4 脱开，棘爪 4 与阀体叶片上的轴 2 固定在一起，此时叶片在阀体弹簧力作用下，迅速关闭，当气流温度达到 70℃时，温度熔断器 1 内的易熔片熔断，易熔杆在压簧作用下迅速向下移动，连接片 8 失去定位。在拉簧 7 的作用下，杠杆 10 与棘爪 4 脱开，阀门关闭。手拉动杠杆也可使杠杆 10 与棘爪 4 脱开，阀门关闭。

阀门关闭的同时，棘爪上的凸轮压合微动开关 5 的触点，切断电磁铁 6 电源，此时也接通微动开关 5，输出阀门关闭信号。

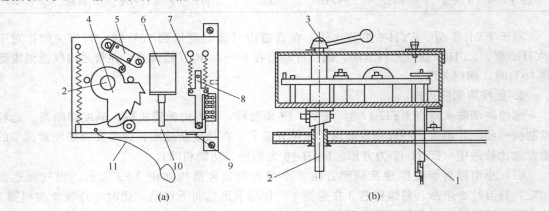

(a)　　　　　　　　　　　　　　　　(b)

图 3-40　SFVD 控制装置结构

1—温度熔断器；2—叶片轴；3—转动手柄；4—棘爪；5—微动开关；6—电磁铁；
7—拉簧；8—连接片；9—限位螺钉；10—杠杆；11—传感器

### 二、排烟阀

排烟阀由阀体、叶片、轴、弹簧机构、控制机构等组成。排烟阀包括排烟防火阀、板式排烟口（顶棚用）、竖井用排烟口等产品。排烟阀用在排烟系统管道上或排烟风机的吸入口处，排除有害烟雾，防止危害生命，平时呈关闭状态，并与排烟风机连锁线路产生联动，当火灾发生时，烟感探头发出火警信号，阀门受预先设置的控制功能驱动，使叶片受弹簧力作用自动开启，并输出开启电信号，同时联动排烟风机启动排烟，通风空调停机。管道内烟气温度达到280℃时，温度传感器动作，控制机构驱动阀门关闭，连锁排烟风机停机，以隔断气流，阻止火势蔓延。

排烟阀产品型号、功能见表 3-16。

表 3-16　排烟阀产品型号、功能

| 序号 | 名　称 | 型号 | 功能代号 | 功能特征 | 外形 | 规格/mm |
|---|---|---|---|---|---|---|
| 1 | 排烟阀 | FPY-1 | SD | 电信号 DC24V 开启，手动开启，手动复位，输出开启电信号 | 矩形 | ≥200×200×320 |
| 2 | | FPY-3 | SD | | 圆形 | ≥φ200×400 |
| 3 | 排烟防火阀 | FPY-2 | SFD | 电信号 DC24V 开启，手动开启，280℃重新关闭，手动复位，输出开启电信号 | 矩形 | ≥320×320×320 |
| 4 | | FPY-6 | SFD | | 圆形 | ≥φ200×400 |
| 5 | 远控排烟阀 | FPY-4 | BSD | 电信号 DC24V 开启，远距离手动开启，远距离手动复位，输出开启电信号 | 矩形 | ≥320×320×300 |
| 6 | | FPY-8 | BSD | | 圆形 | ≥φ200×400 |
| 7 | 远控排烟防火阀 | FPY-5 | BSFD | 电信号 DC24V 开启，远距离手动开启和手动复位，280℃重新关闭，输出开启电信号 | 矩形 | ≥320×300×300 |
| 8 | | FPY-7 | BSFD | | 圆形 | ≥φ200×400 |
| 9 | 方圆形排烟阀 | FPY-9 | SD | 同 FPY-1 | 方圆形 | ≥250 |
| 10 | 方圆形排烟防火阀 | FPY-10 | SFD | 同 FPY-2 | 方圆形 | ≥300 |
| 11 | 方圆形远控排烟阀 | FPY-11 | BSD | 同 FPY-4 | 方圆形 | ≥250 |
| 12 | 方圆形远控排烟防火阀 | FPY-12 | BSFD | 同 FPY-5 | 方圆形 | ≥300 |
| 13 | 扁圆形排烟阀 | FPY-13 | SD | 同 FPY-1 | 扁圆 | $B \geq 100$ |
| 14 | 扁圆形排烟防火阀 | FPY-14 | SFD | 同 FPY-2 | 扁圆 | $B \geq 200$ |
| 15 | 扁圆形远控排烟阀 | FPY-15 | BFD | 同 FPY-4 | 扁圆 | $B \geq 200$ |
| 16 | 排烟风口 | FPY-16 | SD | 电信号 DC24V 开启，手动开启，手动复位 | 矩形 | ≥200×200 |
| 17 | 板式排烟口 | PYK-1 | BSD | 电信号 DC24V 开启，远距离手动开启，远距离手动复位，输出开启电信号 | 矩形 | ≥200×200 ≤800×800 |
| 18 | 多叶排烟口 | PYK-21 PYK-211 | SD | 电信号 DC24V 开启，手动开启，手动复位，输出开启电信号 | 矩形 | ≥250×250 |
| 19 | 远控多叶排烟口 | FPY-31 FPY-311 | BSD | 电信号 DC24V 开启，远距离手动开启，远距离手动复位，输出开启电信号 | 矩形 | ≥250×250 |
| 20 | 远控多叶防火排烟口 | FPY-41 FPY-411 | BSFD | 电信号 DC24V 开启，远距离手动开启，280℃重新关闭，手动复位，输出开启电信号 | 矩形 | ≥250×250 |
| 21 | 多叶防火排烟口 | FPY-51 FPY-511 | SFD | 电信号 DC24V 开启，手动开启，280℃重新关闭，手动复位，输出开启电信号 | 矩形 | ≥250×250 |
| 22 | 回风排烟防火阀 | FPY-18 | SFD | 双 SD 功能控制器，电信号 DC24V 开启与关闭，280℃最后关闭，手动复位，输出开启与关闭电信号 | 矩形 | ≥250×250 |

注：$B$—为扁圆最窄处尺寸。

1. 类型简介

（1）排烟防火阀　有 FPY-2（SFD）和 FPY-6（SFD）两种类型，其结构如图 3-41 所示。

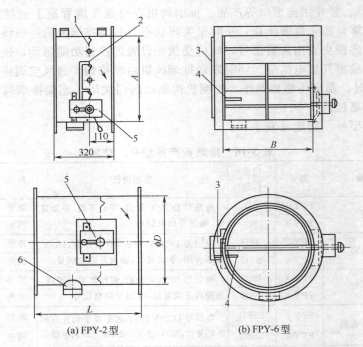

(a) FPY-2型　　　　　(b) FPY-6型

图 3-41　FPY-2 型、FPY-6 型排烟防火阀结构

1—叶片；2—连杆；3—弹簧机构；4—温度熔断器；5—控制机构；6—观察窗

性能：①电信号 DC24V±2.4V 将阀门打开。②手动可使阀门打开。③手动复位。④温度达到 280℃时阀门关闭。⑤阀门动作后输出开启信号，根据用户要求可以与其他设备连锁。FPY-2 型、FPY-6 型排烟防火阀

（2）远控排烟阀　远控排烟阀有 FFY-4（BSD）、PFY-8（BSD）型。一般安装在系统的风管上或排烟口处，平时常闭，发生火灾时，烟感探头发出火警信号，控制中接通 DV24V 电压给阀上远程控制器上的电磁铁，使阀门迅速打开，也可手动迅速打开阀门，手动复位。人能够在房间内操纵阀门。

远控排烟阀 FPY-4（BSD）外形与 FPY-5（BSFD）相似，不带温度传感器。远控排烟阀 FPY-8（BSD）外形与 FPY-7（BSFD）相似，不带温度传感器。

（3）远控排烟防火阀　远控排烟防火阀有 FPY-5（BSFD）、FPY-7（BSFD）。一般安装在排烟系统的风管上或排烟口处，平时常闭。发生火灾时，烟感探头发出火警信号，控制中心接通 DV24V 电压给阀上远程控制器上的电磁铁，使阀门打开，也可在房间内手动打开阀门。当温度达到 280℃时，易熔片断开，阀门自动关闭。

性能：①电信号 DC24V±2.4V 将阀门打开。②远距离手动可使阀门打开。③远距离手动复位。④温度达到 280℃时，阀门关闭。⑤阀门动作后，开启信号，根据用户要求可以与其他设备连锁。

FPY-5、FPY-7 型远控排烟防火阀结构如图 3-42。

（4）回风排烟防火阀 FPY-18　FPY-18 回风排烟防火阀主要用在回风、排烟合二为一的管道中。这种管道平时作为回风管道，发生火灾时，阀体可有选择的关闭或打开，管道则

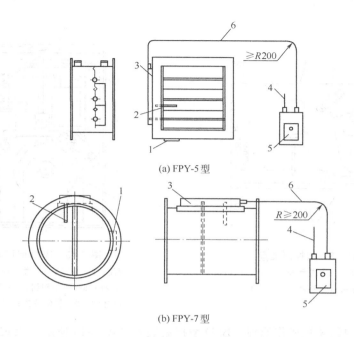

图 3-42  FPY-5、FPY-7 型远控排烟防火阀结构
1—观察窗；2—温度熔断器；3—弹簧控制机构；4—电缆线；5—远程控制器；6—控制缆绳

起到排烟管道作用。其具体功能是：阀体叶片平时由左右两个 SD 控制盒手动牵引打开，管道作回风管用。当某一区域烟感报警，控制中心发出电信号，所有阀体的左侧控制盒动作，阀体叶片关闭，管道全部封闭。此后烟感探明发出烟区域，控制中心再向此区域发出电信号，此区域的阀体右侧控制盒动作，阀体叶片打开，这段区域的管道则成为排烟管道。当火蔓延至阀体时，阀板处 280℃ 易熔片断，阀板落下，切断管道，阀体起到防火阀的作用。

该阀在一组动作完毕后，须手动复位，方可进行下一组动作。其结构如图 3-43 所示。

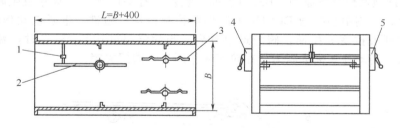

图 3-43  FPY-18 回风排烟防火阀
1—易熔片；2—阀板；3—叶片；4—左控制盒；5—右控制盒

**2. 排烟阀控制装置及作用原理**

（1）SD 型控制装置操作原理  SD 型控制装置如图 3-44 所示。火灾发生时，烟感探头 5 发出火警信号，控制中心接通 DC24V 电源供给电磁铁 4。通电后，电磁铁工作，通过连接片将杠杆 6 与叶片主轴连接的棘爪 2 脱开，叶片在拉簧作用下迅速打开，阀门打开的同时主轴上凸轮压紧微动开关 3 的触点，输出阀门开启信号。双微动开关也可联动其他设备，也可手动拉绳使杠杆 6 与棘爪 2 脱开，叶片在弹簧拉力作用下迅速打开。复位时，将主轴上复位手柄按逆时针旋转使棘爪 2 与杠杆 6 啮合，复位完毕。

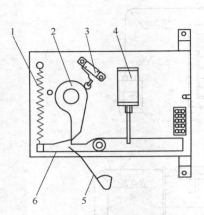

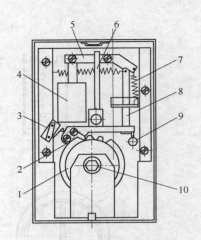

图 3-44　SD 型控制装置

1—弹簧；2—棘爪；3—微动开关；4—电磁铁；

5—烟感探头（传感器）；6—杠杆

图 3-45　BSD 型控制装置

1—滚筒；2—棘爪；3—微动开关；4—电磁铁；

5—杠杆；6—手动按钮；7—拉簧；8—棘爪

座挂钩；9—复位按钮；10—限位装置

（2）BSD 型控制装置操作原理　BSD 型控制装置如图 3-45 所示。火灾发生时，烟感探头发出火警信号，控制中心接通 DC24V 电源供给电磁铁。电磁铁动作，将杠杆 5 与棘爪座挂钩 8 脱开，在拉簧 7 的作用下，棘爪座挂钩 8 向左转动，使棘爪 2 抬起与滚筒上的棘轮脱开。阀门在叶片拉簧作用下将钢丝绳拉回，阀门迅速打开，此时微动开关 3 的触点被棘爪座的压片压合，输出开启信号或与其他消防系统连锁，也可手动按下手动按钮 6，使杠杆挂钩 5 和棘爪座挂钩 8 脱开，迅速打开阀门，同样实现上述动作。阀门复位时，将复位按钮 9 向所指的方向拉下，使杠杆挂钩与棘爪座挂钩 8 啮合，棘爪轮被棘爪 2 撑住，滚筒 1 不得倒转，将复位手柄插入限位装置 10 中，顺时针方向旋转，将钢丝绳卷绕在滚筒 1 上，此时钢丝绳拉力克服阀体上叶片拉簧力将阀门关闭，阀门处于正常位置。

（3）BSFD 型操作装置原理　BSFD 型操作装置如图 3-46 所示。火灾发生时，烟感探头发出火警信号，控制中心接通 DC24V 电源供给控制机构电磁铁。电磁铁动作或手动动作，钢丝绳 4 随杠杆被拉簧 5 拉回，阀门迅速开启。当烟气温度达到 280℃时，温度熔断器动作，芯轴缩入，转动片 3 失去阻力，在拉簧 8 作用下，阀门关闭。

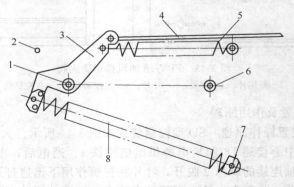

图 3-46　BSFD 型操作装置

1—主轴；2—限位销；3—转动片；4—钢丝绳；5—拉簧 1；6—叶片轴；

7—温度熔断器；8—拉簧 2

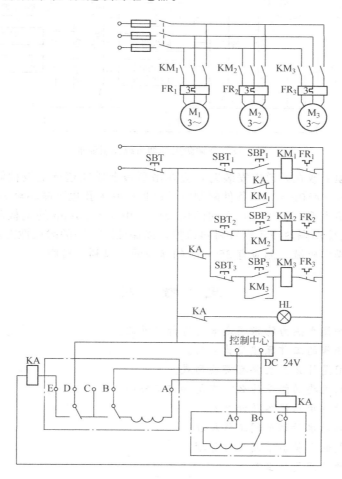

（4）系统电气控制原理 系统电气控制原理图如图 3-47 所示，图中 $M_1$ 表示排烟风机或加压送风机，$M_2$ 表示通风空调系统的排风机，$M_3$ 表示空调机，HL 表示火警指示灯，KA 表示防火阀、排烟阀与风机连锁的继电器。

图 3-47 空调防火排烟系统电气控制原理图

当火灾发生时，烟感（或温感）探头发出火警信号给控制中心，控制中心接通 DV24V 电源，防火或排烟阀门动作，同时微动开关动作，继电器 KA 工作，使排烟风机或加压风机 $M_1$ 启动，排风机和空调风机停止。

如要选双微动开关时，无论是手动控制还是控制中心发出 DC24V 电信号控制，都能使排烟风机（或加压送风机）、排风机、空调风机联动，此时继电器 KA 的控制电压为 AC220V。若选单微动开关时，控制中心发出 DC24V 电信号，可以联动排烟风机（或加压送风机）。如手动使防火排烟阀动作，要等到控制中心得到火警发出 DC24V 电信号后才能联动其他设备，否则要靠人按动 $SBT_1$、$SBT_3$、$SBP_2$ 按钮。

空调防火排烟系统控制要求如图 3-48 所示。

防火阀与排烟阀安装时应注意以下几点要求：

① 防火阀、排烟阀应严格按图施工，单独设支吊架，以避免风管在高温下变形，影响阀门功能；

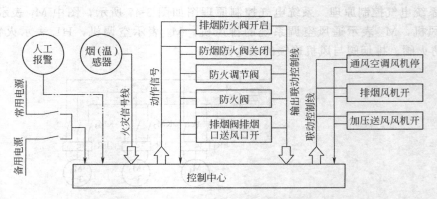

图 3-48 空调防火排烟系统控制要求

② 阀门在吊顶上或在风道内安装时，应在吊顶板上或风道壁上设检修人孔，一般人孔尺寸不小于 450mm×450mm，在条件限制时，吊顶检修人孔也可减小至 300mm×300mm；

③ 防火阀与防火墙（或楼板）之间的风管应采用 $\delta \geq 1.5$mm 的钢板制作，最好再在风管管外用耐火材料保温隔热或不燃性材料保护，以保证防火墙的耐火性能；

④ 在阀门的操作机械一侧应有 350mm 的净空间，以利于检修。

# 思 考 题

3-1 内平衡与外平衡式热力膨胀阀是如何进行工作的？

3-2 试述电子膨胀阀的工作原理及其应用。

3-3 电磁阀的作用是什么？主要有哪些形式？

3-4 四通电磁阀的主要功能是什么？它是如何工作的？

3-5 主阀和导阀的作用功能各是什么？

3-6 试述压力控制的水量调节阀工作原理。

3-7 试述温度控制的水量调节阀工作原理。

3-8 风量调节阀的作用是什么？

3-9 回风排烟防火阀的主要功能是什么？

# 模块四　常用传感器

**教学目标**

　　通过本模块的学习，掌握常用温度、湿度传感器的基本结构和工作原理，能正确选择。

　　传感器是指能感受规定的被测量并按照一定的规律转换成可用输出信号的器件或装置，通常由敏感元件和转换元件组成。敏感元件能直接感受或响应被测量的部分，转换元件能将敏感元件感受或响应的被测量转换成适于传输或测量的电信号部分。传感器的作用是将被测非电物理量转换成与其有一定关系的电信号，它获得的信息正确与否，直接关系到整个控制系统的精度。传感器的组成如图 4-1 所示。其中接口电路的作用是把转换元件输出的电信号变换为便于处理、显示、记录和控制的可用电信号，其电路的类型视转换元件的不同而定，经常采用的有电桥电路和其他特殊电路，例如高阻抗输入电路、脉冲电路、振荡电路等。有的传感器需要外加电源才能工作，辅助电源起到供给转换能量的作用，例如应变片组成的电桥、差动变压器等；有的传感器则不需要外加电源便能工作，例如压电晶体等。

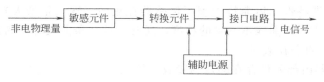

图 4-1　传感器组成框图

　　不是所有的传感器必须包括敏感元件和转换元件。如果敏感元件直接输出的是电量，它就同时兼为转换元件；如果转换元件能直接感受被测量而输出与之成一定关系的电量，此时传感器就无敏感元件。例如压电晶体、热电偶、热敏电阻及光电器件等。敏感元件与转换元件两者合二为一的传感器是很多的。

　　由某一原理设计的传感器可以同时测量多种非电物理量，而有时一种非电物理量又可以用几种不同传感器测量。因此传感器的分类方法有多种，按被测量的性质来分，可分为温度传感器、湿度传感器、压力传感器、位移传感器、流量传感器、液位传感器、力传感器、加速度传感器及转矩传感器等。

　　传感器的特性包括静态特性和动态特性：

　　(1) 传感器的静态特性　传感器的静态特性是指对静态的输入信号，传感器的输出量与输入量之间所具有的相互关系。因为这时输入量和输出量都和时间无关，所以它们之间的关系，即传感器的静态特性可用一个不含时间变量的代数方程，或以输入量作横坐标，把与其对应的输出量作纵坐标而画出的特性曲线来描述。表征传感器静态特性的主要参数有：线性度、灵敏度、分辨力和迟滞特性等。

① 传感器的线性度　通常情况下，传感器的实际静态特性输出是条曲线而非直线。在实际工作中，为使仪表具有均匀刻度的读数，常用一条拟合直线近似地代表实际的特性曲线、线性度（非线性误差）就是这个近似程度的一个性能指标。

拟合直线的选取有多种方法。如将零输入和满量程输出点相连的理论直线作为拟合直线；或将与特性曲线上各点偏差的平方和为最小的理论直线作为拟合直线，此拟合直线称为最小二乘法拟合直线。

② 传感器的灵敏度 $S$　灵敏度是指传感器在稳态工作情况下输出量变化 $\Delta y$ 与输入量变化 $\Delta x$ 的比值。

它是输出-输入特性曲线的斜率。如果传感器的输出和输入之间呈线性关系，则灵敏度 $S$ 是一个常数。否则，它将随输入量的变化而变化。

灵敏度的量纲是输出、输入量的量纲之比。例如，某位移传感器，在位移变化 1mm 时，输出电压变化为 200mV，则其灵敏度应表示为 200mV/mm。

当传感器的输出、输入量的量纲相同时，灵敏度可理解为放大倍数。

提高灵敏度，可得到较高的测量精度。但灵敏度愈高，测量范围愈窄，稳定性也往往愈差。

③ 传感器的分辨力　分辨力是指传感器可能感受到的被测量的最小变化的能力。也就是说，如果输入量从某一非零值缓慢地变化。当输入变化值未超过某一数值时，传感器的输出不会发生变化，即传感器对此输入量的变化是分辨不出来的。只有当输入量的变化超过分辨力时，其输出才会发生变化。

通常传感器在满量程范围内各点的分辨力并不相同，因此常用满量程中能使输出量产生阶跃变化的输入量中的最大变化值作为衡量分辨力的指标。上述指标若用满量程的百分比表示，则称为分辨率。

④ 传感器的迟滞特性　迟滞特性表征传感器在正向（输入量增大）和反向（输入量减小）行程间输出-输入特性曲线不一致的程度，通常用这两条曲线之间的最大差值 $\Delta$MAX 与满量程输出 $F \cdot S$ 的百分比表示。

迟滞是因传感器内部元件存在能量的吸收而造成。

（2）传感器的动态特性　所谓动态特性，是指传感器在输入变化时，它的输出的特性。在实际工作中，传感器的动态特性常用它对某些标准输入信号的响应来表示。这是因为传感器对标准输入信号的响应容易用实验方法求得，并且它对标准输入信号的响应与它对任意输入信号的响应之间存在一定的关系，往往知道了前者就能推定后者。最常用的标准输入信号有阶跃信号和正弦信号两种，所以传感器的动态特性也常用阶跃响应和频率响应来表示。

# 项目一　温度传感器

## 一、概述

温度是制冷与空调系统中最重要的参数之一。在食品冷藏过程中，保持库房的稳定低温是食品保鲜的必要条件；在空调系统中，控制室内温度在所需的范围内，是空气调节、创造舒适性环境的一项重要内容。另外，制冷系统的运行、机器与设备的调节等，大多数是以库温、室温为依据的。因此，准确的检测温度是制冷与空调生产过程中一个必不可少的重要环节。

温度是表征物体冷热程度的物理量，是物体分子平均动能大小的标志。分子运动的速度越快，物体的温度就越高。

测量温度的标尺叫温标，制定温标就是规定温度的起点及其基本单位。我国习惯上使用摄氏温标，用符号"$t$"或"$\theta$"表示，测量单位为摄氏度（℃），它规定在 1 标准大气压（1标准大气压 $=1.01325 \times 10^5$ Pa）下冰的熔点为 0℃，水的沸点为 100℃，中间分 100 分度，每一分度为 1℃。目前推广的国际实用温标（ITS—1990）中规定，热力学温标用符号"$T$"或"$\Theta$"，测量单位为开尔文（K）。热力学温标与摄氏温标的分度相同，但起点不同。它是把分子停止运动时的温度作为起点，相当于摄氏温度的 $-273.15$℃。两种温度的换算关系为

$$T = t + 273.15 \tag{4-1}$$

少数欧美国家还习惯使用华氏温标，用符号"F"表示，测量单位为华氏度（℉）。它规定冰点为 32℉，水沸点为 212℉，中间分成 180 等分度。它与摄氏温标的关系为

$$F = \frac{9}{5}t + 32 \tag{4-2}$$

温度不能直接测量，只能根据物体的某些特性（如电阻、电压变化等特性）值与温度之间的函数关系，通过对这些特性参数的测量，间接获得物体的温度。温度测量方法很多，通常按感温元件是否与被测物接触而分为接触式测量和非接触式测量两大类。制冷空调系统多采用接触式测温。

温度传感器主要由热敏元件组成。热敏元件品种较多，市场上销售的有双金属片、铜热电阻、铂热电阻、热电偶及半导体热敏电阻等。以半导体热敏电阻为探测元件的温度传感器应用广泛，这是因为在元件允许工作条件范围内，半导体热敏电阻具有体积小、灵敏度高、精度高的特点，而且制造工艺简单、价格低廉。

**二、金属热电阻传感器**

热电阻传感器是利用金属导体的电阻值随温度的变化而变化的原理进行测温的。最基本的热电阻传感器有热电阻、连接导线及显示仪表组成。热电阻广泛用于测量 $-200 \sim 850$℃范围内的温度，特殊情况下，低温可测至 1K（$-272.15$℃），高温可测至 1200℃。测量准确度高，性能稳定。通过研究发现，金属铂（Pt）的电阻值随温度变化而变化，并且具有很好的重现性和稳定性，所以金属热电阻的主要材料是铂（Pt）和铜（Cu）。通常使用的铂电阻温度传感器零度阻值为 100Ω，电阻变化率为 0.3851Ω/℃。

1. 金属热电阻的温度特性

热电阻的温度特性是指热电阻 $R_t$ 随温度 $t$ 变化而变化的特性，即 $R_t$-$t$ 之间的函数关系。如图 4-2 所示为铂（Pt100）热电阻的电阻-温度特性曲线。

（1）铂热电阻的电阻-温度特性 铂电阻的特点是测温精度高、稳定性好，所以在温度传感器中得到了广泛应用。铂电阻的应用范围为 $-200 \sim 850$℃。

铂电阻的电阻-温度特性方程，在 $-200 \sim 0$℃的温度范围内为

$$R_t = R_0[1 + At + Bt^2 + Ct^3(t - 100)] \tag{4-3}$$

在 $0 \sim 850$℃的温度范围内为

$$R_t = R_0(1 + At + Bt^2) \tag{4-4}$$

式(4-3)、式(4-4)中 $R_t$ 和 $R_0$ 分别是温度为 $t$ 和 0℃时的铂电阻值；$A$、$B$ 和 $C$ 为常数，其取值为

$$A = 3.9684 \times 10^{-3}/℃$$
$$B = -5.847 \times 10^{-7}/℃$$
$$C = -4.22 \times 10^{-12}/℃$$

$t=0℃$ 时的铂电阻值为 $R_0$，我国规定工业用铂热电阻有 $R_0=10Ω$ 和 $R_0=100Ω$ 两种。它们的分度号分别为 Pt10 和 Pt100，其中以 Pt100 为常用。铂热电阻不同分度号亦有相应分度表，即 $R_t$-$t$ 的关系表这样在实际测量中，只要测得热电阻的阻值 $R_t$，便可从分度表上查出对应的温度值。

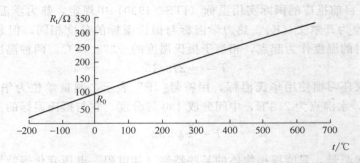

图 4-2 铂（Pt100）热电阻的电阻-温度特性曲线

（2）铜热电阻的电阻-温度特性　由于铂是贵金属，在测量精度要求不高，温度范围在 -50～150℃ 时普遍采用铜电阻。铜电阻与温度间的关系为

$$R_t = R_0(1 + \alpha_1 t + \alpha_2 t^2 + \alpha_3 t^3) \tag{4-5}$$

由于 $\alpha_2$、$\alpha_3$ 比 $\alpha_1$ 小得多，所以可以简化为

$$R_t = R_0(1 + \alpha_1 t) \tag{4-6}$$

式（4-6）中，$R_t$ 和 $R_0$ 分别是温度为 $t$ 和 0℃ 时的铜电阻值；$\alpha_1$ 为常数，$\alpha_1 = 4.28 \times 10^{-3}/℃$。

铜电阻的 $R_0$ 分度表号 Cu50 为 50Ω；Cu100 为 100Ω。

铜易于提纯，价格低廉，电阻-温度特性线性较好。但电阻率仅为铂的几分之一，因此，铜电阻所用阻丝细而且长，机械强度较差，热惯性较大，在温度高于 100℃ 以上或侵蚀性介质中使用时，易氧化，稳定性较差。故铜热电阻只能用于低温及无侵蚀性的介质中。

2. 金属热电阻传感器的结构

金属热电阻传感器是由电阻体 1、瓷绝缘套管 6、不锈钢套管 2、引线和接线盒 4 等组成，如图 4-3 所示。保护套管的作用是为了保护温度传感器感温元件，不使其与被测介质直接接触，避免或减少有害介质的侵蚀、火焰和气流的冲刷和辐射以及机械损伤，同时还起着固定和支撑传感器感温元件的作用。在轻微腐蚀和一般工业应用中，304 和 316（316L）是用得最为广泛的不锈钢保护套管材料，在我国由于考虑成本，321 不锈钢也被大量使用。

热电阻传感器外接引线如果较长时，引线电阻的变化会使测量结果有较大误差，为减小误差，可采用三线制电桥连接法测量电路或四线制电阻测量电路，如图 4-4 所示。要求引出的三根导线截面积和长度均相同，测量铂电阻的电路一般是不平衡电桥，铂电阻作为电桥的一个桥臂电阻，将导线一根接到电桥的电源端，其余两根分别接到铂电阻所在的桥臂及与其相邻的桥臂上，当桥路平衡时，如 $R_1=R_2$，导线电阻的变化对测量结果没有任何影响，这样就消除了导线线路电阻带来的测量误差，但是必须为全等臂电桥，否则不可能完全消除导线电阻的影响，可见，采用三线制会大大减小导线电阻带来的附加误差，工业上一般都采用

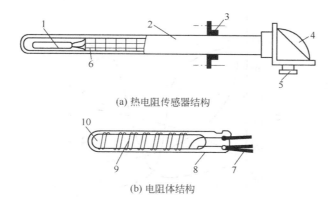

(a) 热电阻传感器结构

(b) 电阻体结构

图 4-3 金属热电阻传感器结构

1—电阻体；2—不锈钢套管；3—安装固定件；4—接线盒；5—引线口；
6—瓷绝缘套管；7—引线端；8—保护膜；9—电阻丝；10—芯柱

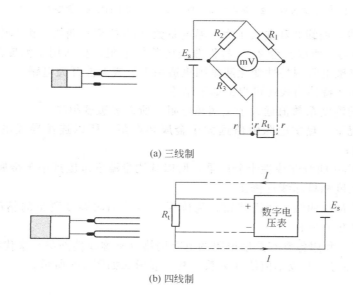

(a) 三线制

(b) 四线制

图 4-4 电桥连接法测量电路

三线制接法。

### 三、半导体热敏电阻

半导体热敏电阻简称热敏电阻，是一种新型的半导体测温元件，热敏电阻是利用某些金属氧化物或单晶锗、硅等材料，按特定工艺制成的感温元件。热敏电阻可分为 3 种类型，即正温度系数（PTC）热敏电阻和负温度系数（NTC）热敏电阻，以及在某一特定温度下电阻值会发生突变的临界温度电阻器（CTR）。负温度系数热敏电阻类型很多，使用区分低温（－60～300℃）、中温（300～600℃）、高温（>600℃）三种，有灵敏度高、稳定性好、响应快、寿命长、价格低等优点，广泛应用于需要定点测温的温度自动控制电路，如冰箱、空调、温室等的温控系统。

**1. 热敏电阻的 $R_t$-$t$ 特性**

如图 4-5 所示，列出了不同种类热敏电阻的 $R_t$-$t$ 特性曲线。曲线 1 和曲线 2 为负温度系

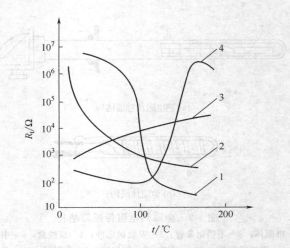

图 4-5　各种热敏电阻的 $R_t$-$t$ 特性曲线

1—突变型 NTC；2—负指数型 NTC；3—线性型 PTC；4—突变型 PTC

数（NTC 型）曲线，曲线 3 和曲线 4 为正温度系数（PTC 型）曲线。由图中可看出 2、3 特性曲线变化比较均匀，所以符合 2、3 特性曲线的热敏电阻，更适用于温度的测量，而符合 1、4 特性曲线的热敏电阻因特性变化陡峭则更适用于组成温控开关电路。

由热敏电阻 $R_t$-$t$ 特性曲线还可得出如下结论：

① 热敏电阻的温度系数值远大于金属热电阻，所以灵敏度很高；

② 同温度情况下，热敏电阻阻值远大于金属热电阻。所以连接导线电阻的影响极小，适用于远距离测量；

③ 热敏电阻 $R_t$-$t$ 曲线非线性十分严重，所以其测量温度范围远小于金属热电阻。

2. 热敏电阻温度测量非线性修正

由于热敏电阻 $R_t$-$t$ 曲线非线性严重，为确保一定范围内温度测量的精度，应考虑非线性修正问题。常用方法如下。

（1）线性网络　利用包含有热敏电阻的电阻网络（常称线性网络）来代替单个的热敏电阻，使网络电阻 $R_T$ 与温度成单值线性关系，其一般形式如图 4-6 所示。

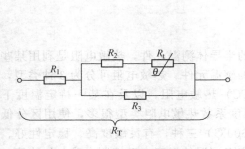

图 4-6　线性化网络

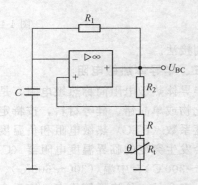

图 4-7　温度-频率转换器原理

（2）综合修正　利用电阻测量装置中其他部件的特性进行综合修正。如图 4-7 所示是一个温度-频率转换电路，虽然电容 $C$ 的充电特性是非线性特性，但适当地选取线路中的电阻

$R_2$和$R$，可以在一定的温度范围内，得到近似于线性的温度-频率转换特性。

（3）计算修正法 在带有微处理机（或微计算机）的测量系统中，当已知热敏电阻器的实际特性和要求的理想特性时，可采用线性插值法将特性分段，并把各分段点的值存放在计算机的存储器内。计算机将根据热敏电阻器的实际输出值进行校正计算后，给出要求的输出值。

**3. 热敏电阻温度传感器的应用**

热敏电阻在空调器中应用十分广泛，如图4-8所示为春兰牌KFR—20GW型冷暖空调的控制电路。

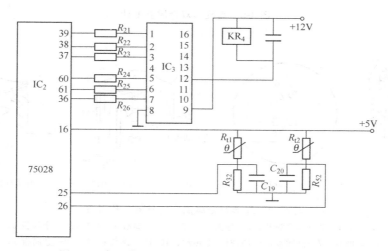

图4-8 春兰牌KFR—20GW型冷暖空调控制电路图

负温度系数的热敏电阻$R_{t1}$和$R_{t2}$分别是化霜传感器和室温传感器。室内温度变化会引起$R_{t2}$阻值的变化，从而使$IC_2$第26脚的电位变化。当室内温度在制冷状态低于设定温度或在制热状态高于设定温度时，$IC_2$第26脚电位的变化量达到能启动单片机的中断程序，使压缩机停止工作。

在制热运行时，除霜由单片机自动控制。化霜开始条件为－8℃，化霜结束条件为8℃。随着室外温度的下降，室外传感器$R_{t1}$的阻值增大，$IC_2$第25脚的电位随之降低。在室外温度降低到－8℃时，$IC_2$第25脚转为低电平。单片机感受到这一电平变化，便使60脚输出低电平，继电器$KR_4$释放，电磁四通换向阀线圈断电，空调器转为制冷循环。同时，室内外风机停止运转，以便不向室内送入冷风。压缩机排出的高温气态制冷剂进入室外热交换器，使其表面凝结的霜溶化。化霜结束，室外热交换器温度升高到8℃，$R_{t1}$的阻值减小到使$IC_2$第25脚变为高电平，单片机检测到这一信号变化，则$IC_2$的60脚重新输出高电平，继电器$KR_4$通电吸合，电磁四通换向阀线圈通电，恢复制热循环。

**四、双金属温度传感器**

双金属温度传感器结构简单，价格便宜，刻度清晰，使用方便，耐震动。如图4-9所示为盘旋形双金属温度计，它采用膨胀系数不同的两种金属片牢固粘合在一起组成的双金属作为感温元件，其一端固定，另一端为自由端。当温度变化时，该金属片由于两种金属膨胀系数不同而产生弯曲，自由端的位移通过传动机构带动指针指示出相应的温度。

电冰箱压缩机温度保护继电器内部的感温元件是一片蝶形的双金属片，如图4-10所示。由图4-10(c)可以看出在蝶形双金属片9上分别固定着两个动触头17、10。正常时，

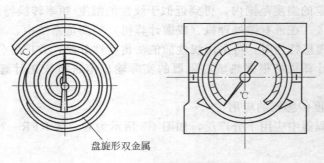

图 4-9　盘旋形双金属温度计

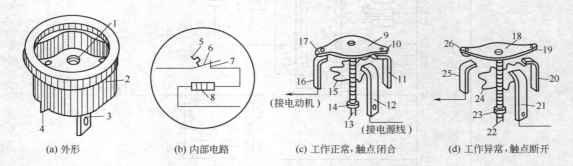

(a) 外形　　　　(b) 内部电路　　　(c) 工作正常,触点闭合　　(d) 工作异常,触点断开

图 4-10　蝶形双金属温度传感器工作过程

1,5,9,18—蝶形双金属片;2—外壳;3,12,21—金属板 3;4,16,25—金属板 2;
6—动触点;7—静触点;8,15,24—电热丝;10,19—触点 1;11,20—金属板 1;
13,22—调节螺钉;14,23—锁紧螺母;17,26—触点 2

这两个动触头与固定的两个静触头组成两个常闭触点。在蝶形双金属片的下面还安放着一根电热丝。该电热丝与这两个常闭触点串联连接。整个保护继电器只有两根引出线,在电路中,它与压缩机电动机的主电路串联。流过压缩机电动机的电流必定流过它的常闭触点和电热丝。

压缩机工作正常时,也有电流流过电热丝,但因电流较小,电热丝发出的热量不能使双金属片翻转,所以常闭触点维持闭合状态,如图 4-10(c) 所示。如果由于某种原因使压缩机电动机中的电流过大时,这一大电流流过电热丝后,使它很快发热,放出的热量使蝶形双金属片温度迅速升高到它的动作温度,蝶形双金属片翻转,带动常闭触点断开,切断压缩机电动机的电源,保护全封闭式压缩机不至于损坏,如图 4-10(d) 所示。

# 项目二　湿度传感器

## 一、概述

湿度就是物质中水分的含量,这种水分可能是液体状态,也可能是蒸汽状态。湿度也是制冷与空调系统中需要检测、调节的一个重要参数。例如,冷藏间的湿度过高时,容易引起细菌的大量繁殖,使食品在冷藏过程中腐败变质;湿度过低又会增加食品的干耗,影响食品的色、香、味。在舒适性空调中,空气湿度的高低直接影响人的舒适感,甚至身体健康;在工业空调中，空气湿度的高低将影响电子产品和光学仪器的性能、纺织业中的纤维强度、印刷工业中的印刷品质量等。

空气的湿度通常用绝对湿度、相对湿度和含湿量等来表示。

绝对湿度是指在一定温度及压力条件下，每单位体积空气中所含的水蒸气量，单位用 $kg/m^3$ 或 $g/m^3$ 表示。

相对湿度 $\varphi$ 是指每立方米湿空气中所含水蒸气的质量与在相同条件（同温同压）下可能含有的最大限度水蒸气质量之比。相对湿度有时也称水蒸气的饱和度，用百分数（%）表示。

含湿量是指在一定温度及压力条件下，每千克干空气中所含有的水蒸气的克数，单位为 $g/kg_d$。

**二、湿度传感器**

湿度传感器是利用湿敏元件进行湿度测量和控制的。湿敏元件主要有电阻式、电容式两大类。湿敏电阻的特点是在基片上覆盖一层用感湿材料制成的膜，当空气中的水蒸气吸附在感湿膜上时，元件的电阻率和电阻值都发生变化，利用这一特性即可测量湿度。湿敏电容一般是用高分子薄膜电容制成的，常用的高分子材料有聚苯乙烯、聚酰亚胺、酪酸醋酸纤维等。当环境湿度发生改变时，湿敏电容的介电常数发生变化，使其电容量也发生变化，其电容变化量与相对湿度成正比。

湿敏元件的线性度及抗污染性差，在检测环境湿度时，湿敏元件要长期暴露在待测环境中，很容易被污染而影响其测量精度及长期稳定性。

传统的湿度传感器用经过脱脂的毛发和尼龙材料作为湿敏材料。随着科技的发展，利用潮解性盐类、高分子材料、多孔陶瓷等材料的吸湿特性可以制成湿敏元件，例如氯化锂湿敏元件、半导体陶瓷湿敏元件、热敏电阻湿敏元件、高分子膜湿敏元件等，构成各种类型的湿敏传感器。

**1. 氯化锂湿敏元件**

如图 4-11 所示是氯化锂湿敏电阻的结构图。它是在聚碳酸酯基片上制成一对梳状金电极，然后浸涂溶于聚乙烯醇的氯化锂胶状溶液，其表面再涂上一层多孔性保护膜而成。氯化锂是潮解性盐，这种电解质溶液形成的薄膜能随着空气中水蒸气的变化而吸湿或脱湿。感湿膜的电阻随空气相对湿度变化而变化，当空气中湿度增加时，感湿膜中盐的浓度降低。

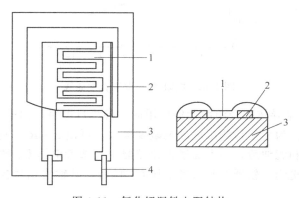

图 4-11　氯化锂湿敏电阻结构

1—感湿膜；2—电极；3—绝缘基板；4—引线

　　如图 4-12 所示是一种相对湿度计的电原理框图。测量探头由氯化锂湿敏电阻 $R_1$ 和热敏电阻 $R_2$ 组成，并通过三线电缆接至电桥上。热敏电阻是作为温度补偿用，测量时先对指示装置的温度补偿进行适当修正，将电桥校正至零点，就可以从刻度盘上直接读出相对湿度值。电桥由分压电阻 $R_5$ 组成两个臂，另外，$R_1$ 和 $R_3$ 或 $R_2$ 和 $R_4$ 组成另外两个臂。电桥由振荡器供给交流电压。电桥的输出经放大器放大后，通过整流电路送给电流表指示。

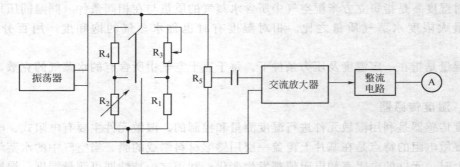

图 4-12　相对湿度计原理图

### 2. 半导体陶瓷湿敏元件

　　铬酸镁-二氧化钛陶瓷湿敏元件是较常用的一种湿度传感器，它是由 $MgCr_2O_4$-$TiO_2$ 固熔体组成的多孔性半导体陶瓷。这种材料的表面电阻值能在很宽的范围内随湿度的增加而变小，即使在高湿条件下，对其进行多次反复的热清洗，性能仍不改变。该元件采用了 $MgCr_2O_4$-$TiO_2$ 多孔陶瓷，电极材料二氧化钌通过丝网印制到陶瓷片的两面，在高温烧结下形成多孔性电极。在陶瓷片周围装置有电阻丝绕制的加热器，以 450℃、1min 对陶瓷表面进行热清洗。湿敏电阻的电阻-相对湿度特性曲线如图 4-13 所示。

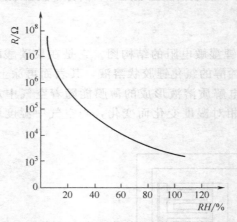

图 4-13　电阻-相对湿度特性曲线

　　如图 4-14 所示是半导体陶瓷湿敏元件应用的一种测量电路。图中 $R$ 为湿敏电阻，$R_t$ 为温度补偿用热敏电阻。为了使检测湿度的灵敏度最大，可使 $R=R_t$。这时传感器的输出电压通过跟随器并经整流和滤波后，一方面送入比较器 1 与参考电压 $U_1$ 比较，其输出信号控制某一湿度；另一方面送到比较器 2 与参考电压 $U_2$ 比较，其输出信号控制加热电路，以便按一定时间加热清洗。

### 3. 高分子膜湿敏元件

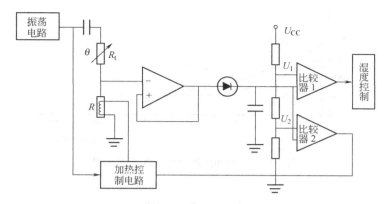

图 4-14　湿敏电阻测量电路方框图

高分子膜湿敏电阻是在氧化铝等陶瓷基板上设置梳状电极，然后在其表面涂以具有感湿性能，又有导电性能的含有强极性官能基的高分子电解质及其盐类材料的薄膜，再涂覆一层多孔质的高分子膜保护层。水分子开始主要被吸附在极性基上，随着湿度的增大，吸附量的增加，吸附水分子之间产生凝聚，呈液态水状态，增强了离子运动的自由度。若以这种湿敏材料制成湿度传感器，测定其电阻值时，在低湿吸附量少的情况下，由于没有荷电离子产生，传感器电阻值很高。然而，当相对湿度增加时，凝聚化的吸附水就成为导电通道。高分子电解质的成对离子主要起载流子作用，此外，吸附水自身离解出来的质子（$H^+$）及水和氢离子（$H_3O^+$）也起电荷载流子作用，这就使传感器的电阻值急剧下降。利用高分子电解质随吸、脱湿电阻值的变化，就可测定环境中的相对湿度大小。如图 4-15 所示是三氧化二铁-聚乙二醇高分子膜湿敏电阻的结构，基本上与氯化锂湿敏电阻的结构相似。

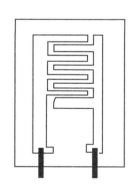

图 4-15　高分子膜湿
敏电阻的结构

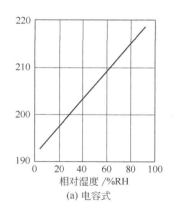

(a) 电容式

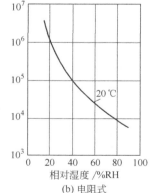

(b) 电阻式

图 4-16　高分子湿度传感器电
容和电阻与相对湿度的关系

如图 4-16 所示是电容式高分子湿度传感器和电阻式高分子湿度传感器的电容和电阻与相对湿度的关系。

当环境湿度变化时，传感器在吸湿和脱湿两种情况的感湿特性曲线，如图 4-17 所示。在整个湿度范围内，传感器均有感湿特性，其阻值与相对湿度的关系在单对数坐标纸上近似为一直线。吸湿和脱湿时湿度指示的最大误差值为 RH3％～4％。

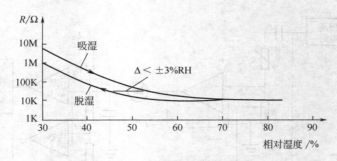

图 4-17 吸湿和减湿过程电阻-湿度特性

# 思 考 题

4-1 常用的温度测量有哪些方法？

4-2 电阻温度计的工作原理是什么？

4-3 哪些材料常用作热电阻材料？各有什么特点？

4-4 电阻温度计的电阻体 $R_t$ 为什么要采用三线制接法？

4-5 试述双金属温度计的原理。如何用双金属温度计自动控制电冰箱的温度？

4-6 常用的湿度测量有哪些方法？

4-7 干湿球湿度传感器是如何工作的？

# 模块五　电冰箱的自动控制

**教学目标**

　　通过本模块的学习，了解电冰箱的基本结构和工作原理，掌握电冰箱的控制系统的组成及其工作原理。

　　电冰箱是现代生活中不可缺少的家用电器之一，主要用来冷冻和冷藏食品，或制作一些冷饮食品，给人们的生活带来极大的方便。从简单的手调温控单开门，到今日的电脑控制抽屉式多功能冰箱，其工作原理都是通过制冷剂把箱体内的热量传到箱外。

　　从电冰箱的控制系统角度来讲，冰箱发展大约经过了三个阶段：机械温控、电子温控和电脑（数字）温控阶段。早期的冰箱主要从制冷的角度考虑，控制系统非常简单，一般采用机械温控器，稍后出现的电子温控系统也只是作为过渡产品。冰箱数字化技术的研究和应用一直是国内冰箱行业面临的突破性难题之一。

# 项目一　电冰箱的工作原理与结构

## 一、电冰箱的工作原理

　　根据制冷原理可知，电冰箱的工作原理有如下几种类型：蒸气压缩式、吸收-扩散式、半导体制冷式、化学式、电磁振动式、太阳能式和绝热去磁制冷式等。目前蒸气压缩式制冷是目前电冰箱应用最为广泛的制冷方式。

　　下面以常用的蒸气压缩式、吸收式和半导体制冷式电冰箱为例说明其工作原理。

　　1. 蒸气压缩式电冰箱

　　压缩式家用电冰箱的制冷系统是由不同直径的管道组成的一闭合回路系统，如图 5-1 所示，制冷剂在该系统中流动，并发生液态-气态-液态的重复变化，利用制冷剂气化时吸热、冷凝时放热达到制冷的目的。单级压缩式电冰箱由箱体、制冷系统、控制系统和附件构成。在制冷系统中，主要由压缩机 4、冷凝器 3、蒸发器 2 和毛细管节流器 1 四部分组成一个封闭的循环系统。其中蒸发器安装在电冰箱内部，其他部件安装在电冰箱的背面。系统里充灌了足够的制冷剂。具体工作原理为：在压缩机的带动下，压缩机吸入蒸发器中沸腾气化后的低温低压制冷剂蒸气，将其压缩成为高温高压的制冷剂过热蒸气后进入冷凝器进行冷凝，在冷凝器中制冷剂把在蒸发器中吸收的潜热和压缩机所做的功放出，以热量的形式散发给周围的空气而凝结成中温高压的液态制冷剂，从而进入毛细管进行节流，节流后变成低温低压的制冷剂进入蒸发器吸收冰箱内物品所散发的热量，然后再由压缩机吸入，周而复始不断的进

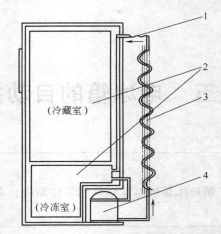

图 5-1  蒸气压缩式电冰箱制冷循环原理图
1—毛细管节流器；2—蒸发器；3—冷凝器；4—压缩机

行，便完成了连续的制冷循环，从而保证了冰箱内的温度恒定不变。

按驱动压缩机的方式不同，蒸气压缩式电冰箱有电动机压缩式电冰箱和电磁振动式电冰箱两种类型。电动机压缩式电冰箱是以电动机带动压缩机来实现制冷循环的，该电冰箱从理论到制造技术和工艺等方面都比较成熟，且制冷效果较佳，使用寿命可达 10～15 年以上，但使用时有噪声，机械转动部件易损坏。目前国内外生产和使用的电冰箱绝大多数都属于这种类型。电磁振动式电冰箱是以电磁振动机驱动压缩机来实现制冷循环的，该压缩机结构简单，不需启动装置。但受电压波动影响大，仅适用于小型压缩机。目前尚未普及。

2. 吸收式电冰箱

吸收式电冰箱制冷循环的原理如图 5-2 所示。吸收式电冰箱的最大特点是利用热源作为制冷原动力，没有电动机，所以无噪声，寿命长，且不易发生故障。家用吸收式电冰箱的制冷系统是由制冷剂、吸收剂和扩散剂所组成的气冷连续吸收扩散式制冷系统（即连续吸收-扩散式制冷系统）。它在不断地加热的情况下可以连续地制冷。吸收式电冰箱若把电能转换成热能，再用热能作为热源，其效率就不如压缩式电冰箱的效率高。但是，它可以使用其他热源，如天然气、煤气等。

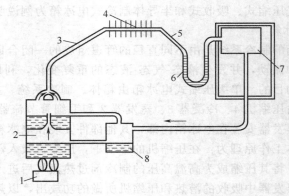

图 5-2  吸收式电冰箱制冷循环原理图
1—热源；2—发生器；3—精馏管和液封；4—冷凝器；5—斜管；6—储液器；7—蒸发器；8—吸收器

在吸收式电冰箱的制冷系统中，注有制冷剂氨（$NH_3$）、吸收剂水（$H_2O$）和扩散剂氢（$H_2$）。在较低的温度下氨能够大量地溶于水形成氨液，但在受热升温后又要从水中逸出。吸收式电冰箱制冷系统工作原理简述如下：若对系统的发生器 2 进行加热，发生器 2 中的浓氨液就会产生氨-水混合蒸气（以氨蒸气为主）。当热蒸气上升到精馏管和液封 3 处时，由于水蒸气的液化温度高，故先凝结成水，沿管道流回到发生器的上部。氨蒸气则继续上升至冷凝器 4 中，并放热冷凝为液态氨。液氨由斜管 5 流入储液器 6（储液器为一段 U 形管，其中存留液氨以防止氢气从蒸发器 7 进入冷凝器 4），然后进入蒸发器。液氨进入蒸发器吸收热后部分汽化，并与蒸发器中的氢气混合。氨向氢气中扩散（蒸发）并强烈吸热，从而实现了制冷的目的。氨不断增加，使蒸发器中氨氢混合气体的比重加大，于是混合气体在重力作用下流入吸收器 8 中。吸收器中有从发生器上端流来的水，水便吸收（溶解）氨氢混合气体中的氨，形成浓氨液并流入发生器的下部，而氢气由于比重较轻又回到蒸发器中。这样就实现了连续吸收——扩散式的制冷循环。

3. 半导体式电冰箱

半导体式电冰箱是利用半导体制冷器件进行制冷的。它是根据半导体温差电效应制成的一种制冷装置。

一块 N 型半导体和 P 型半导体联结成电偶，电偶与直流电源连成电路后就能发生能量的转移。当电流由 N 型元件流向 P 型元件时，其 PN 结合处便吸收热量而成为冷端；当电流由 P 型元件流向 N 型元件时，其 PN 结合处便释放热量而成为热端。冷端紧贴在吸热器（蒸发器）平面上，置于箱内用来制冷；热端装在箱背上，用冷却水冷却或加装散热片靠空气对流冷却。其制冷原理如图 5-3 所示。串联在电路中的可变电阻用来改变电流的强度，从而控制制冷的强弱。改变电流方向，即改变电源极性，则冷、热点互换位置，可使制冷变为制热，故可实现可逆运行。

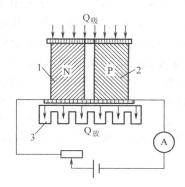

图 5-3 半导体式电冰箱制冷原理图
1—N 型半导体；2—P 型半导体；3—散热片

半导体式电冰箱无机械运动部件、结构简单、体积小、重量轻、制造方便、无噪声、无震动、无污染、维修方便、使用寿命长，但制造成本高、制冷效率低，且必须使用直流电源，只适宜小容量制冷，故只限于使用在汽车、实验室等特定场合。

**二、电冰箱的结构**

家用电冰箱的结构形式较多，随着单门电冰箱的逐渐减少，目前国内市场有双门、三门电冰箱，还有四门电冰箱等形式。电冰箱的箱门增加，表示箱内分隔为不同温度范围的空间数增加，使电冰箱的功能更趋于完善。

双门电冰箱具有冷藏和冷冻的功能，它具有较大的冷冻室容积，属三星级，可以长期储存食物，是家庭较为理想的电冰箱。

三门电冰箱比双门电冰箱增设了一个温度略高，保温保湿的果菜室，它位于电冰箱的下部。因此，不同储藏温度要求的物品可以分别在不同的箱门内存取。这样，可减少储藏物品之间的相互干扰，有利于减少冷损，它的特点基本上与双门电冰箱相同。

四门电冰箱是根据各种物品对冷藏冷冻的温度要求不同而设立了冷藏室、冷冻室、果菜室、急冷室，从而使电冰箱的功能趋于完善，这类冰箱是一个理想的豪华型家用电冰箱。由于该形式的电冰箱容积大，功能齐全，结构复杂，所以价格贵，耗电量大。

从箱体内部冷却方式上分，电冰箱在结构上又可分为以下两类。

1. 直冷式电冰箱

直冷式电冰箱又称冷气自然对流式电冰箱，其箱内蒸发器周围冷空气的比重大，向下流向所储存的食品，吸热后温度上升，比重减小，又回到蒸发器周围，以此使箱内空气形成自然对流。另外，箱内部分水分会在蒸发器周围冻结成霜，故直冷式电冰箱还称为有霜式电冰箱。

直冷式电冰箱的冷冻室由蒸发器直接围成，食品置于其中，除冷空气自然对流冷却外，蒸发器还直接吸取食品的热量进行冷却降温。冷藏室内食品是利用箱内冷热空气的自然对流而直接冷却的，故称为直冷式电冰箱。目前，国内外生产的单门电冰箱基本上都属于直冷式电冰箱，它只设置一个蒸发器，且安装在箱内上部，化霜时多采用较方便的按钮式半自动除霜方式。而双门直冷式电冰箱除了冷冻室一个蒸发器外，冷藏式内还设有一个蒸发器。蒸发器一般都用不易结霜的整体 ABS 塑料隔离，但在工作时仍会有少量结霜。冷藏室的蒸发器内藏后，对充分利用冷藏室的空间十分有利。

2. 间冷式电冰箱

间冷式电冰箱也称冷气强制循环式电冰箱，它依靠风扇吹风来强制箱内冷、热空气对流循环，从而实现间接冷却。因箱内食品不与蒸发器接触，故称间冷式电冰箱。它只需一个蒸发器，蒸发器设置在箱内夹层中（横卧在冷冻室和冷藏室之间的隔层中，或竖立在冷冻室后壁隔层中）。利用一小风扇把被蒸发器吸收了热量的冷风分别吹入冷冻室和冷藏室，形成冷、热空气，强迫对流循环，从而使食品得到冷却和冷冻。间冷式电冰箱一般设置两个温控器，分别控制冷冻室和冷藏室内的温度。由于箱内食品蒸发出的水分随时被冷风吹走，在通过蒸发器时冻结在蒸发器表面，所以必须每天定时加热蒸发器，将霜化去，并经过管道引到冷凝器上蒸发掉（下面的冷凝器），所以食品表面不会结霜，箱内也看不到霜层，故又称之为无霜型电冰箱。

# 项目二　电冰箱的电器控制系统

电冰箱的电气控制系统包括电冰箱的温度自动控制系统、除霜控制系统、过电流保护和过热保护系统。电冰箱通过其控制系统来保证在各种条件下安全可靠地正常运行。将上述各种控制线路连接起来，就构成了各种电冰箱电路，概括起来主要分为直冷式电冰箱电路、间冷式电冰箱电路和电子温控式电冰箱电路。

**一、直冷式电冰箱的控制电路**

1. 单门直冷式电冰箱控制电路

单门直冷式电冰箱的控制电路主要由启动电容1、重锤式启动继电器2、压缩机电动机3、过电流过热蝶形热保护器4、温度控制器5、照明灯开关7和照明灯8等组成，如图5-4所示。该控制电路中控制压缩机启停的器件是温度控制器5，当箱内冷冻室温度低于温控器所设定的下限温度时，温度控制器5断开压缩机的电源，从而使压缩机停机。当箱内冷冻室温度高于温控器所设定的上限温度时，温度控制器5接通电源，电流经过运行绕组而进入重锤式启动继电器的线圈构成回路，在此瞬间，启动电流一般可达到6～8A以上，该电流可使重锤式启动继电器的线圈产生足够吸引衔铁的磁力，使重锤式启动继电器的常开触点变成闭合，从而使电动机的启动绕组接通电源，这样产生的旋转磁场就可以使电动机的转子带动压缩机转动。随着转速的增加，运行绕组10中的电流逐渐减小，当电流减小到无法再吸引重锤式启动继电器的衔铁时，常开触点断电，使电动机的启动绕组9断电，电动机进入正常的运行状态，此时的电流为运行电流。

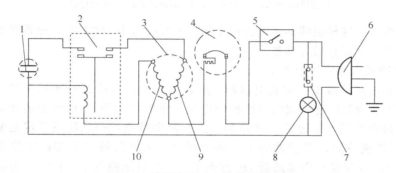

图5-4 单门直冷式电冰箱控制电路

1—启动电容；2—重锤式启动继电器；3—压缩机电动机；4—蝶形热保护器；5—温度控制器；
6—电源插头；7—照明灯开关；8—照明灯；9—启动绕组；10—运行绕组

启动绕组9电路中所串联启动电容1的作用是对压缩电动机3启动绕组电流移相，从而增大启动转矩，改善启动性能。

过电流过热蝶形保护器4串联在电路中，在正常运行时处于闭合状态，当电路出现故障、压缩机中电动机的电流过大或者过热时，该保护器的双金属片就会弯曲变形而使常闭触点断开，切断电路来保护压缩机和电动机的安全。

箱内照明灯开关7在箱门关闭时处于常开状态，它和照明灯单独串联在电路中，而和压缩机温度控制器并联在电路中。因此不论压缩机是否停机运转，箱门开时灯亮，关时灯灭。另外有些照明灯还具有杀菌的作用。

对于电冰箱在启动时除了采用重锤式启动继电器外，还可以采用PTC启动器。如图5-5为采用PTC启动器的单门直冷式电冰箱控制电路。在电路通电的瞬间，由于PTC启动器1刚刚通过电流，产生的热量很少，温度比较低，所以电阻值也较低，则启动绕组8处于接通状态。此时压缩电动机2的启动绕组8和运行绕组9同时接通电路，压缩电动机2启动运转。经过5s左右的时间后，电流的热效应使PTC启动器1的温度迅速升高，而其阻值也随之增大，当温度达到150℃时，PTC启动器1呈现高阻值状态，使流过启动绕组的电流大大减小，也就相当于启动绕组8处于断路状态。但是此时仍有小电流流过PTC启动器1（大约为10～15mA），从而可维持它高阻值所需要的高温，使启动绕组8持续保持在断路状态，可使电动机持续在运行状态。

当箱体内的温度达到所定温度下限时，温控器4使系统处于断电状态，此时PTC启动

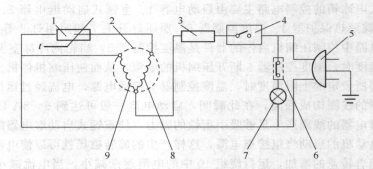

图 5-5　采用 PTC 启动器的单门直冷式电冰箱控制电路
1—PTC 启动器；2—压缩机电动机；3—过载热保护器；4—温度控制器；5—电源插头；
6—照明灯开关；7—照明灯；8—启动绕组；9—运行绕组

器 1 中无电流流过，这样便使其温度得到冷却。当温度低于 100℃ 时，该器件又恢复到了低阻值状态，为下一次运行做好准备。

　　2. 双门直冷式电冰箱控制电路

　　由于直冷式电冰箱属于有霜式电冰箱，所以对于双门直冷式电冰箱来讲必须有除霜功能。如图 5-6 所示为双门直冷式电冰箱控制电路，该电路采用 PTC 作为启动器件，并且大多数电路中还设有低温补偿电路。该控制电路有两个特点：一是使用了定温复位型温控器 4，当压缩机工作制冷时，温控器的 L-C 触点闭合，由电路特点可知此时管道加热器 $H_1$、冷藏室加热器 $H_2$ 和温度补偿加热器 $H_3$ 都不工作；而当压缩机不工作时，温控器的 L-C 触点断开，加热器得电便产生热量。一般来讲，$H_1$ 装在冷冻室蒸发器和冷藏室蒸发器连接处，其目的是防止管道冷冻；$H_2$ 装在冷藏室的蒸发器上，给该蒸发器除霜；$H_3$ 也装在冷藏室的蒸发器上，其目的是在冬季室外温度始终低于室内温度时打开温度补偿开关对冷藏室进行加热，它产生的热量对冷藏室的温度进行补偿，从而使得在冬季温控器的触点能够顺利闭合，而在夏季要断开此开关。

　　从图中可以看出该温度补偿电路和温控器的 C-L 段并联连接，所以当压缩机工作时，该温度补偿电路相当于短路而不起任何作用。当温度控制器断开时，温控器一方面切断了压缩机交流 220V 供电，另一方面解除了对温度补偿电路的短路作用，这样 220V 的交流电通

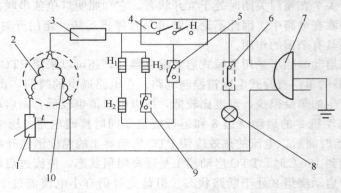

图 5-6　双门直冷式电冰箱控制电路
1—PTC 启动器；2—启动绕组；3—过载热保护器；4—定温复位型温度控制器；5—电热丝开关；
6—照明灯开关；7—电源插头；8—照明灯；9—温度补偿开关；10—运行绕组

过温度补偿开关 9、加热丝 $H_3$ 与压缩机形成回路。该回路中加热丝 $H_3$ 所产生的热量对冷藏室进行加热，而很小的电流流过压缩机对压缩机基本不起什么作用，所以压缩机不工作。

### 二、间冷式电冰箱的控制电路

与直冷式电冰箱相比，双门间冷式电冰箱的控制电路增加了冷风循环电路（风扇控制）和全自动除霜电路（除霜加热器、除霜定时器以及温度控制、限温熔断器等）。双门间冷式电冰箱控制电路如图 5-7 所示，该电路主要包括压缩机电机、PTC 启动器 13、由过载保护器 10 构成的启动与保护电路、由温控器 3 组成的对冷冻室进行控制的温度控制电路、由除霜定时器 7、除霜加热器 8 和电熔丝 9（当除霜加热超热时起保护作用）构成的全自动除霜控制电路、由排水加热器 12 构成的加热防冻电路、由风扇电机 4、照明灯 2 和两个门开关所组成的通风照明电路。

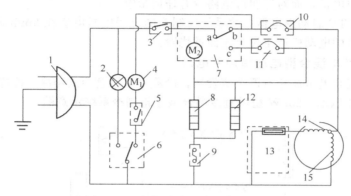

图 5-7　双门间冷式电冰箱控制电路

1—电源插头；2—照明灯；3—温度控制器；4—风扇电机；5—冷冻室门开关；6—冷藏室门开关；
7—除霜定时器；8—除霜加热器；9—电熔丝；10—过载保护器；11—除霜温控器；
12—排水加热器；13—启动器；14—启动绕组；15—运行绕组

由于除霜定时器 7 接在除霜温控器 11 和过载保护器 10 之间，所以电冰箱由除霜定时器来控制制冷或除霜。当冰箱内的温度高于设定温度时，温控器的触点开关闭合，电路接通，同时由于除霜定时器的 a-b 触点接通，因此压缩机与保护电路电源接通，压缩机开始运转，电冰箱开始制冷；此时除霜定时器的定时电动机 $M_2$、除霜加热器 8、排水加热器 12 和电熔丝 9 也接入电源，使定时电动机 $M_2$ 与压缩机同步运行，同时记录压缩机运行的时间。但是由于定时电动机 $M_2$ 的内阻（大约为 8000Ω）远远大于除霜加热器 8 和排水加热器 12 的并联电阻（大约为 310Ω），这样就使得系统在制冷时加在两个加热器上的电压很小（大约为 8V），基本上相当于不加热。在制冷的同时风扇电机 4 转动，强制冷风在冰箱内循环，对食物进行冷冻和冷却。该风机由装在冷冻室和冷藏室两个门右侧的开关控制，两个门的开关都是带触点开关，打开任意一个室的门，都可以使风扇电机停止运行。

当制冷时间达到除霜定时器 7 的预定时间时（一般为 8～12h），除霜定时器 7 中的定时电动机 $M_2$ 开始转动，带动其内部的凸轮转动，使除霜定时器 7 的开关触点由 a-b 接通变为 a-c 接通，压缩机和风扇电机 4 停止运行，此时系统由制冷状态转为除霜状态。由于除霜温控器 11 的阻值很小，所以定时电动机 $M_2$ 为短路状态而停止计时，此时除霜加热器和排水加热器通电加热，开始对蒸发器翅片表面进行除霜。随着除霜的进行，蒸发器表面的温度因加热而升高，待除霜完毕时蒸发器表面的温度正好可使除霜温控器的触点断开，从而切断电路而中止除霜，此时定时电动机 $M_2$ 又重新接入电路而开始计时，大约在 2min 内带动其内部的凸轮转动，使除霜定时器的开关触点由 a-c 接通变为 a-b 接通，使系统由除霜状态转为制冷状态。当箱体内的温度达到温控器的上限温度时，温控器的触点闭合，接通电路，系统进入制冷状态。当蒸发器表面的温度降到 -5℃ 左右时，除霜温控器的触点闭合，为下一个除霜做好准备，当定时电动机 $M_2$ 计时到达后系统又由制冷状态转为除霜状态，这样就完成了一个除霜周期的自动控制，该控制电路就是这样一直循环往复不停地运行。

电路中接入电熔丝 9 的作用是为了确保在除霜温控器失灵的情况下防止因为加热器过热而使蒸发器盘管破裂；电路中加入排水加热器 12 是为了保证融化的霜水顺利地流出冰箱，防止其在排水管中产生冰堵而妨碍排水。

只有当冰箱的箱门关闭后，在制冷过程中风扇电动机支路才能接通运转，使箱内冷气开始强制对流。打开冷藏室门时一方面使风扇电机断电，另一方面接通照明灯电路，打开冷冻室门时只关闭风扇电机，而对照明灯电路没有任何影响。

该电路采用 PTC 启动继电器，故系统在制冷的过程中断电应在 5min 后才可重新启动，主要是防止压缩机的电动机产生过电流而被烧毁。

### 三、双门风直冷混合型电冰箱控制电路

双门风直冷混合型电冰箱有两个蒸发器，冷藏室采用直冷式制冷，冷冻室采用间冷式制冷。图 5-8 为海尔 BCD—238W 型风直冷混合型冰箱制冷系统示意图。

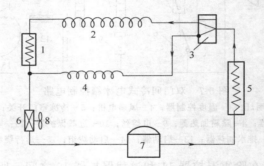

图 5-8　海尔 BCD—238W 型风直冷混合型冰箱制冷系统
1—冷藏室蒸发器；2—第一毛细管；3—二位三通电磁阀；4—第二毛细管；5—冷凝器；
6—冷冻室蒸发器；7—压缩机；8—风扇电动机

电冰箱的控制电路如图 5-9 所示，电冰箱采用单压缩机、双毛细管系统，通过二位三通电磁阀形成主制冷回路和补充制冷回路的双制冷回路。主制冷回路的制冷剂是在压缩机-冷凝器-二位三通电磁阀-第一毛细管-冷藏室蒸发器-冷冻室蒸发器-压缩机中循环的。补充制冷回路的制冷剂是在压缩机-冷凝器-二位三通电磁阀-第二毛细管-冷冻室蒸发器-压缩机中循环的。由此可知主制冷回路为冷藏室和冷冻室制冷的第一制冷回路，补充制冷回路是在冷藏室不需要制冷的前提下专门为冷冻室进行制冷的补充制冷回路。

电冰箱的控制采用双温控方式，在系统刚开机或当冷藏室和冷冻室均高于调定温度时，冷藏室和冷冻室温控器 1、2 均导通，压缩机启动运行制冷。此时制冷剂按第一主制冷回路循环，冷藏室和冷冻室均制冷。由于冷藏室蒸发器相对冷冻室蒸发器做得较大且冷藏室的温度比冷冻室的温度高，所以冷藏室首先达到调定温度，冷藏室温控器 1 断开使二位三通电磁阀 14 通电，此时制冷剂按第二制冷回路循环，只对冷冻室制冷。当冷冻室达到调定温度时，冷冻室温控器断开，此时压缩机、电磁阀均断电，压缩机停机。冷藏室和冷冻室温度回升，当高于调定温度时，压缩机又启动运转制冷，如此循环往复。

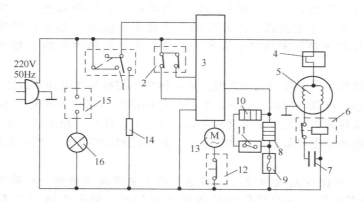

图 5-9 海尔 BCD—238W 型风直冷混合型冰箱控制电路

1—冷藏室温控器；2—冷冻室温控器；3—控制板；4—过载保护器；5—压缩机电机；6—启动继电器；

7—启动电容；8—蒸发器加热丝；9—限温器；10—接水盘加热丝；11—接水盘加热限温器；

12—风机开关；13—风机电机；14—电磁阀；15—灯开关；16—照明灯

当压缩机通电运转时，置于主控制板 3 中的化霜定时器也同时通电运行，累计压缩机工作时间。当累计开机 24h 时，定时器停止计时，控制板便切断压缩机回路的电流，使电流通过限温器 9、蒸发器加热丝 8、接水盘加热丝 10、接水盘加热限温器 11 构成回路，给冷冻室蒸发器和接水盘加热器化霜。在化霜定时器中加了一套温控装置，即化霜温控器，其开启温度为 6℃，吸合温度为 0.5℃。它是以感受蒸发器的温度来自动控制化霜时间的。其目的是当蒸发器内感温点温度达到 6℃时，化霜温控器断开，强制切断化霜回路，压缩机重新启动并开始制冷。

当电冰箱刚刚化霜完毕时，蒸发器加热器存在部分余热。若此时风机电机 13 立即启动，会将这部分余热吹到冷冻室，对存储的冷冻食品不利，所以定时器在结构上设计了一个风扇延时功能，即化霜完毕后，压缩机先启动，经过 14min 后风扇才开始转动，因为此时蒸发器温度已降到 0℃以下，该风扇吹向冷冻室的风自然是冷风，不会对食品造成损害。

电冰箱化霜加热系统包括蒸发器加热丝 8 和接水盘加热丝 10。蒸发器加热丝功率为 193W，接水盘加热丝功率为 83W。这两种加热丝并联相接，且与一个 25℃双金属片开关式限温器 9 串接。接水盘由于利用发泡而制成，所以回路中也串联了一个 75℃的双金属片保护器，这些都是二重保护。第一保护是化霜温控器，既起到控制化霜时间的作用，又起到保护作用。只有在化霜定时器、化霜温控器、双金属片开关都损坏时，才可能烧毁电冰箱，而这种故障率极低，因而该化霜加热丝系统非常可靠。

风扇电动机采用罩极式电动机，叶片为吸风式。风扇开关受冷冻室控制，当冷冻室门关闭时，开关关闭，风扇转动。当冷冻室门打开时，开关断开，风扇不转。这样在开门时，可防止冷量不必要的外溢。风扇开关上有加热电阻，可以起到防露作用，避免开关潮湿凝露而引起击穿。

# 项目三 新型电冰箱控制电路实例

近年来，由于经济的发展，人们生活水平的不断提高，饮食文化也发生了很大的变化，对家用电冰箱的要求也越来越高。在 20 世纪 90 年代初期日本电冰箱已发展到多门、风冷、深冷、速冻、变温、解冻、低噪节能、自动制冰、保险除臭、高档豪华智能型的水平。尽管我国电冰箱企业大都引进外国的先进技术，但是比起发达国家还是落后了一些。高档豪华智能型冰箱的实现完全依赖于变频技术、模糊逻辑控制技术等高科技电子技术的应用。

目前我国电冰箱大部分还是机械式温控器，因为采用机械式温控器线路比较简单，便于维修，且该温控器的可靠性较高。我国广大用户使用的电冰箱绝大部分在 300L 以下，大部分为双门，其主要控制要求是控制温度和化霜，所以对直冷电冰箱来讲其主要控制元件就是温控器，对间冷电冰箱主要是温控器和定时器。这种冰箱功能简单，因而机械温度是可以控制的。

电子温控是一种比较笼统的说法，实际上电子温控应当是指一种简单的只具有控制温度功能的电子温控器，它取代传统的机械式温控器。但是电冰箱具有多种功能，例如化霜控制、高低压保护、断电延时等电子控制系统，所以不应该称为电子温控，而应该称为冰箱电子控制系统，对于带有单片机的冰箱控制系统应该称为电冰箱电脑控制系统。

## 一、电子温控器控制的电冰箱

如图 5-10 所示为电子温控器控制电冰箱的电气控制原理图。

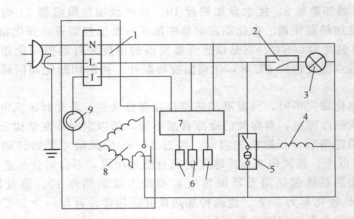

图 5-10　电子温控电冰箱电气控制原理图

1—压缩机电机；2—灯开关；3—照明灯；4—低温加热器；5—加热器指示灯；6—温度传感器；
7—电子温控器；8—启动器；9—过载保护器

冰箱的控制线路比较简单，它以电子温控器 7 代替了传统的机械式温控器，而其它控制原理不变。一般来讲，电子温控器内部电子连接线路厂家不提供给用户和维修人员，因为电子温控器和其它器件的连接是线接头（接插件），且都标示清楚，在维修时如果电子温控器出现故障只有整体调换。

## 二、电子系统控制的电冰箱

如图 5-11 所示为电子系统控制冰箱的电气控制原理图。控制系统控制的是一台间冷式电冰箱，它具有风扇电机 2、风门电机 7 和化霜电热器 9 等。它的控制板由主控基板 8 和温控基板 6 两部分组成。主控基板 8 主要是继电器和晶闸管开关阵列，它的主要功能是根据所设定的温度接通或断开压缩机的回路，当系统需要化霜时接通化霜加热器回路，根据不同的温度要求接通和断开风机回路，补偿加热回路等。温控基板 6 具有温度设定、温度显示等功

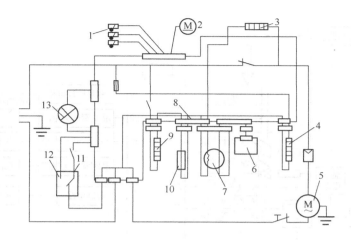

图 5-11 电子系统控制的冰箱原理图

1—冷藏冷冻化霜传感器；2—风扇电机；3—加热器；4—补偿电热器；5—压缩机电机；6—温控基板；

7—风门电机；8—主控基板；9—化霜电热器；10—温度保险管；11—冷冻室门控

开关组件；12—冷藏室门控开关组件；13—照明灯

能。对于基板内部线路比较复杂，元件繁多或者为了技术保密等原因，电冰箱厂家一般不提供详细资料。所以电子控制系统冰箱比传统的机械式控制冰箱难以掌握且维修困难。一般在维修这类冰箱时只要了解基板的主要功能和外部接线就可以，对于基板方面的故障只有采用整体调换。

### 三、微电脑电冰箱

#### 1. 微电脑电冰箱的特点

微电脑控制电冰箱，其电路使用单片机控制。使用单片机控制比用电子控制更稳定可靠，并能实现电子控制无法实现的功能。使电冰箱的运转更安全、更合理、更节能。

与其它冰箱相比，微电脑电冰箱所具有的独特功能是：①可分别显示冷藏室和冷冻室温度；②快速冷冻，使压缩机连续运转 2h 后，自动恢复正常运转，并能中途停止速冻，同时有指示灯作相应的指示；③自动融霜，采用检测霜层厚度的融霜方法，实现全自动融霜；④开门超时报警，电冰箱任一门的开门时间超过 2～3min 时，则发出蜂鸣报警；⑤过欠压保护，当电源电压过高或过低时，指示灯亮，压缩机停转；⑥延时保护，无论压缩机在什么情况下停机，须经 3min 后才能再次启动运转。

#### 2. 温度的检测、控制、调节和显示原理

某单片机控制系统如图 5-12 所示。温度的检测是通过冷藏室和冷冻室中多个温度传感器，采用多点检测取平均值的方法，分别得到两室温度对应的模拟电压，经放大后送入比较器的。温度传感器由半导体 PN 结制成，灵敏度高，性能好。温度的控制是通过比较器上、下给定温度调节网络，调节给定温度值完成的。其中冷冻室上限温度固定为 −18℃，下限温度可调；冷藏室的上限温度为 4～10℃可调，下限温度固定为 0℃。这四个温度信号送入单片机的 27、28、29、30 脚（单片机多采用应用最广的英特尔：MCS—48 的 8748 芯片），单片机即根据程序的安排，分别控制压缩机风机及风门的动作（对于间冷电冰箱），实现对电冰箱的温度控制。温度的显示由温度显示器 12 只发光二极管组成，可分别显示冷藏室和冷冻室温度。箱内温度划分为 6 个温度段每隔 3℃为一段。经放大器放大修正后的温度模拟电压信号，送到显示器中，

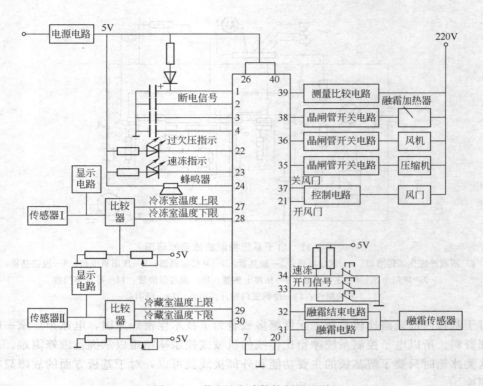

图 5-12　微电脑电冰箱控制原理图

作出相应的显示。温度的调节是通过比较器电路温度调节网络的滑动电位器，来改变给定电压，即改变压缩机和风机、风门动作点，达到调节给定温度值的目的。

3. 全自动融霜原理

通过检测霜层厚度的传感器获得融霜信号，这个信号输入到与单片机的 31 脚，单片机首先判断是否正在速冻，如果不是则发出控制信号，使压缩机停转，风机和风门关闭（如间冷式冰箱），并使融霜加热器接通电源，融霜即开始。融霜完毕，检测电路发出融霜结束信号，传到单片机的第 32 脚，此时单片机再发出控制信号，关闭融霜加热器并使压缩机运转，3～4min 后又启动风机，至此自动融霜过程完毕。

4. 快速冷冻原理

按下快速冷冻操作键，压缩机运转，指示灯亮，速冻开始，同时单片机进行计时。在压缩机连续运转 2h 后，停止速冻，恢复正常运行。当中途要求停止速冻时，则可再次按下快速冷冻操作键，速冻当即中断。

5. 保护与报警原理

当电源发生过压或欠压时，电压检测电路即产生过压、欠压故障信号，送入单片机的 39 脚，单片机即进行停止压缩机运转的控制，起到保护作用。当电源断电时，单片机根据检测电路送来的断电信号，判断是瞬时停电还是超过 5min 的长时间停电，再做出复电时电冰箱开机是否需延时的决定。更重要的是，无论在什么情况下，压缩机停转，单片机均进行计时，在 5min 内压缩机不得启动，这就有效地保护了压缩机。

报警功能指的是开门时限报警。通过任一门的开关按键，检测出开门信号，控制风机停止运行，并进行计时。当开门时间超过 3min，则蜂鸣器发出报警声响，以提示用户关闭箱门。该功能可在用户开门取食品后忘记关门或者门没有关好时给出警告信号。

### 四、变频电冰箱

目前，世界上功率电子技术已从基础工业的各个领域扩大到家电领域。而这一技术的核心就是变频技术。变频技术在 1997 年率先在日本冰箱市场应用，现在日本市场的中高档冰箱变频化已达到 100%。变频冰箱在保鲜、节能、降噪、温控精确性、智能、延长寿命等方面都有突出表现，成为世界高端冰箱发展的主流方向。比较常用的变频装置是电压式脉宽调制式变频器。由于电子技术的日新月异，在变频器性能，缩小体积，降低成本方面都有了显著的进步。因而变频技术与家用电器的关系越来越密切。变频器的功能是把 220V、50Hz 的市电变成直流，再变成矩形波，矩形波的幅度又被斩波，分割成许多小脉冲，目的是为了得到所需的频率和所需等效振幅的等效正弦波，从而可以随心所欲地去控制电机的转速和转矩。可变频率从 20～180Hz，对应的电机转速为 600～10000r/min。变频技术在电冰箱上应用有如下优点：

① 当夜间或白天上班无人开门时，可将转速降为 2500r/min，进入超静和节能状态；

② 当放入大量食品或制冰需要速冻时，可迅速将转速提高到 3600r/min 以上，提高冰箱的制冷效果；

③ 变频冰箱可根据冷冻室设定的温度与冷冻室实际温度之差确定压缩机的运转频率。即当冷冻室实际温度越接近设定温度时压缩机的转速越低，越偏离时压缩机的转速越高，当实际温度低于设定温度时才停机。采用该方法可将冷冻室温度控制在设定温度左右，温度变化小。可长期安全地保存食品；

④ 与传统的冰箱相比，因为压缩机不需要经常启停，故寿命长、耗能低。且可实现快速冷冻，保持食品新鲜。

变频冰箱的制冷原理是：冰箱压缩机驱动电机采用改变频率间接改变压缩机的转速的方式，调节压缩机的制冷能力和压缩机工作效率。最大的优点是节能，压缩机高速运转（高频）时，制冷能力强；低速（低频）运转时，效率高，噪声小。

"变频"通俗地讲就是改变输入交流电的频率。我国民用电的频率都是 50Hz，通过变频输入电频率来改变压缩机的转速。当变频冰箱达到设定温度后，它不会像普通冰箱那样停止运行，而会以较低的频率运转，以维持设定温度。这样既避免了温度忽高忽低对食品的伤害，又避免了压缩机多次启动造成的用电量和机件的损耗。随着社会的不断进步和人们生活水平的日益提高，人们的消费观念也在不断的变化，对家用电冰箱的要求也越来越高，高效节能、低噪声、食品保鲜效果好的变频电冰箱的市场潜力将逐渐被开发，得到大力发展。

# 项目四 模糊控制的电冰箱

电冰箱作为应用较为普及的家用电器，近年来，随着微电子技术、传感器技术以及控制理论的发展，其呈现迅猛发展，电冰箱向大容量、多功能、无氟、节能、智能化、人性化方向发展，因此传统的机械式、简单的电子控制难以满足现代冰箱的发展要求。

电冰箱控制的主要任务就是保持箱内食品最佳温度，达到食品保鲜的目的。由于冰箱内温度受多种不确定因素影响，如放入冰箱中物品的温度、热容量以及物品的充满率、开门的频繁程度等，冰箱内的温度场的数学模型很难建立，因此无法用传统的控制方法实现精确控制，采用模糊控制技术可以方便地提高控制精度，配以电子温度检测，对压缩机的工作状态进行调节，达到精确控温和节能的目的。

模糊控制的优势在于：

① 控制系统的设计不要求知道被控对象的精确数学模型，只需要提供现场操作人员的经验知识及操作数据。

② 控制系统的鲁棒性强，适应于解决常规控制难以解决的非线性、时变及大纯滞后等问题。

③ 以语言变量代替常规的数学变量，易于形成专家的"知识"。

④ 控制推理采用"不精确推理"（Approximate Reasoning），推理过程模仿人的思维过程。由于介入了人类的经验，因而能够处理复杂甚至"病态"系统。

## 一、模糊控制电冰箱

由于模糊控制不需要建立精确的数学模型，而是模拟人的思维、推理、判断，在总结操作人员成功经验的基础上，形成语言控制规律，再通过模糊合成推理，形成控制响应表，进而在实际控制时查控制响应表或按模糊规则推理进行控制。具体控制过程的方法与策略是由所谓的模糊控制器来实现的。电冰箱一般由冷冻室和冷藏室组成，冷冻室采用直冷控制，用于冷冻食品和制冰，温度通常为：$-6 \sim -18℃$，对冷冻室的温度控制是通过对压缩机的控制实现的。冷藏室用于在较低的温度中存放食品，但要求有一定的保鲜作用，故不能冻伤食品，温度通常为：$0 \sim 10℃$，对冷藏室的控制是通过对风门电风扇的控制实现的。

电冰箱的模糊控制主要是根据温度传感器测得的各室温度值核算出的温度变化，运用模糊推理确定食品温度，控制压缩机运转和风门，达到最佳的运行状态和保鲜效果。

如图 5-13 所示为电冰箱模糊控制的控制框图。通常电冰箱模糊控制系统主要有三个控制目标：冷藏室温度、冷冻室温度和蒸发器的除霜控制。因此存在着三个不同的温度系统，即冷冻室模糊温度控制系统、冷藏室模糊温度控制系统和除霜模糊温度控制系统。

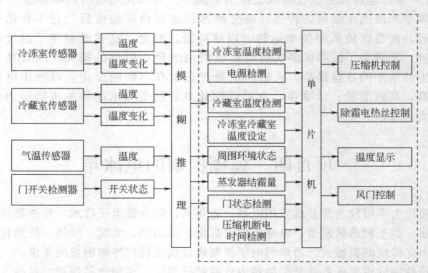

图 5-13　电冰箱模糊控制系统电路框图

1. 冷冻室等温度模糊控制系统

冷冻室的温度模糊控制系统是通过对压缩机的控制实现的，因此，它是一个单输入单输出控制系统，其控制系统的结构框图如图 5-14 所示。模糊控制器由冷冻室模糊控制的控制规则组成。

图 5-14　冷冻室温度模糊控制框图

模糊控制器接收冷冻室的温度偏差信号 $e$ 和温度偏差变化率信号 $\Delta e_1$。通过模糊控制器的推理规则，产生相应的响应控制信号，对压缩机进行恰当的控制。在模糊控制系统中，控制效果的好坏关键在于模糊量的划分和定义以及模糊控制规则的正确和逼近水平。在对冷冻室温度实施即时控制时，为防止压缩机频繁开停而导致压缩机受损及缩短寿命，需对压缩机的开停周期有一个最短时间（5min）的约束。

2. 冷藏室的温度模糊控制系统

由于冷藏室与冷冻室的结构类同，所以冷藏室和冷冻室的温度模糊控制系统基本相同，所不同的是，对风扇风机的控制没有压缩机控制那么多的约束条件。

3. 除霜控制

除霜控制的目的是在压缩机停止工作后，对蒸发器加热丝进行通电，使其表面的凝霜融化掉。在模糊电冰箱中，是通过检测霜厚度和对电热丝进行控制实现除霜的。除霜控制的控制框图如图 5-15 所示。

图 5-15　除霜控制框图

当冷冻室的霜凝结到一定厚度时，开始进行加热除霜。一旦加热丝加热除霜，则霜的厚度下降。随着霜厚度的下降，对加热丝的控制电压也下降。除霜结束，加热丝电源断开。这个过程用模糊语句进行控制。实际控制效果表明：如果控制系统的控制的非线性和除霜的非线性过程取得较好的一致，控制效果会良好。

**二、电冰箱模糊控制系统的硬件构成**

电冰箱模糊控制系统的硬件框图如图 5-13 中虚线框所示。由输入电路、单片机和输出电路等组成。输入电路主要用于输入电冰箱的内部状态、电源状态和用户所设定的温度。所以，输入部件包括冷冻室温度检测电路、冷藏室温度检测电路、冷冻室结霜厚度检测电路、电源检测电路和温度给定电路。输出部件主要用于控制压缩机、电热丝和温度指示。所以输出部件包括压缩机通断控制电路、电热丝控制电路和温度显示电路。

某电冰箱控制器选择了三星单片机系列中的 1 种 8 位单片机 KS86C4208，构成控制器的核心，它在 30 脚的封装内集成了下列功能：片内 8kb OTP 程序存储器、片内 256b RAM、4 个可编程 I/O 口、2 个 8 位定时/计数器、12 个 10 位 A/D 转换器、2 个 12 位 PWM 输出、一个 IIC BUS 接口、一个串行 I/O 口和一个具有 9 个中断源的中断系统，控制器的电路原理图如图 5-16 所示。

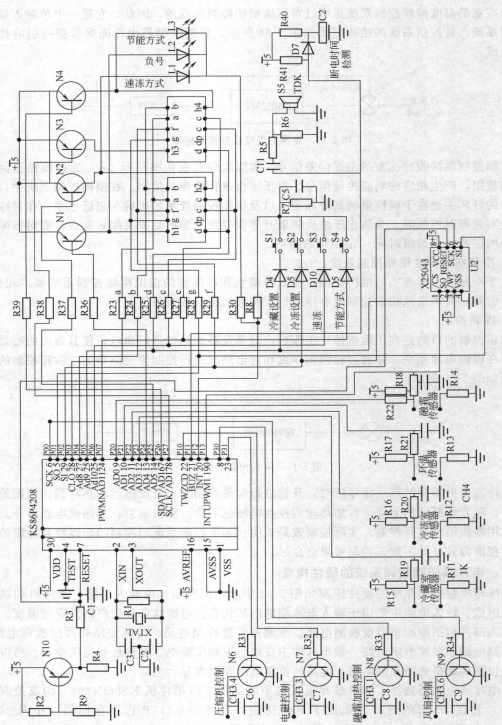

图 5-16　系统硬件电路原理图

### 1. 检测电路构成

电冰箱的检测是影响电冰箱性能的主要因素，它包括被控温度检测、电源电压检测和门状态检测。

① 温度检测　电冰箱的温度检测包括冷冻室、冷藏室、蒸发器和环境温度测量。温度传感器采用精度高、性能可靠、寿命长、价格低廉的热敏电阻，配 3 只电阻构成如图 5-14 所示的简单测温电路，由传感器和电阻分压构成可靠的取样信号，信号无需放大，直接送给单片机 A/D 转换接口，由软件实现线性化和数字滤波。测温精度在宽范围内：$-50 \sim 50℃$，达到 $0.5℃$。

② 电冰箱断电时间检测　为了克服传统的电子温控冰箱的控制器重新上电，无论压缩机断电时间是否已超过 5min，都需要再延迟 5min 后，才能启动压缩机的缺陷。根据电容充放电延迟的特性，通过单片机对上电瞬时电容上的电压采集，就可确定电冰箱停电（压缩机停机）是否已超过 5min。

③ 电源电路与过欠压检测　电源电路与过欠压检测电路由变压器，整流、滤波电路、压敏电阻、集成稳压器构成。

④ 门状态检测　为了减少输入线，简化装配工艺，多个门状态开关共有一根输入线，通过检测 I/O 口状态的电平变化，来判断箱门的关闭。

### 2. 电冰箱控制输出电路

电冰箱控制电路包括压缩机控制电路、电磁阀控制电路、电加热丝控制电路、门灯控制电路，它们的结构类似，通过单片机的输出口驱动相应的继电器，控制不同的控制执行部件。

### 3. 模糊控制器

目前，电冰箱正向大容量、多门控无氟、准确控温、保鲜等方向发展。为了实现各室的准确控温，控制温度的手段采用模糊控制技术控制压缩机的开停、电磁阀的得失电和循环风机的开停等。模糊控制器的设计包括：制冷的工作状态、输入变量的选择、取值范围的确定、输入输出变量隶属度函数的类别、模糊推理规则和算法的确定等。

模糊控制器的框图，如图 5-17 所示。

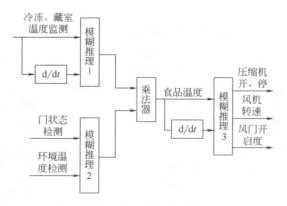

图 5-17　模糊控制器的框图

### 三、模糊控制系统软件

系统软件由主程序、中断服务程序和多个子程序组成，主程序流程图，包括初始化程序和主循环程序如图 5-18 所示。压缩机控制及保护子程序，如图 5-19 所示。

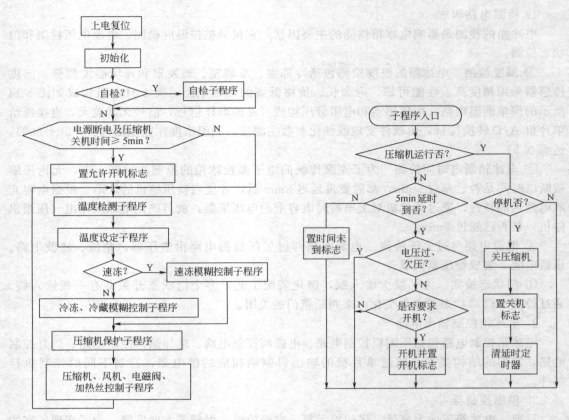

图 5-18　主程序流程图　　　　　　　　图 5-19　压缩机控制及保护子程序图

# 思 考 题

5-1　习题图 5-1 为新飞冰箱 BCD—183 电路图，说明其控制原理。

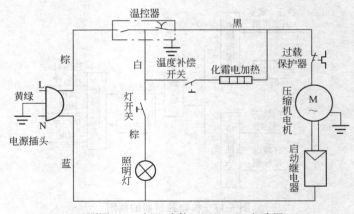

习题图 5-1　新飞冰箱 BCD—183 电路图

# 模块六　压缩式制冷机的自动控制

> **教学目标**
> 掌握制冷与空调装置中常用的活塞式、螺杆式和离心式压缩机的安全保护及能量调节方法。

　　压缩式制冷机是制冷与空调装置中大量使用的主要关键装置，有"心脏"之称。由于在使用过程中要求制冷机具有高可靠性和安全性，对其提出了较高的控制要求。

## 项目一　压缩式制冷机的安全保护

　　各种形式的制冷装置安全保护系统是实现装置自动控制的基本组成部分，它能在制冷装置工作异常、运行参数达到警戒值时，做出及时处理，防止安全事故发生。压缩机作为制冷装置的主机，其运行的安全可靠性对整个制冷系统安全运行起决定作用。其保护方法是当工作参数出现异常，将危及压缩机安全时，立即或者延时中止运行。

### 一、吸排气压力保护

　　压缩机排气压力与吸气压力保护，是为了避免排气压力过高与吸气压力过低所造成的危害。制冷装置运行中，有许多非正常因素会引起排气压力过高。例如，操作失误，压缩机启动后，排气阀却未打开；系统中制冷剂充注量过多、冷凝器大量积液、不凝性气体含量过高；冷凝器断水或严重缺水、冷凝器风扇电动机出故障等。排气压力过高，超过机器设备的承压极限时，将造成人、机事故。另一方面，如果膨胀阀堵塞，吸气阀、吸气滤网堵塞等，也会引起吸气压力过低。吸气压力过低时，不仅运行经济性变差，蒸发温度过低还会不必要地过分降低被冷却物的温度，反而使冷加工品质下降，甚至不能接受。尤其是系统低压侧负压严重时，加剧空气、水分渗入系统，将不凝性气体和水分带入，又使排气压力、排气温度升高，造成压缩机工作异常，水分还会形成膨胀阀冰堵。这对采用易燃、易爆制冷剂（例如R717）的系统更是很危险的。

　　用压力控制器进行上述压力保护。高压保护的方法是在压缩机排气阀前引出一导压管，接到高压压力控制器，对 R717 和 R22 工质其设定值一般为 1.5MPa。高压压力控制器在系统排气压力上升到控制器的设定值上限时，切断压缩机电源，使压缩机停止工作，同时伴随灯光或铃声报警。一般只有在排除故障，高压控制器手动复位以后，才能重新启动运转。低压保护的方法是在压缩机吸气阀前引出一导压管，接到低压压力控制器上。低压压力控制器则在系统吸气压力降到控制器的设定值下限时，切断电源，使压缩机停车。低压压力控制器没有手动复位装置，当吸气压力回升到控制器上限值时，电触点接通，压缩机自行恢复运行。低压压力控制器电触点断开值调在压缩机所属系统的蒸发温度低5℃的相应的饱和压力，但此压力值不应低于0.01MPa，接通值可在控制器幅差范围内调整，但幅差不易选得过小，以免压缩机启、停频繁。在许多制冷装置中，往往用低压压力控制器做压缩机正常起停控制器，对库温实行双位调节。

压力控制器是压力控制的电开关，又叫压力继电器。针对制冷机常有同时控制高压和低压的要求，制冷用的压力控制器，除了可以做成单体的高压压力控制器、低压压力控制器外，还常常将二者做成结构上一体的所谓高低压压力控制器。

如图6-1所示是它们在制冷系统中的使用安装图。

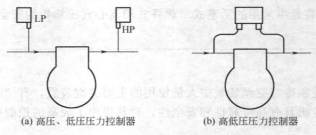

(a) 高压、低压压力控制器　　　　(b) 高低压压力控制器

图 6-1　压力控制器的安装图

我国制冷空调行业作为压缩机排气与吸气高低压安全保护用的高低压压力控制器品种很多，如FP214型、KD155型等，但这类高低压控制器均没有定值及差动刻度，不便于现场调试。近年来已被YK—306型、YWK—11型等带刻度的高低压控制器所取代。在国际上较有代表性的是丹麦Danfoss公司的KP15型。

低压压力控制器的设定值是使触点断开的压力。使触点自动闭合压力值为：设定值＋差动值。其差动值有不可调的，有可调的。差动可调的低压控制器，其设定压力范围是－0.02～＋0.75MPa（表压），差动调整范围是0.07～0.4MPa。差动不可调的低压控制器，其固定差动值一般是0.07MPa；设定压力范围是－0.09～＋0.07MPa（表压）。

高压压力控制器的设定值是使触点断开的压力。允许触点接通的压力为：设定值-差动值。它的差动值大多是不可调的，固定差动值是0.4MPa或0.3MPa（个别可调差动值为0.18～0.6MPa），压力设定范围是0.8～2.8MPa。高压压力控制器断开后，再复位接通的方式有自动和手动两种。考虑到由高压压力控制器动作所造成的停车，无疑是表明机器有故障，应查明原因、排除故障后才能再次运行，所以，通常不希望高压控制器自动复位，以手动复位为宜。

压力控制器使用时应注意：

① 使用介质，有的压力控制器适用于氟利昂制冷剂，有的则氨、氟通用；

② 触头开关的容量，以便正确地进行电气接线；

③ 正确地进行压力设定和差动值设定。

**二、油压差保护**

采用油泵强制供油润滑的压缩机，如果由于某种故障因素，油泵不上油，建立不起油压差（油压和吸气压力之差），或者油压差不足，润滑油就不能正常循环，从而导致运动部位得不到充分的润滑而烧毁机器。另外，采用油泵供油的压缩机，多有油压卸载机构，如果油压不正常，压缩机卸载机构也不能正常工作。因此，必须设有压差保护。油压差保护是在油压差达不到要求时，令压缩机停车。

油压差保护用压差控制器来实现，方法是将压差控制器的两根导压管，一根与制冷压缩机的曲轴箱相通，一根与油泵的出口相连。压差控制器的压差设定值与制冷压缩机的类型有关，对不带卸载装置的制冷压缩机取 0.06MPa；对带卸载装置的制冷压缩机取 0.15MPa。但油泵压差只能在泵运行起来以后才能建立起来。为了不影响泵在无压差下正常启动，由油压差所控制的停机动作应延时执行。所以，在油压差保护中，应采用带有延时的压差控制器。如果压差控制器本身不带延时机构，则必须再外接一只延时继电器，与压差控制器共同使用。一般延时时间调整值为 45～60s。若延时后，油压差仍小于压差设定值，压差控制器动作，切断制冷压缩机电源，停止制冷压缩机的工作，并发出事故报警信号。

一般油压差控制器延时机构都装有人工复位按钮，保证只有在事故消除后，经按动复位按钮，方能接通电动机电源，使其重新启动运行。

油压差控制器在安装使用时应注意：

① 高、低压接口分别接油泵出口油压和曲轴箱低压，切不可接反，如图 6-2 所示；

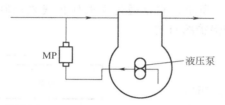

图 6-2 油压差控制器安装图

② 控制器本体应垂直安装，高压口在下，低压口在上；

③ 油压差等于油压表读数与吸气压力表读数的差值，不要误以油压表读数为油压差；

④ 油压差的设定值一般调整为 0.15～0.2MPa；

⑤ 采用热延时的压差控制器，控制器动作过一次后，必须待热元件完全冷却（需 5min 左右）、手动复位后，才能再次启动使用。

**三、温度保护**

1. 排气温度保护　压缩机排气温度过高会使润滑条件恶化、润滑油结焦，影响机器正常工作及寿命，严重时，引起制冷剂分解、爆炸（R717）。压缩机安全工作条件规定，对 R717、R22 和 R502 的最高排气温度限制值分别是 150℃、145℃ 和 125℃。因此，要对压缩机进行排气温度保护，尤其是对于 R717 压缩机，排气温度超过限制值时，温控器必须使压缩机断电停车。温度控制器的感温包应紧靠在排气口处安装。当然，热气旁通引起的排气温度过高也不允许，但这种情况下不是靠压缩机停车解决，而是采用喷液冷却。

2. 油温保护　压缩机曲轴箱内油的温度，规定比环境温度高 20～40℃，最高温度不得超过 70℃。油温过高时，油黏度下降，将加剧压缩机运动部件的磨损，甚至烧坏轴瓦。用油温控制器执行保护，油温超过限制值时，令压缩机停车。曲轴箱内有油冷却盘管的压缩机不必设油温保护。

对于氟利昂制冷系统，如果压缩机曲轴箱中有大量制冷剂混入（停机时），在压缩机启动时会影响油压的建立。为了避免这种现象，采用在曲轴箱内设电加热器的办法：启动前，先通电加热，使溶解在油中的液态制冷剂蒸发。在这种情况下，也需要用油温控制器控制油温，以免加热使油温过高，停止油加热。

### 四、冷却水断流保护

氨压缩机气缸通常设冷却水套，若运行中水泵断水会使排气温度升高，严重时会引起气缸变形。采用水冷却的机组，若运行中冷凝器断水也会引起排气温度升高，甚至危及冷凝器的安全。一般采用晶体管继电器作为断水保护装置。在压缩机汽缸或冷凝器冷却水出口处安装一对电接点，有水流过时，电接点被水接通，交流接触器线圈得电使压缩机可以启动或者维持正常运行；无水流过时，接点不通，禁止压缩机启动或令其故障性停机。

为防止因水流中出现气泡引起误动作，应使断水装置有延时动作，一般延时时间定为15s即可。

### 五、离心式压缩机防喘振保护

离心式制冷压缩机工作时一旦进入喘振工况时，压缩机周期性地发生间断的吼响声，整个机组出现强烈的振动。冷凝压力、主电动机电流发生大幅度的波动，轴承温度很快上升，严重时甚至破坏整台机组。因此，在运行中应立即采取调节保护措施，降低出口压力或增加入口流量，防止喘振现象的发生。压力比和负荷是影响喘振的两大因素，一般可采用热气旁通来进行喘振防护，如图6-3所示，它是通过喘振保护线来控制热气旁通阀的开启或关闭，使压缩机远离喘振点，达到保护的目的。

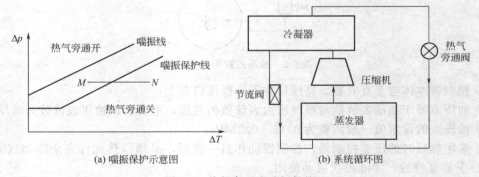

(a) 喘振保护示意图　　　　　　　　(b) 系统循环图

图 6-3　热气旁通防喘振保护

# 项目二　压缩式制冷机的能量调节

为了使制冷装置能够保持平稳的蒸发温度，保持所控温度的稳定，减少压缩机启停次数，要求制冷压缩机制冷量能够经常和热负荷保持平衡，处于良好匹配状态。同时为了不使制冷压缩机电动机启动时，因启动电流过大而过载，增大电网负载的波动，要求压缩机实行轻载启动。上述要求可以通过对压缩机能量进行自动控制来实现。压缩机能量调节的方法很多，根据不同的机型控制要求，可以采用不同的控制调节方法。

### 一、活塞式制冷机的能量调节

1. 吸气压力调节制冷机的能量

根据吸气压力大小，以相应的压力控制器（通常为双位控制器）控制压缩机间断运行，来调节制冷量。因为吸气压力比蒸发压力测取更方便，而且代表负荷变化，反应迅速，故广为采用，也可以根据温度进行调节。

若制冷装置仅有一台压缩机，为使压缩机能量与蒸发器负荷随时匹配，可以从压缩机外部和内部分别进行调节，对于中、小型制冷压缩机，由于压缩机本身不带卸载装置，因此只能采用低压压力或温度控制器（双位），感受吸气压力（或温度）的高低，直接控制压缩机的启动与停车时间来进行能量调节，适用于功率小于 10kW 的小型制冷设备中，如家用冰箱、冷柜、家用空调器等的压缩机制冷量调节，均采用温度双位控制器来控制其制冷量与热负荷的匹配。若制冷装置具有多台压缩机，则可按如图 6-4 所示系统进行制冷量调节，在该图中，制冷装置有 4 台压缩机，每台压缩机的吸气管上均装有一只压力双位控制器，通过压力控制器控制吸气压力的方法，分别控制电动机的启、停。

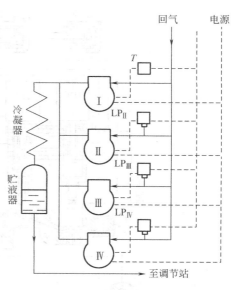

图 6-4　用压力控制器控制压缩机启停的系统

如图 6-4 所示为一个冷库制冷系统。图中Ⅰ号机为基本能级，它受冷库房温度控制，只要有一个库房温度高于给定温度上限时，Ⅰ号机便运行，只有当全部库房温度都达到给定温度下限时，Ⅰ号机才停车。Ⅰ号机运行后，因负荷变化，吸气压力逐渐上升，决定Ⅱ、Ⅲ、Ⅳ号机工作，用三只压力控制器分别控制压缩机的启停，每台压缩机启停压力设定值见表 6-1。

**表 6-1　压缩机启停的压力设定值**

| 压　缩　机 | Ⅱ　号　机 | Ⅲ　号　机 | Ⅳ　号　机 |
|---|---|---|---|
| 压力控制器 | LP$_Ⅱ$ | LP$_Ⅲ$ | LP$_Ⅳ$ |
| 上限接通压力 $p_s$/MPa（表） | 0.20（-9℃） | 0.22（-7℃） | 0.30（-2℃） |
| 下限接通压力 $p_s$/MPa（表） | 0.09（-20℃） | 0.11（-18℃） | 0.15（-14℃） |
| 差动值/MPa | 0.11（11℃） | 0.11（11℃） | 0.15（12℃） |

为避免短期负荷波动，或运行不稳引起吸气压力波动，造成能量误调，一般均加开机动作延时。延时时间在 30min 以内。

对于容量较大的压缩机，机器的频繁开停不仅使能量损失加大，而且影响制冷压缩机的寿命和供电回路中电压的波动，影响其他设备的正常运行。

**2. 压力控制器与电磁阀组合调节制冷机的能量**

凡是本身带有自动卸载机构的制冷压缩机，均可有条件采用压力控制器-电磁阀式能量调节系统。

如图 6-5 所示为一台八缸压缩机采用本方案作能量调节原理图。压缩机的每两个气缸为一组，由一套卸载机构控制。卸载机构的液压缸驱动气缸外侧的拉杆。其原理是：当液压缸有液压压力时，驱动拉杆，压下吸气阀片，该组气缸工作；当液压缸泄压，则吸气阀片由弹簧自动顶开，呈空行程，该组气缸卸载。

在图 6-5 中，仅示出了推动卸载机构的液压缸，其余部分省略。该压缩机有两组气缸为基本工作缸（Ⅰ组、Ⅱ组），在运行时不能调节；中间两组（Ⅲ，Ⅳ）调节气缸，分别由压

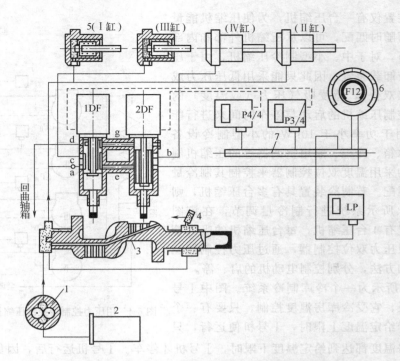

**图 6-5　压力控制器-电磁滑阀控制压缩机能量原理图**

1—液压泵；2—滤油器；3—曲轴；4—液压调节阀；5—气缸卸载结构的液压缸；6—液压差表；
7—吸气管；1DF, 2DF—电磁滑阀；P3/4, P4/4—压力控制器；LP—低压控制器

力控制器 P3/4、P4/4 控制。这两只吸气压力控制器的差动值为 0.04～0.05MPa。其接通压力与断开压力见表 6-2。其中 P4/4 为高负荷压力控制器，其接通压力按最高蒸发压力（温度）调定。两只压力控制器定值压力差 0.01～0.02MPa。能量调节范围：八缸工作时为100%；六缸为 75%；四缸为 50%。基本工作缸Ⅰ、Ⅱ两组卸载机构的液压缸直接与液压泵出口相通。当压缩机刚启动时，油压尚未建立，液压缸无油压，气缸吸气阀片被弹簧顶杆顶起，基本工作缸也被卸载，因此压缩机处于全卸载工况轻负荷启动。经几十秒后（在 1min以内），油压建立，基本工作缸便投入工作。当热负荷大于四缸工作的制冷量时，吸气压力上升，超过压力控制器 P3/4 的接通压力 0.26MPa，使 P3/4 接通，将电磁滑阀 1DF 吸上，压力油通过 a 孔，经 c 孔流入Ⅲ组气缸的卸载液压缸，使Ⅲ组气缸投入工作，压缩机运行于 75% 工况。若Ⅲ组气缸工作后，由于负荷大，吸气压力仍继续上升，至 0.28MPa，使 P4/4 压力控制器也接通，电磁滑阀 2DF 被吸上，压力油从 a 孔，经 1DF 滑阀下部孔 e、孔 b，流入Ⅳ组气缸的卸载液压缸，使Ⅳ组气缸也投入工作，此时压缩机做 100% 全负荷运行。

**表 6-2　压力控制器-电磁阀式卸载压力设定值**

| 控　制　器 | 断开压力/MPa(表压) | 接通压力/MPa(表压) | 差动值/MPa |
|---|---|---|---|
| 压力控制器 P4/4 | 0.23(2℃) | 0.28(6℃) | 0.05 |
| 压力控制器 P3/4 | 0.22(1℃) | 0.26(4℃) | 0.04 |
| 低压控制器 LP | 0.2(−1℃) | 0.24(3℃) | 0.04 |

　　若负荷下降，吸气压力降至0.23MPa，则P4/4断开，电磁滑阀2DF失电关闭（如图示位置），则Ⅳ组气缸断油泄压，液压缸活塞被弹簧顶回，液压缸中油经孔b、孔g与孔d流回曲轴箱，Ⅳ组气缸卸载，又恢复75%负荷运行。

　　若四缸工作时，吸气压力因负荷下降而跌至0.2MPa（表压），则低压控制器LP动作，将压缩机停车。当停车后压力回升至0.24MPa，则LP接通，压缩机又自动启动作四缸50%工况运行。若吸气压力仍逐步升高，再增缸至75%与100%工况运行。全部依靠压力控制器与电磁滑阀控制。

　　如需要把八缸压缩机调节范围再增加25%档（共100%、75%、50%、25%四档）可由三个电磁阀用三个压力控制器分别控制。此时仅一组（两缸）为基本工作缸。至于用单独电磁阀还是用并联电磁阀，则取决于各厂家习惯，在工作原理上并无实质差异。

　　3. 油压比例控制器调节制冷机的能量

　　对于有卸载油缸的压缩机，用油压比例控制器进行压缩机能量调节，是目前在国内外广为采用的一种方式。它不用任何电器元件，仅由一只油压比例控制器来实现，其结构如图6-6所示，十分紧凑。整个比例式能量控制器装在压缩机仪表盘上，目前我国生产的8FS10等压缩机均采用它。图6-7所示为其原理图。它的基本原理是利用吸气压力与定值弹簧力＋大气压力进行比较，引起控制油压的变化，推动滑阀移动；再把相当的控制油压引入卸载机构油路，来控制各卸载油缸的充、泄油，达到能量调节的目的。整个调节装置由吸气压力传感器（图6-6中16～19）、喷嘴球阀放大器（图6-6中的9、12、13）和滑阀液动放大器（图6-6中2～7）组成。压缩机八个气缸中的3～6号缸为基本缸，1、2、7、8号缸为调节缸，滑阀液动放大器的外罩6的法兰上有A、B、C三个管接头。其中A通过外接油管与压缩机油泵出口相连；B与1、2号缸的卸载机构压力油缸接通；C与7、8号缸的卸载机构压力油缸接通。在本体2中开有内部孔道，使接头A、B、C三孔分别与开在配油室3腔内壁的$A_1$、$B_1$、$C_1$孔相通。压缩机制冷量调节范围为100%（八缸）、75%（六缸）、50%（四缸）。

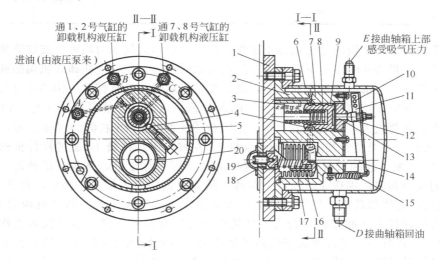

图6-6　比例式油压差能量控制器结构图

1—底板；2—本体；3—配油室；4—限位钢珠；5—能级弹簧；6—外罩；7—配油滑阀；8—滑阀弹簧；
9—恒节流孔；10—杠杆支点；11—杠杆；12—球阀；13—喷嘴；14—顶杆；15—拉簧；
16—波纹管；17—定值弹簧；18—通大气孔；19—调节螺钉；20—孔道

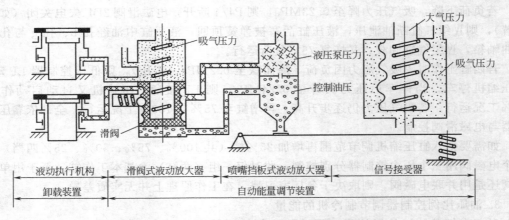

图 6-7　比例式油压能量调节装置原理图

这套调节系统采用了比例型喷嘴球阀放大机构，在油压系统中恒节流孔 9 和变节流孔（由喷嘴 13 和球阀 12 组成）组成了一组典型比例放大器。当吸气压力变化，与定值弹簧 17 比较后，转动杠杆 11，使球阀与喷嘴间隙（变节流孔）成比例地变化，在一定间隙范围内，喷嘴 13 腔中压力也随之成比例地变化，引起滑阀右侧顶部背压变化，移动滑阀，控制压缩机卸载机构动作。因此，作用于配油滑阀 7 的调节油压是随吸气压力的高低而成比例地增减，它们间的比例关系可通过调整定值弹簧 17 的预紧力来调整。控制压力设定值见表 6-3。

表 6-3　控制压力设定值

| 控　制　器 | 吸气压力/MPa | | 工作气缸数 | 能量/% |
| --- | --- | --- | --- | --- |
| | 工作状态 | 卸载状态 | | |
| 油压比例控制器 | 0.24 | 0.20 | 8 | 100 |
| | 0.23 | 0.19 | 6 | 75 |
| 低压控制器 | 0.22（接通） | 0.13（断开） | 4 | 50 |

当压缩机停车时，润滑油泵也停止工作，控制油压与大气压力相等，波纹管伸至最长位置，配油滑阀在弹簧 8 的作用下推至最右位置（如图 6-6），所有通往卸载机构的高压油路都被切断，吸气阀片全部处于被顶开状态，故压缩机启动时，带有卸载机构的各组气缸全部处于空载启动，此时压缩机处于四缸运行。随着压缩机启动后，油泵投入工作，油压逐渐提高，若外界热负荷较大，吸气压力上升，作用在感受波纹管 16 右侧的气体压力，将克服定值弹簧 17 的张力，波纹管被压缩，带动顶杆 14 左移，于是拉簧 15 通过杠杆机构，使球阀 12 与喷嘴 13 压紧，泄油口就关小，滑阀右侧的油压便开始上升，达到一定值时，滑阀就克服弹簧 8 的张力和限位钢珠 4 的压紧力左移，从而使钢珠进入第二个槽中，使孔 $B_1$ 与压力油孔 $A_1$ 接通，通往卸载机构的第一路高压油路被接通，高压油进入卸载机构的液压缸内，由于液压缸中油压大于卸载弹簧合力，就使这一组气缸的吸气阀片落下投入工作，呈六缸（75% 工况）运行状态。若外界负荷仍高于制冷量，则吸气压力会继续升高，由于感受波纹管、放大机构及滑阀的继续动作，使所有带有卸载机构均投入工作，呈八缸（100%）全负荷运行。

当热负荷减少时，膨胀阀的开度相应减小，吸气压力也随之降低，感受波纹管就在大气压力与定值弹簧力共同作用下伸长，推动球阀 12 离开喷嘴 13，滑阀右侧的控制压力相应降低。当降低到某一值时，滑阀就克服钢珠 4 的压紧力向下移动，钢珠就被推入第二凹槽中，此时第一高压油路就被切断，该组气缸的吸气阀片就被弹簧顶开而卸载。如果外负荷继续下降，则带有卸载机构的气缸就会一组组相继卸载，最后因抽空，低压控制器动作而停车。

要注意的是：对同一组气缸，其卸载压力与相应的投入工作压力是不同的，表 6-2 中列有差动值，一般为 0.04MPa，否则能量调节装置会变得动作频繁而失去稳定性。

4. 进排气侧流量旁通调节制冷机的能量

旁通能量调节是将制冷系统高压侧气体旁通到低压侧的一种能量调节方式，主要应用于压缩机无卸载机构的制冷装置。

这种装置当负荷降低，吸气压力下降到低压控制值以下，若仍不希望停机，要求装置继续运行，则可采用热气旁通调节，有多种旁通能量的实施方式，分述如下。

(1) 热气向吸气管旁通并喷液冷却　能量调节采用旁通能量调节阀（CPC），其系统原理图如图 6-8 所示，这是一种将压缩机的部分排气，经过旁通管由旁通调节阀控制，自动回流至压缩机吸气管，以改变压缩机有效排气量的一种简便方法。对于小型制冷装置，借此可以防止在热负荷很少时，冷库温度尚未达到。而吸气压力过低，使压缩机无法工作的局面。

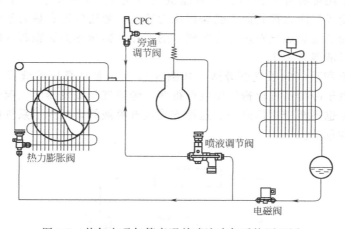

图 6-8　热气向吸气管旁通并喷液冷却系统原理图

考虑到由于热气的进入引起吸气温度升高，势必排气温度也升高。旁通能量调节阀常采用一只喷液阀，用来防止压缩机排气温度过高。为了避免这种后果，采用喷液阀从高压液管引一些制冷剂液体喷入吸气管，利用液体蒸发冷却吸气，抑制排气温度的过分升高。对于 R12、R22 喷液阀调定的开阀温度为 80℃，可调范围为 50～110℃；对于 R717 调定温度为 100℃，可调范围为 80～135℃，其波纹管最高耐压为 1.2MPa（表压），故喷液阀后面不允许装截止阀，以免工作时此阀忘开，液体压力将波纹管鼓破。最好喷液阀也装一只电磁阀，保证只有压缩机工作时，电磁阀才开，避免停机时将液体吸入吸气管内。

(2) 热气向蒸发器中部或蒸发器前旁通　前一种方法存在一个缺陷，即负荷低到一定程度，蒸发器内制冷剂流速过低，造成回油困难。为此采用本方法，向蒸发器中部或前旁通热气。采用本方法，相当于热气为蒸发器提供了一个"虚负荷"。尽管实际负荷较低，热力膨胀阀仍能控制向蒸发器供较多液量，保证蒸发器中有足够的制冷剂流速，不会带来回油困难。系统布置图如图 6-9 所示。

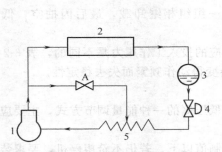

图 6-9　向蒸发器中部旁通热气系统图

1—压缩机；2—冷凝器；3—贮液器；4—膨
胀阀；5—蒸发器；A—能量调节阀

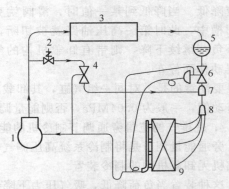

图 6-10　向蒸发器前旁通热气系统图

1—压缩机；2—电磁阀；3—冷凝器；4—CPCE（带外
平衡引压管的能量调节阀）；5—贮液器；6—热力膨胀
阀；7—LG 气液混合头；8—分液器；9—蒸发器

对于有分液器和并联多路盘管的蒸发器，不便于向蒸发器中部旁通热气，可以采用向蒸发器前旁通的办法，如图 6-10 所示。由于这类蒸发器的压力降较大，为了消除蒸发器 9 压降的影响，必须采用带有外平衡引压管的能量调节阀 4。外平衡引压管从吸气管引控制压力，阀的开度只受吸气压力控制而不受阀后压力控制。旁通位置在热力膨胀阀 6 出口与分液器 8 入口之间。为了避免热气对热力膨胀阀 6 的逆冲，影响热力膨胀阀 6 的正常工作，必须使用一个专门的气液混合头 7。

（3）用高压饱和蒸气向吸气管旁通　如图 6-11 所示是从高压贮液器 4 引高压饱和蒸气向吸气管旁通。由于冷凝温度比排气温度低得多，旁通气与蒸发器回气混合后，吸气温度升高不多，排气温度也不至于过份升高。这种方式没有喷液阀，减少了系统的附件，同时也避免了压缩机带液的危险。

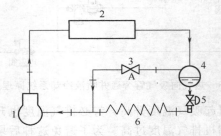

图 6-11　用高压饱和蒸气向吸气管旁通系统图

1—压缩机；2—冷凝器；3—旁通电磁阀；4—高压贮液器；5—膨胀阀；6—蒸发器

**5. 驱动电机变速调节制冷机的能量**

制冷压缩机的制冷量及功率消耗，与其转速成比例。从循环的角度分析，利用压缩机变速方法进行能量调节，有很好的经济性。压缩机的驱动机主要是感应式电动机，感应式电动机改变转速的方法虽有多种，但用于拖动压缩机，从电动机转速-转矩特性考虑，最佳方法是采用变频调速。

变频式能量调节是指通过改变压缩机供电频率，即改变压缩机转速，使压缩机产冷量与热负荷的变化达到最佳匹配。过去由于变频调速装置价格偏高，在国内压缩机组中使用不多。随着机-电-冷一体化技术和电子技术的发展，硬件可靠性提高而价格下降，使变频调速成为一种有效的节能控制手段，国际上开始广泛采用变频调速能量调节，获得大幅度的运行节能效果。

变频调节是以改变电动机电源频率的方式实现变速，电动机电压也随频率成比例变化，故又称变电压变频。变频器的输入是交流三相或单相电源，输出为可变压可变频的三相交流电，接到压缩机的电动机的控制器中，微电脑按照检测信号控制变频器的输出频率和电压，从而使压缩机产生较大范围的能量连续变化。

变频器输出的频率范围大约在30～130Hz之间。压缩机特性要能适应转速的变化范围。为了充分发挥变频调速的节能潜力，所有相关部件都应选择高效的。目前最广泛应用的首推空调压缩机变频能量调节。

### 二、螺杆式制冷压缩机的能量调节

螺杆式压缩机是一种高速回转的容积式压缩机，通过工作容积周期性改变，进行气体压缩。除了两个高速回转的螺杆转子外，没有其它运动部件，兼有回转式压缩机（如离心式压缩机）和往复式压缩机（如活塞式压缩机）各自的优点。它体积小、重量轻、运转平稳、易损件少、效率高、单级压比大、能量无级调节，在压缩机行业得到迅速发展及广泛应用。由于螺杆制冷压缩机单级有较大的压缩比及宽广的容量范围，故适用于高、中、低温各种工况，特别在低温工况及变工况情况下仍有较高的效率，这一优点是其它机型（如吸收式、离心式等）不具备的。因此，螺杆式制冷压缩机被广泛用于空调、冷冻、化工等各个工业领域，是制冷领域的最佳机型之一。

由于螺杆制冷压缩机属于容积式压缩机，它利用一对相互啮合的阴阳转子在机体内作回转运动，周期性地改变转子每对齿槽间的容积来完成吸气、压缩和排气过程。它适用于R717、R22（氟利昂）等各种制冷工质，不需要对机器结构作任何改变，所以一般认为螺杆式制冷压缩机不存在困扰制冷界的CFCs工质替代问题。

螺杆式制冷压缩机常用滑阀来调节能量和卸载启动，即在两个转子高压侧，装上一个能够轴向移动的由铸铁制成的滑阀，滑阀装在转子与机体的下部衔接处，可以在与汽缸轴线平行方向上，由卸载油缸中的活塞带动做往复运动。滑阀和阀杆是中空的，构成向汽缸内喷油的输油管。输油管与活塞、油缸等相连。滑阀靠近压缩腔一侧钻有喷油孔，以便在压缩机工作时，向压缩腔喷入润滑油。滑槽底部开有导向槽，该槽与机体上的导向块配合，使滑阀平稳地往复运动。滑阀调节能量的原理，是利用滑阀在螺杆的轴向移动，以改变螺杆的有效轴向工作长度，使能量在100%～10%之间连续无级调节。

如图6-12所示为滑阀的移动与能量调节的原理图，图中（a）示出全负荷时滑阀的位置。当滑阀尚未移动时，滑阀的后缘与机体上滑阀滑动缺口的底边紧贴，滑阀的前缘则与滑动缺口的剩余面积组成径向排气口。此时，基元容积中充气最大。由吸入端吸入的气体经转子压缩后，从排气口全部排出，

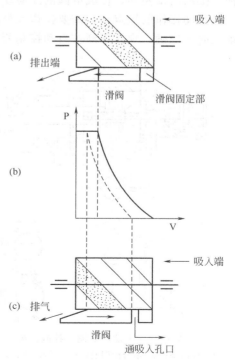

图6-12 滑阀移动与能量调节原理图

其能量为100％，如图中（b）实线所示。当高压油推动油活塞和滑阀向排出端方向移动时，滑阀后缘随之被推离固定的滑动缺口的底边，形成一个通向径向吸气口的、可作为压缩气体的泄逸通道，如图中（c）所示。减少螺杆的工作长度，即减少吸入气体的基元容积，可使排出气体减少〔如图（b）中虚线所示〕。如吸入的气体未进行压缩（此时接触线尚未封闭）就通过旁道口进入压缩机的吸气侧，则减少了吸气量和制冷剂的流量，起到了能量调节的作用。泄逸通道的大小取决于所需要的排气量大小。滑阀前缘与滑动缺口形成的排气口面积（即径向孔口）同时缩小，达到改变排气量的目的。此时，调节指示器指针指出相应的改变排量的百分比。

当滑阀继续向排出端移动时，制冷量随排气量的减少而连续地降低。因而能量便可进行无级调节。当泄逸孔道接近排气孔口时，螺杆工作长度接近于零，便能起到卸载启动的目的。

滑阀移动油路及控制系统的关键部件能量调节电磁阀组是由四个电磁阀与相应油路连接而成的。选用四个电磁阀可控制供油的流向，而达到控制油活塞在油缸内的前后移动，这样即可完成滑阀的正反移动从而达到增载、减载的作用。调节系统由三部分构成：供油、控制和执行机构。供油机构有油泵及压力调节阀；控制机构有四通电磁阀；执行机构有滑阀、油活塞和油缸等。

能量调节分手动和自动两种，但控制的基本原理都是采用油驱动调节。手动能量调节控制系统是常用的调节系统，其工作原理如图6-13所示。当螺杆式压缩机需要卸载时，转动油分配阀2，使①、④接通，供油系统通过油泵5，将高压油经①～④管路向油缸左侧供油，高压油推动油活塞1向右侧移动，此时油活塞右侧的油被活塞挤压，经③～②孔道流入低压侧，进入压缩机，然后返回油箱7。油活塞1带动滑阀，离开机体上滑动缺口的底部，实现了减荷控制。反之，若转动油分配阀，接通①～③和②～④，则高压油进入油活塞1的右侧，推动活塞左移，促成滑阀的反向动作，即实现增荷控制。

手动操作的缺点是：需要操作人员严密控制，工人劳动强度增大，而且能量增减难以保证及时、准确，现在逐渐被自动控制所替代。

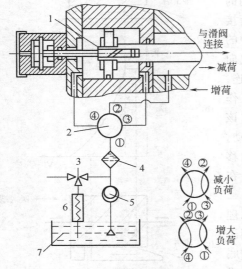

图6-13　手动能量调节控制系统
1—油活塞；2—油分配四通阀；3—调压阀；4—油
过滤器；5—油泵；6—油冷却器；7—油箱

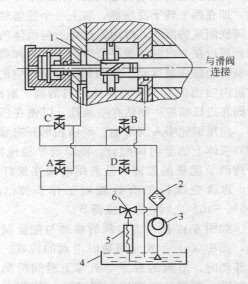

图6-14　四通电磁阀能量调节控制系统
1—油活塞；2—油过滤器；3—油泵；4—油箱；5—油
冷却器；6—调压阀；A～D—电磁阀

采用四通电磁阀取代用人工操作的手动油分配阀，便于实现能量调节的半自动或自动控制，其控制系统如图 6-14 所示。

减荷时，电磁阀 D 和 C 开启，由油泵 3 来的高压油，经电磁阀 C 被送到油活塞 1 左侧，推动活塞向右移动，带动滑阀向排气端移动，达到减少负荷的目的。同时，油活塞右移，油缸内的油经电磁阀 D 被排回油箱。增荷时，电磁阀 B 和 A 开启，油活塞 1 右侧获得高压油，活塞左移，得到增荷调节。需要滑阀停留在某一定位置时，只要在此位置不接通电磁阀或油分配阀即可。油缸两边的油既不能流进，也不能流出，滑阀此时不会左右移动而处在一定位置上，即相应某一固定的能量。滑阀的移动可以调节压缩机的吸气量，亦即调节了排气量。压缩机运转过程中，通过滑阀向压缩机腔内喷入大约占体积流量 0.5%～1% 的润滑油，这部分润滑油起着冷却、密封、润滑的作用。

以上两种调节系统，在制冷机运行过程中，滑阀位置不稳定的现象较为普遍。特别是螺杆制冷压缩机经检修后，运行了一段时间，这种现象尤为突出。当滑阀停留在一个非全负荷的位置时，就会缓慢向加载方向移动，对螺杆压缩机不断进行加载，直至全负荷，使压缩机输气量增大，导致受控的"吸气压力"这一指标产生漂移。这时需操作人员经常加以调节，以防吸入压力严重偏离指标。由于这种调节都是滞后的，就不可避免地影响了压缩机运行的稳定性。

导致这一现象的主要原因是螺杆制冷压缩机在运行时，有一个朝滑阀加载方向的排气压力作用在滑阀上，促使其进行加载运动，而驱动滑阀的液压活塞与液压缸之间总存在泄漏（O 形密封圈不可能起到完全密封的作用），所以就导致了滑阀朝加载方向移动。而且 O 形密封圈的泄漏量越大，滑阀位置不稳定的现象就越严重。

处理办法是在一个运行周期之后，更换 O 形密封圈。这对滑阀位置不稳定的现象在短时间内会有所改善，但无法根本解决问题。

从控制理论的角度来看，现有的能量调节机构是一个开环系统，如图 6-15 所示，系统中无反馈回路。即操作人员根据指令来调节滑阀位置，使螺杆制冷压缩机实现所需的吸入压力。这其中由于干扰的存在，会使吸入压力偏离原控制值。

图 6-15 能量调节机构的开环控制框图

改进措施是在该系统增加反馈回路，如图 6-16 所示，根据需要给出一个吸入压力设定值，四通电磁阀上电工作，液压油进入液压缸，滑阀移动至所需的位置，使吸入压力实际值达到设定要求。如干扰导致吸入压力偏离设定值，则反馈值与设定值比较之后的结果会进一步控制滑阀位置，来提高系统的稳定性。

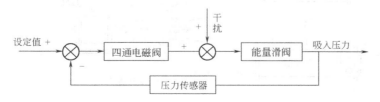

图 6-16 能量调节机构的闭环控制框图

由一只压力传感器、一台 PLC 可编程控制器及附件构成一闭环控制系统，使用梯形图编制控制程序。利用原有的四通电磁阀作为执行机构，去控制能量滑阀的移动。改造后的闭环控制回路由 PLC 来进行管理，该 PLC 还可根据需要同时管理其它一些被控对象，其控制原理如图 6-17 所示。

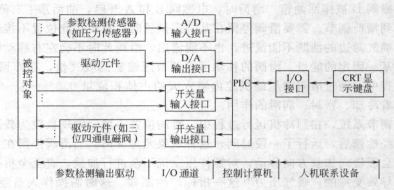

图 6-17　PLC 能量调节系统控制原理图

### 三、离心式制冷压缩机的能量调节

离心式制冷压缩机制冷量的调节方法很多，如改变压缩机转速、进气节流、改变叶轮进口前可转导叶的转角、改变冷凝器的冷却水量、吸气旁通（反喘振调节）等。其中，改变叶轮进口前可转导叶的转角的方法调节，经济性较好，调节范围较宽，方法又较简单，故被广泛采用。

1. 进气节流调节

进气节流调节就是在蒸发器和压缩机的连接管路上安装一节流调节阀。通过调节阀的节流作用，使来自蒸发器的制冷剂气体节流后进入压缩机，改变了压缩机的吸气压力和吸入气体的密度，使压缩机实际吸入的制冷剂质量、流量发生变化，因此制冷量也发生变化。这种能量调节的方法比较简单，但在循环中增加了压缩机吸排气的压力比，压缩机的理论比功和排气温度上升，循环的经济性下降，常用于多级压缩机。

2. 采用可调节进口导流叶片调节

进口导叶调节，经济性较好，但结构复杂，多数用于单级或双级离心制冷机。如图6-18所示为空调用制冷压缩机进口导流叶片自动能量调节的示意图。

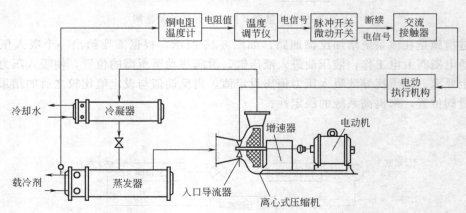

图 6-18　进口导流叶片自动能量调节示意图

3. 改变压缩机转速的调节

当用汽轮机或可变转速的电动机拖动时，可改变压缩机的转速进行调节，这种调节方法最经济，多数用于蒸汽轮机驱动的离心制冷机。如图 6-19 所示，压缩机转速的改变可采用变频调节电动机转速来实现。

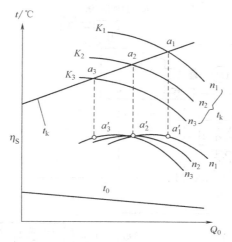

图 6-19　改变压缩机转速的能量调节

变速驱动装置（VSD）根据冷水出水温度和压缩机压头来优化电动机的转速和导流叶片的开度，从而使机组始终在最佳状态区运行。图 6-20 为变速驱动装置（VSD）工作原理图。

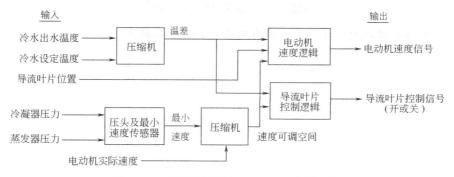

图 6-20　变速驱动装置（VSD）工作原理图

4. 反喘振调节

在制冷量大幅度减少时，采用前面任何单一方法进行调节都是不行的。因为制冷量太小，制冷剂吸气量不足，气流不能均匀地流入叶轮各个流道，因而叶轮不能正常排气，致使排气压力的陡然下降，压缩机处于不稳定工作区，压缩机要发生喘振。这时应将一部分被压缩的制冷剂蒸气由冷凝器（压缩机出口）旁通到蒸发器或压缩机的进气管，使冷凝器的蒸汽流量和压力稳定，从而避免喘振现象的发生。注意，一般情况下反喘振调节和其他调节方法要联合使用。

## 思　考　题

6-1　压缩机安全保护系统方法和功能各是什么？

6-2　压缩机能量调节的方法有哪些？

6-3 螺杆式制冷压缩机能量调节的方法有哪些？

6-4 简述滑阀调节调节输气量的工作原理。

6-5 习题图 6-5 所示为某型号螺杆式制冷压缩机滑阀油路控制系统图，试说明其控制原理。

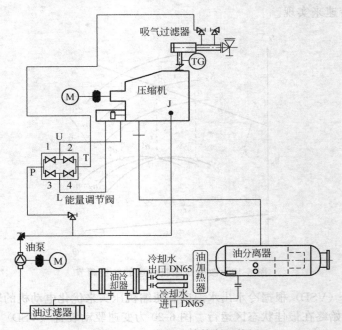

习题图 6-5 滑阀油路控制系统图

6-6 离心式制冷压缩机的能量调节方法有哪些？各有什么特点？

# 模块七　吸收式制冷机组的自动控制

**教学目标**

了解吸收式制冷机组的工作原理、特点，掌握吸收式制冷机组的自动控制方法。

由于环保意识的增强以及 CFCs 类物质的国际性限制举措，促使吸收式制冷机的生产和应用出现了明显的增长。溴化锂吸收式制冷机以热能为动力，水为制冷剂，溴化锂溶液为吸收剂，制取高于 0℃ 的冷量，用作空调或生产工艺的冷源。该机组运行平稳、维护操作简单、可直接利用热能驱动、节电。国内外楼宇、体育场、办公大楼及生产车间常采用溴化锂吸收式集中空调进行供冷。为了保障溴化锂吸收式制冷机组的安全运行，通常采用常规仪表控制和微机控制两种方式，随着现代控制理论和方法的不断更新、完善，微机控制已充分展示出强劲的优势。

## 项目一　吸收式制冷机组的概述

吸收式制冷机以自然存在的水或氨等为制冷剂，对环境和大气臭氧层无害；以热能为驱动能源，除了利用锅炉蒸气、燃料产生的热能外，还可以利用余热、废热、太阳能等热能，在同一机组中还可以实现制冷和制热（采暖）的双重目的。整套装置除了泵和阀件外，绝大部分是换热器，运转安静、振动小；同时，制冷机在真空状态下运行，结构简单、安全可靠、安装方便。在当前能源紧缺，电力供应紧张，环境问题日益严峻的形势下，吸收式制冷技术以其特有的优势已经受到广泛的关注。

溴化锂吸收式制冷机有很多类型，如按照能量的来源可分为蒸汽型、热水型、直燃型，按照发生过程的次数可分为单效及双效等，用得最多的仍以蒸汽型单效、双效为主。

溴化锂吸收式制冷机的系统流程中包括五个回路：热源回路、溴化锂溶液回路、冷剂水（制冷剂）回路、冷却水回路和冷媒水（载冷剂）回路。对于该机组的循环控制要从这五个回路入手控制，溴化锂溶液回路又有串联和并联两种类型。

### 一、工作原理与制冷循环

与压缩式制冷机不同，吸收式制冷机的工质除了制冷剂外，还有吸收剂。制冷剂用来产生冷效应，吸收剂用来吸收产生冷效应后的制冷剂蒸气，以实现对制冷剂的"热化学"压缩过程来代替传统的压缩机压缩。在吸收式制冷中制冷剂和吸收剂称为工质对。

吸收式制冷机的工质对通常是一种二元溶液，它是由沸点不同的两种物质所组成。其中低沸点的为制冷剂，高沸点的为吸收剂。吸收式制冷机对制冷剂的要求和压缩式制冷机基本相同。

### 1. 工作原理

如图 7-1 所示为简单的吸收式制冷机的工作原理。吸收式制冷机由发生器 2、冷凝器 3、蒸发器 5、吸收器 7、溶液泵 1 和节流阀 4、6 等部件组成。在发生器 2 中工质对被加热介质加热，解吸出制冷剂蒸气，制冷剂蒸气在冷凝器 3 中被冷凝成液体，然后经过节流阀 4 降压，进入蒸发器 5 吸热蒸发，产生制冷效应。蒸发产生的制冷剂蒸气进入吸收器 7 被吸收剂所吸收，然后由溶液泵 1 升压进入发生器 2。如此循环制取持续的冷量。由于它是利用吸收剂的质量百分比变化来完成制冷剂的循环，因而被称为吸收式制冷。目前常用的工质对有氨水溶液和溴化锂溶液两种。在氨水溶液中氨为制冷剂，水为吸收剂，可以制取低于 0℃ 的冷量，但是因为其热效率低，氨有刺激性的气味且氨与水的分离需要精馏设备，故因设备投资大而很少使用。目前应用最广的就是以溴化锂溶液作为工质对的吸收式制冷机组。

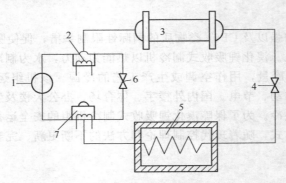

图 7-1 吸收式制冷原理图

1—溶液泵；2—发生器；3—冷凝器；4,6—节流阀；5—蒸发器；7—吸收器

### 2. 制冷循环

整个系统包括两个回路：一个是制冷剂回路，另一个是溴化锂溶液回路。制冷剂回路由冷凝器 3、节流阀 4、蒸发器 5 组成。溴化锂溶液回路由发生器 2、吸收器 7、溶液节流阀 6、溶液热交换器和溶液泵 1 等组成。在吸收式制冷中，吸收器好比压缩机的吸入侧（低压侧），将蒸发器中产生的低温低压蒸气吸入；发生器好比压缩机的排出侧（高压侧），产生高温高压的蒸气。通过对发生器内溶液进行加热，就可以使系统进行循环，从而制取冷量。

吸收式制冷系统具体的制冷循环有单效溴化锂吸收式制冷循环和双效溴化锂吸收式制冷循环。

如图 7-2 所示为单效溴化锂吸收式冷水机组的循环流程。发生器与冷凝器压力较高，布置在一个筒体内，称为高压桶；吸收器与蒸发器压力较低，布置在另一筒体内，称为低压桶。高压桶与低压桶之间通过 U 形管连接，起节流降压作用。工作过程如下：在低压桶下部的吸收器内贮有溴化锂浓溶液，该溶液吸收从蒸发器过来的水蒸气后变成稀溶液，通过热交换器后经溶液泵压入高压桶中的发生器。在发生器内的稀溶液由于热源的加热放出水蒸气，该水蒸气在冷凝器内冷凝，冷凝后的冷剂水经 U 形管节流降压后流入低压桶内的蒸发器，冷剂水在节流后变成湿饱和蒸汽，同时吸收管内冷媒水（载冷剂）的热量而变成过热水蒸气，使冷媒水温度降低，达到制取空调系统所需要的低温水的目的。在蒸发器内形成的水蒸气被从发生器来的浓溶液吸收，又成为稀溶液流入吸收器下部，如此循环工作，达到连续制冷的目的。热交换器的作用是把从发生器来的高温浓溶液的热量传给从吸收器来的稀溶

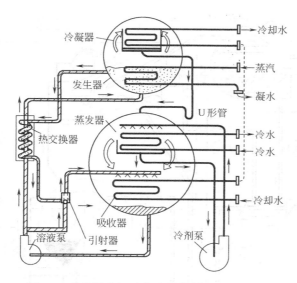

图 7-2 单效溴化锂吸收式冷水机组的循环流程

液，其目的是回收部分热量来提高循环的热力系数。从溶液泵出来的稀溶液分成两路：一路通过热交换器而进入发生器；另一路进入引射器，引射从发生器来的浓溶液，混合后进入吸收器的喷淋系统，吸收从蒸发器来的水蒸气。

单效溴化锂吸收式制冷机虽然控制简单，但是其热源温度受到了浓溶液结晶的限制，即发生器中溶液加热后的温度超过110℃左右就会出现溶液结晶的现象；且工作蒸气压力超过0.15MPa（表压力）必须减压后才能使用，这样会造成浪费。为了充分利用高势位的能源，就出现了双效溴化锂吸收式制冷机。

如图 7-3 所示为串联流程的蒸气型双效溴化锂吸收式冷水机组循环流程图。双效溴化锂吸收式机组与单效机组相比，增加了一个高压发生器、一个高温溶液热交换器、一个凝水换热器。它的工作原理如下：在高压发生器中，稀溶液被高压蒸气加热，在较高压力下产生制冷剂水蒸气，溴化锂稀溶液浓缩成中间浓度的溶液。再将产生的制冷剂水蒸气通入低压发生器作为加热热源，加热由高压发生器经高温溶液热交换器，流至低压发生器中的中间浓度溶液，使之在冷凝压力下再次蒸发产生制冷剂水蒸气，中间溶液浓缩成最终浓度的浓溶液。高压蒸气的能量在高压发生器和低压发生器中两次得到利用，故称为双效循环。与单效循环相比，产生同样制冷量所需的加热热源量减少，所以双效机组的热效率比单效机组高。

高压发生器中产生的水蒸气，在低压发生器中加热中间浓度的溶液后冷凝成冷剂水，经节流后产生的水蒸气和低压发生器中产生的水蒸气一起进入冷凝器内凝结成液态水。冷凝器中的冷剂水经 U 形管或小孔节流后进入蒸发器，喷淋在蒸发器管簇上，吸取管内冷媒水的热量，使冷媒水温度降低，达到制冷的目的。在蒸发器中冷剂水吸热产生水蒸气，它被由低压发生器经低温溶液热交换器后喷淋在吸收器管簇上的浓溶液所吸收，吸收水蒸气后的稀溶液经溶液泵压出，经低温溶液热交换器、凝水换热器和高温溶液热交换器加热后，进入高压发生器完成循环。图中爆破板的作用是当高压发生器中的压力超出规定值时自动爆破泄压。

根据溶液进入高压发生器与低压发生器的方式，双效溴化锂吸收式制冷循环除上述的串联流程外，还有并联流程，倒串联流程与串、并联流程等多种方式。

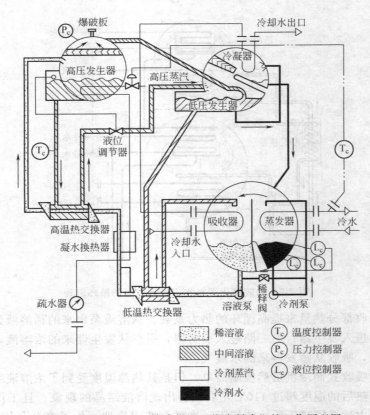

图 7-3  串联蒸汽型双效溴化锂吸收式制冷机的工作原理图

## 二、主要构件及作用

溴化锂吸收式制冷机组的主要构件是对流换热器、发生-冷凝器、蒸发-吸收器和溶液热交换器等。

### 1. 对流换热器

对流换热器的作用是高温烟气、其它热源气体或液体（以下简称工作蒸汽）流向对流换热器与溴化锂溶液进行热量交换。从结构上对流换热器可分为火管式和水管式两种形式。火管式是指工作蒸汽在传热管内流动，加热管外为溴化锂溶液。其传热管通常采用传热性能好的螺纹管或内部设有螺旋片的光管（主要作用是增加流体扰动来加大传热系数）。其特点是利于检漏和清灰，可维修性比较好。水管式是指溴化锂溶液在管内流动，工作蒸汽在管外加热。水管式对流换热器的传热管通常采用光管、翅片管或螺纹管，目的是有利于冷剂蒸气的产生。水管式结构的优点是换热效果好，节省材料，结构也比较紧凑。但是由于传热管承受的工作蒸汽侧温度变化很大，在热胀不均的情况下，产生的热应力容易使传热管与管板接头处发生泄漏，同时不利于检漏和清灰。因此，对传热管的焊接和清灰需要特别注意。

### 2. 发生-冷凝器

发生器通常为管壳式结构，其管内通以工作蒸汽，加热管外的溴化锂水溶液，升温直至沸腾，产生制冷剂蒸气，同时将稀溶液浓缩。对于单效溴化锂吸收式机组只有一个发生器，对于双效机组发生器包括高、低压两个。通常，高压发生器采用沉浸式结构，通常为一个单独的筒体；低压发生器采用沉浸式结构或喷淋式结构，通常和冷凝器压力相同而放在一个筒体中。双效直燃型机组中也有高、低压两个发生器。高压发生器是由炉膛和对流换热器组成的，低压发生器通常采用沉浸式结构。高压发生器的作用是工作蒸汽在其中加热溴化锂稀溶液，产生部分水蒸气和中间浓度的溴化锂溶液，水蒸气进入低压发生器后加热来自高压发生器的中间浓度的溴化锂溶液，最终使其变成浓溴化锂溶液，从中蒸发的水蒸气进入冷凝器被冷凝成饱和液体，而水蒸气放热节流后也进入冷凝器。

冷凝器是冷凝冷却水蒸气和冷剂水的器件。在双效机组中，来自低压发生器的水蒸气被管内流动的冷却水冷却冷凝成冷剂水；另一方面，来自高压发生器的水蒸气在低压发生器管内冷凝成的冷剂水，经节流后也进入冷凝器、同样被管内冷却水冷却。两路冷剂水通过节流装置流向蒸发器。对于单效机组，冷凝器仅使来自发生器的制冷剂水蒸气冷却凝结。

冷凝器与发生器同属一个压力区，通常将两者作为一体。如图7-4（a）所示为一个上下布置的发生-冷凝器，冷凝器位于沉浸式发生器上部，中间隔有水盘，产生的水蒸气经由水盘两侧的挡液装置进入冷凝器。由于发生器加热时会使溶液沸腾飞溅，为避免发生冷剂污染，应使发生器第一排传热管到冷凝器水盘有足够的距离。如图7-4（b）所示是左右布置的发生-冷凝器，发生器为喷淋式结构，中间是挡液装置，水盘位于冷凝器下部，喷淋系统旁设有挡液板来防止溶液溅出。冷凝器由传热管、隔板、端盖、节流装置、水盘、抽气系统、挡液装置等构成。

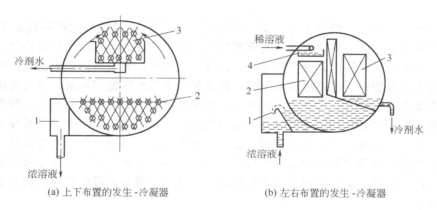

(a) 上下布置的发生-冷凝器　　　　(b) 左右布置的发生-冷凝器

图 7-4　发生-冷凝器结构图

1—液囊；2—发生器；3—冷凝器；4—水盘

### 3. 蒸发-吸收器

蒸发器通常为喷淋式热交换器，是制取冷媒水的设备。来自冷凝器的制冷剂液体、经节流后进入蒸发器，喷淋在蒸发器管簇上，吸收管内冷媒水（载冷剂）的热量而蒸发，未蒸发的制冷剂液体汇集在水盘内，由冷剂泵通过喷淋系统再喷洒在蒸发器上，与从节流装置来的制冷剂一同吸收管内冷媒水的热量而蒸发，使冷媒水温度降低。蒸发后的制冷剂水蒸气经挡液装置流向吸收器。溴化锂吸收式制冷机组以水为制冷剂，制取冷媒水时，其蒸发压力很低，所以一般是管壳式结构的喷淋式换热器。

吸收器的作用是让从发生器浓缩后的浓溶液，吸收来自蒸发器的制冷剂蒸气，从而使该浓溶液变成稀溶液，它属于管壳式结构的喷淋式热交换器。喷淋溶液均匀地喷洒在传热管簇上，这样可以最大效果地吸收制冷剂蒸气，产生的溶解热由管内流动的冷却水带走。

吸收器与蒸发器同处一个压力区，通常也将他们置于同一壳体中，组成蒸发-吸收器。

其布置方式主要有平行布置与上下叠置。平行布置又可分为左右平行布置与左中右平行布置。左中右平行布置的吸收器一分为二在左右排列、蒸发器居中。平行布置的方式目前被普遍采用，其优点是能节省空间，降低制冷剂蒸气的流速，强化传质效果。上下叠置一般采取蒸发器在上，吸收器在下的方式。对大型机组也可将蒸发器分为两部分，形成双水盘结构。蒸发-吸收器由筒体、封盖、传热管、喷淋系统、抽气管系、隔板、液囊、挡液装置、水盘等构成。

### 4. 热交换器

热变换器的作用是将来自吸收器的稀溶液和来自发生器的浓溶液在其中进行换热，回收热量，以提高制冷系数。其作用一方面使进入发生器的稀溶液温度升高，降低发生器的热负荷；另一方面冷却从发生器出来的浓溶液，减小吸收器的热负荷。热交换器一般为管壳式热交换器，外壳用碳钢制作，传热管采用紫铜管或碳钢管。

单效机组只有一个热交换器，而双效机组除了有高、低温两个热交换器外，还有凝水换热器。凝水换热器的作用是回收高压发生器中工作蒸汽凝水的余热。一般它用于加热进入低压发生器的稀溶液。

# 项目二　吸收式制冷机组的自动控制

随着溴化锂吸收式机组在技术上的不断完善，人们对机组的自动控制提出了更高的要求。自动控制装置已成为溴化锂机组的重要组成部分，功能齐全的自动控制装置，不仅能够减轻操作人员的劳动强度、改善劳动条件、提高管理效率，而且可使机组的运行参数长期稳定在合理的工况范围内，经济可靠地运行，从而延长了机组的使用寿命。溴化锂机组的自动控制系统主要有三个部分，即安全保护系统、能量调节系统与程序控制系统。安全保护系统的作用是使用电子器件和设备监控机组的运行状态，一旦机组发生故障，及时发出报警信号并采取相应措施，以保证机组安全运行。能量调节系统是当外界负荷发生变化时、通过对加热热源、溶液循环量等参数的调节，使机组的输出能量发生相应变化，使冷水出水温度稳定在一定范围内。程序控制系统则是根据机组的工艺流程和规定的操作程序，启功或停止机组及相关的设备。

吸收式制冷是利用两种物质所组成的二元溶液作为工质来进行的。这两种物质在同一压强下有不同的沸点，其中高沸点的组分称为吸收剂，低沸点的组分称为制冷剂。常用的吸收剂-制冷剂组合有两种：一种是溴化锂-水，通常适用于大型中央空调；另一种是水-氨，通常适用于小型空调。

蒸汽吸收式制冷系统是由发生器、冷凝器、制冷节流阀、蒸发器、吸收器、溶液节流阀、溶液热交换器和溶液泵组成。如图7-5所示，整个系统包括两个回路：一个是制冷剂回路，一个是溶液回路。

制冷剂回路由冷凝器、制冷剂节流阀、蒸发器组成。高压制冷剂气体在冷凝器中冷凝，产生的高压制冷剂液体经节流后到蒸发器蒸发制冷。溶液回路由发生器、吸收器、溶液节流阀、溶液热交换器和溶液泵组成。在吸收器中，吸收剂吸收来自蒸发器的低压制冷剂气体，形成富含制冷剂的溶液，将该溶液用泵送到发生器，经过加热使溶液中的制冷剂重新蒸发出来，送入冷凝器。另一方面，发生后的溶液重新恢复到原来的成分，经冷却、节流后成为具有吸收能力的吸收液，进入吸收器，吸收来自蒸发器的低压制冷剂蒸汽。吸收过程中伴随释

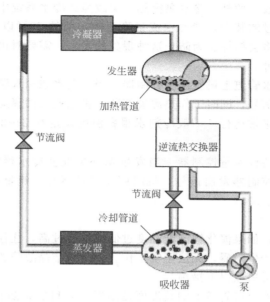

图 7-5　蒸汽吸收式制冷系统图

放吸收热，为了保证吸收的顺利进行，需要冷却吸收液。

在蒸汽吸收式制冷中，吸收器好比压缩机的吸入侧；发生器好比压缩机的排出侧；对发生器内溶液进行加热，提供提高制冷剂蒸汽压力的能量。

**一、吸收式制冷机组的安全保护**

安全保护系统是实现溴化锂机组自动控制的必要部分，也是使其安全可靠运行的必要保障。它的主要功能是在系统出现异常工作状态时，能够及时预报、警告，并能视情况恶化的程度，采取相应的保护措施，防止事故发生；此外还可进行安全性监视等。

溴化锂吸收式机组的安全保护按故障发生的程度可分为两种：一种为非自处理故障（又称为重故障）保护；另一种为自处理故障（又称为轻故障）保护。重故障保护是针对机组设备发生异常情况而采取的保护措施。这种情况下，系统故障发生，导致安全保护装置动作而停机后，必须检测设备，查出机组异常工作的原因，待排除故障后，再通过人工启动才能使机组恢复正常运行。例如冷水流量过小（或断水）、高压发生器溶液温度过高、高压发生器压力过高、屏蔽泵过载、冷却水断水、高压发生器高温高压、冷却水低温等均属于重故障保护。轻故障保护是针对机组偏离正常工况而采取的一种不需要停机而自动处理的保护措施，通常，机组自动控制系统能够根据异常情况采取相应措施，使参数从异常恢复到正常，并使机组自动重新启动运行。例如冷剂水液位过高或过低、高压发生器溶液液位过高、自动熔晶装置高温、冷水低温、冷剂水低温和熔晶管高温等均属于轻故障保护。

溴化锂吸收式机组在运转过程中，常见的故障有：溶液结晶、屏蔽泵故障、冷剂水污染等。如果操作不当也会发生蒸发器传热管冻裂、发生器传热管破损等事故。故障发生则使机组降低输出负荷，甚至无法正常运转，事故的发生则会导致设备损坏，使机组停止运转。因此，必须设置安全保护系统，以避免上述故障和事故的发生。

1. 低温保护装置

机组工作时，如果外界需要的负荷量小于机组的制冷量，冷水出口温度就会逐渐降低。若未及时发现并采取相应措施，往往会产生冻结现象，使传热管冻裂。严重时会造成传热管大量破损，导致重大事故。此外，冷水泵突然发生故障或冷水系统中管道阀门未打开；以及管道中杂质过多而堵塞过滤装置，使冷水流量降至额定值的50％以下，都可以使机组蒸发器管内冷水冰结，机组将会损坏。为防止这种现象的发生，需要对机组采取低温保护。低温保护系统主要有以下两种。

(1) 在冷剂水或冷水管道上设置温度控制器　当冷剂水或冷水温度低于设定值时，温度控制器动作，发出报警信号，同时工作热源被切断，机组投入稀释运行。待水温回升高于设定值后，机组重新投入正常运行。一般冷剂水报警温度设定在2～3℃，冷水报警温度设定在3～4℃。

(2) 在冷水管道上装设流量控制器　当发生意外情况使冷水流量减小（低于额定值的50％）或断流时，流量控制器发出信号，机组停止制冷运行。流量控制器通常有压差控制器、靶式流量控制器。

2. 防结晶装置

机组在运行过程中，如果溴化锂溶液温度过低或浓度过高，往往会出现溶液结晶，管路受到堵塞，使机组循环产生障碍，无法正常工作。为避免结晶故障的发生，除在结构设计中设置自动熔晶管外，还可采取以下措施。

(1) 在发生器浓溶液出口管道上加装温度控制器　其目的是防止发生器溶液温度过高。溶液温度越高浓度也越高，合理控制溶液温度可以保证溶液浓度低于结晶范围。在不同工作热源加热条件下，通常双效机组中高压发生器浓溶液出口设定温度为165～170℃，单效机组中发生器浓溶液出口设定温度在105～110℃。一旦高于设定值，温度控制器触点动作，发出报警信号，同时关闭加热源，使机组进入稀释运行。

(2) 在冷却水管道上装设流量控制器　冷却水的作用是带走吸收器和冷凝器中产生的热量。如果冷却水流量减小或发生断流，会使吸收效果减弱，稀溶液浓度升高，易发生结晶故障。因此，在冷却水管道上装设流量控制器，当冷却水流量小到一定值时（例如减小至额定值70％以下）发出报警信号，同时切断热源，进入稀释状态。

(3) 在自动抽气装置集气桶上设置真空检测仪表　自动抽气装置与蒸发-吸收器相连。如果机组发生泄漏，会严重影响蒸发与吸收的效果，使送往发生器的稀溶液浓度升高，导致发生器出口浓溶液浓度过高而发生结晶故障。在机组中一般采用薄膜式真空压力计，将真空检测仪表与主控件相连，随时监控机组内的真空度。一旦发现泄漏，立即报警或启动真空泵排气。

(4) 在冷却水管道上安装温度控制器　冷却水温度过低（例如小于20℃）会导致溶液热交换器稀溶液侧温度过低，从而引起热交换器浓溶液侧结晶。另外，冷却水温度过低，溶液浓度下降，使蒸发器冷剂水液位下降，影响冷剂泵的正常工作。为避免结晶，就要在冷却水管道上安装温度控制器，有两种安装方法。

① 将温度控制器安装在冷凝器出水管道上，温度控制器发出的信号控制冷却水量的增减，从而使冷凝器冷却水出水温度基本恒定。

② 将温度控制器安装在吸收器进水管路上。

为保证冷剂泵的正常工作，可在机组中专设冷剂储液桶，依据冷凝压力的变化，由冷剂水储液桶调节蒸发器中的冷剂水量，以保证冷剂泵的正常工作。冷却水的温度降低可使运转时的能耗减小，可在制冷机中设置控制机构，避免结晶情况发生，以提高冷却水温的工件范围，国外已能在冷却水温度降低到15℃时运转，而机组不发生故障。

(5) 在加热蒸汽进口处装设控制压力表　过高的蒸汽压力往往会导致浓溶液浓度超过设定范围而引起结晶现象，装设控制压力表可以将蒸汽压力控制在允许的范围内，保证机组安全稳定地运行。

（6）设置停机防结晶保护　机组停机后，由于发生器溶液浓度比较高，有可能因温度降低而发生结晶。停机防结晶保护可采用延时继电器，使溶液泵和冷剂泵在切断热源后再运行一段时间，以使稀溶液和浓溶液充分混合。另外，还可以在发生器浓溶液出口管路上安装温度控制器，待溶液稀释至一定温度后再停机。利用溶液温度降低到一定值后停机，比延时一段时间后停机，更能反映出机组中停机时的溶液质量分数，目前用得较多。

在利用微机控制的机组中，可以通过专用传感器检测溶液的浓度，进而算出最佳的稀释循环运转时间，使稀释运转处于最佳程度。

3. 发生器溶液液位控制装置

对于沉浸式发生器而言，使溶液液面保持在合理的范围内相当重要。液位过高会使发生器静液柱高度增加，降低传热效果，并且还会造成冷剂水污染；液位过低会使传热管暴露在溶液的液面之外，传热面积得不到充分利用，降低传热效果，还影响传热管的寿命。对于正在运行的机组，由于工况条件的变化使得发生器的液面产生波动是不可避免的。为使发生器溶液液位保持相对稳定，在发生器上加装了液位传感器。液位传感器随时将溶液液位波动转换成电信号，送往控制中心，与设定值比较后，通过执行机构调节进入发生器的溶液量。对于溴化锂机组而言，常用的液位传感器主要有电极式与浮球式两种形式，常用的执行机构有电动执行器和变频调速器。

4. 屏蔽泵保护装置

屏蔽泵是机组中主要的运转部件，对机组的正常运行起着关键性的作用。通常采取如下保护措施。

（1）吸空保护　如果吸入高度不够，屏蔽泵会出现吸空，易发生气蚀现象，影响泵的正常工作及使用寿命。为防止屏蔽泵吸空，一般在冷剂水液囊中设置液位控制器。当液位过低时，控制器低位触点动作，切断屏蔽泵电源。

（2）过流保护　在电路中安装热继电器或熔断器等保护装置，当屏蔽泵因故障过载时，保护装置及时切断电源以待检修。

**二、吸收式制冷机组能量的自动调节**

能量的自动调节系指根据外界负荷的变化，自动地调节机组的制冷量，使蒸发器中冷媒水的出口温度基本保持恒定，以保证生产工艺或空调对水温的需求，并使机组在较高的热效率下正常运行。

溴化锂吸收式制冷机能量调节的方法很多，基本原理如图7-6所示。把制冷机作为调节对象，蒸发器的冷媒水出口温度作为被调参数，外界的变化作为扰动。当某种扰动使得外界负荷发生变动时，蒸发器冷媒水的出口温度随之变化，通过感温元件发出讯号，与比较元件的给定值比较后将讯号送往调节器，然后由调节器发出调节讯号，驱使执行机构朝着克服扰动的方向动作，以保持冷媒水出口温度的基本恒定。

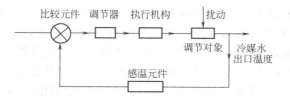

图 7-6　能量自动调节系统原理图

通过对影响溴化锂吸收式制冷机性能的各种因素的分析，能量调节的主要方法有：

① 加热蒸气量调节法；

② 加热蒸气压力调节法；

③ 加热蒸气凝结水量调节法；

④ 冷却水量调节法；

⑤ 溶液循环量调节法；

⑥ 溶液循环量与蒸气量组合调节法；

⑦ 溶液循环量与加热蒸气凝结水量组合调节法。

以上各种调节方法各有优缺点。目前多采用⑥、⑦两种组合调节法，其优点是调节制冷量时蒸气的单耗量没有显著变化，同时能减少浓溶液结晶的可能性。

### 三、微机自动控制

对于溴化锂机组的自动控制系统，可采用继电器与其它控制仪表组成的全自动控制、工业可编程控制器（PLC）、单片机、工业控制计算机等。目前溴化锂机组制造厂一般都采用工业可编程控制器控制，小型控制系统采用单板计算机控制，大型控制系统采用微机控制。

溴化锂吸收式冷热水机组的控制系统，通常具有"一键"开机、"一键"关机、能量自动控制、液位自动调节、轻故障自动处理、重故障自动报警、稀释停机等功能。微机技术在溴化锂机组控制上的应用，主要表现在实现复杂的调节规律、改善调节品质、提高机组运行的经济性，并且通过网络系统组成集中控制网络，通过检测仪器对设备中的某些重要部位进行温度、压力、流量、液位和浓度等参数的采集；通过存储器等电子设备对蒸汽压力、液位、冷热水出口温度等参数进行初始设定；通过编写相关的程序对温度、压力、流量、液位和浓度等参数进行控制，接受开停机等多项控制指令；通过显示设备可对流量、制冷或制热负荷、各参数点温度、时钟等参数进行显示，也可使用发光灯来反映机组运行状态等。同时，溴化锂微机控制系统还可以与空调微机系统联网构成二级控制系统，还可进一步与中央空调控制微机联网，由中央控制系统进行集中管理。

#### 1. 系统组成

微机控制系统由硬件与软件组成。微机的核心是 CPU，CPU 的运算、控制是通过执行指令来实现的。针对某种需要而为微机编制的指令序列称为软件。软件可分为应用软件和系统软件两类。应用软件是专为某一应用目的而编制的软件，微机控制系统中的过程控制程序以及计算程序就属于应用软件，一般需要用户根据要求编写。系统软件是指管理微机的程序，其作用是支持应用软件的运行，对硬件进行管理和维护。对于小型的自动控制系统可以采用单片机代替微机编写汇编程序来实现对机组的自动控制。

微机控制系统的硬件主要由主机、接口电路、终端设备和传感变送元件等组成。对于小型的自动控制系统一般可直接用单片机印制成相应的电路板采用直接数字控制溴化锂机组，在该控制系统中被控参数通过传感器采集，并由变送器转换成统一的电压或电流信号。由于采集的信号很多，系统装许多 A/D 转换器不经济，一般设一个多路开关将各被测参数分别与 A/D 转换器相连，避免各信号相互干扰。另外现场被测参数是连续变化的，微机采集是断续的，要求被测参数未被采样时仍能维持一个定值，所以在多路开关后应设数据采样器和信号保持器，信号保持器的作用是在信号没有被单片机读取并比较之前一直保持原有状态。该信号由 A/D 转换器转换成数字量，进入单片机与所设定的值进行运算处理。运算得出的控制数据由 D/A 转换器转换为模拟量输送给执行元件，同时还输出各种控制信号，并利用终端设备对机组的运行参数进行显示、打印、报警或更改设定参数。

2. 系统的功能

根据机组的检测与控制要求，微机控制所实现的功能分为检测功能、记忆功能、预报功能和执行功能。

（1）检测功能　为实现机组状态监视、参数控制、故障诊断及安全保护等功能，微机控制系统对机组各部件中的主要参数进行检测与显示。主要检测参数为温度、压力、流量、液位和质量百分数等。

微机控制系统除检测系统的参数外，还可进行机组运行状态的监视，其中包括机组控制方式、运行状态、运行参数、液位高度、参数动态流程图、浓溶液动态运行图的显示，以及溶液泵运转、冷水泵运转、冷却水泵运转、机组故障的监视等。

机组控制方式按照季节可分为制冷和制热两种相反的控制方式，按照控制的自动化程度可分为自动和手动；机组运行状态包括运行中、稀释运行及停止；主要运行参数包括冷（热）水进口温度、冷（热）水出口温度、冷却水进口温度、高压发生器溶液出口温度、加热蒸汽压力、蒸汽凝水温度、排烟温度等；液位高度为高压发生器中的高液位与低液位的显示；参数动态流程图可将机组运行状态及各参数的实际值显示在系统流程图上。

如图 7-7 所示为浓溶液动态运行图，该图可显示一定质量百分数的溴化锂浓溶液的结晶温度与安全温度，浓溶液当前所处的状态、浓溶液的温度和质量百分数，同时指出浓溶液随温度、质量百分数变化的结晶线与安全线，当浓溶液的状态点处在图中所示的虚线以上时，浓溶液就处于安全范围之内。

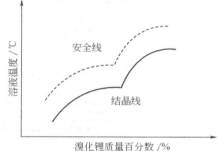

图 7-7　浓溶液动态运行图

（2）记忆功能　为便于机组的运行管理，通常把以往的运行数据存储下来以便机组运行趋势的分析、判断，为此微机控制系统设置了数据存储单元，可存储一些重要的数据，在工程上称作记忆功能。这种记忆功能包括机组资料的存储和以往运行数据的记录等。

微机所存储的机组资料包括机组的型号、工作原理、基本操作方法和维护保养方法等。用户可根据需要随时查阅这些资料。运行记录数据包括机组累计运行时间，以往运行参数，机组故障发生的次数、故障发生的具体内容、程度和故障发生时的具体参数记录等。此外，以往数据的记录还可以指示机组运行的趋势，如在浓溶液动态运行状态的分析中，可以通过对以往数据的记录，显示浓溶液运行趋势，预测机组未来的运行状态。

（3）预报功能　为使机组更安全可靠地运行，微机控制系统加入了对机组运行故障的预报功能——故障预报系统。故障预报系统能够通过微机操作界面，在机组出现故障时，提前指出故障部位、故障原因和故障处理方法，使操作人员对故障的处理更熟练和快捷，这样就可提高机组的使用效率和运行可靠性。故障预报系统主要通过对系统的故障进行诊断得出相应结论的，微机的故障诊断方式分为两种。

① 直接诊断　通过对机组主要运行参数的采集，将采样值与设定值或规定值进行比较，得出相应的结论。对于蒸气型吸收机组其相应的主要检测内容为：冷水断水、冷水低温、溶液泵过流、变频器故障、熔晶管高温、冷却水断水、冷却水低温、高压发生器溶液高温与高压、冷剂泵过流、蒸气压力高和冷剂水低温等故障。

② 间接诊断　通过对机组主要运行参数进行采集，把这些运行数据和历史运行数据通

过相应的软件进行综合计算、分析，判断机组异常工作或将要发生异常的设备或部件，实现故障提前预报的功能。这种方法能够综合分析系统，对各部件进行综合评价，保证机组的各部件时刻处于最佳状态下运行，防止事故的发生，真正体现了微机控制的智能化。

如图 7-8 所示是吸收器故障检测系统，它是溴化锂冷水机组的异常检测系统的一部分。系统首先测量冷水、冷却水和吸收器溶液的一组温度与流量，包括冷却水的进口温度、冷却水的出口温度、冷却水流量、吸收器溶液进出口温度、冷水进出口温度和冷水流量等。然后将测得的数据送入各自的计算回路进行计算。计算回路主要有三个：计算回路 1 是根据简单的四则运算计算式计算的实际平均温度差；计算回路 2 是计算吸收器中的热交换量；计算回路 3 是计算出制冷负荷，与计算回路 2 所算得的热交换量比较，推算出理想的平均温度差，并将此与计算回路 1 的数据进行对比，从而计算出吸收器处于异常状态的程度。

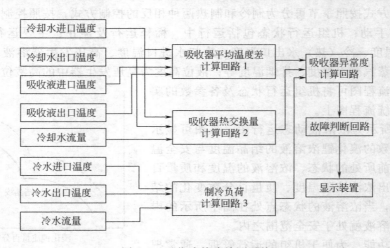

图 7-8  吸收式故障检测系统

（4）执行功能  系统的执行功能主要有控制与执行功能、机组联控功能和远程监控功能三个方面，这些功能是通过微机控制系统完成的。微机控制系统包括单元控制系统和集中控制系统，单元控制系统可实现单机组的控制和安全保护，集中控制系统可实现多台溴化锂机组的集中监控。

① 控制与执行功能  控制与执行功能主要包括如下六个方面：

a. 控制系统能随时监视机组浓溶液的质量分数，根据冷却水的进口温度，控制热源的供应量，使机组在恰当的质量分数下运行，既防止了机组的结晶，又提高了机组的运转效率；

b. 控制系统采用变频器控制溶液泵，使机组在最佳溶液循环量下运行，提高了机组的运转效率，缩短了启动时间，减少了能源消耗；

c. 实现机组的能量调节，系统可采用模糊控制或 PID 控制规律，根据冷热水的温度和机组参数设定值，连续地控制燃烧器的燃烧量或蒸汽的阀门开度，使冷媒水的出水温度能够稳定在很高的控制精度上，提高了机组的运转效率，更适合于高精度的温度控制场所；

d. 控制系统按规定程序执行机组的正常开、停机任务和机组的非正常停机（故障停机）任务；

e. 控制系统可随时监视机组运转质量百分数，计算出最佳的稀释运行时间，使机组在停机后能够处于最佳的质量百分数状态，既防止了结晶，又加快了再次开机的速度，达到经济稀释运转的目的；

　　f. 控制系统对一些重要参数执行安全保护功能。

　　② 机组联控功能　控制系统能够根据外界所需要的热负荷合理地调配多台机组，并能联动控制外部水泵与风机，使机组更经济、可靠地运行。

　　例如：某机组有 3 台制冷量为 1000kW 的机组，总制冷量为 3000kW。机组运行过程中，通过安装在冷水进出口处的温度传感器，以及测得的冷水流量值，计算出机组应产生的总制冷量（外界所需要的热负荷）。当外界所需要的热负荷降至 2000kW 时，就停止一台机组，同时停止与该机组对应的水泵和风机；当外界所需要的热负荷升至 2300kW 时，重新启动该机组。与该方式相同，当外界所需要的热负荷降至 1000kW 时，就停止两台机组，同时停止与这两台机组对应的水泵和风机；当外界所需要的热负荷升至 1150kW 时，重新启动一台机组。依此类推。

　　通过以上方式，实现各台机组之间既协调又经济的运行。同时，在机组运行过程中，各台机组也会根据外界热负荷的变化自动调节机组本身的制冷量。

　　③ 远程监控功能　为了使生产厂家能够对各地用户的机组进行监视和维护，了解各地用户机组的使用情况，帮助用户管理好机组，延长机组的使用寿命，同时为便于对已经具有楼宇智能化控制及其它控制网络的用户进行机组的监控，集中控制系统还具有远程监控功能，通过计算机网络对机组实行监控。

　　**3. PLC 自动控制系统**

　　PLC 与其它控制器件所组成的控制系统比较如下：

　　① 与继电器控制相比较　继电器控制逻辑采用硬接线逻辑，利用继电器机械触点的串联或并联及延时继电器的滞后动作等，组合成复杂的控制逻辑，其缺点是连线多而复杂、体积大、功耗大，一旦做成控制系统，想再改变或增加控制功能都很困难，另外每个继电器触点数目有限（一般来讲交流接触器有 4 对触点，中间继电器有 4～8 对触点），因此其灵活性和扩展性很差。而 PLC 采用存储逻辑，其控制逻辑以程序方式存储在内存中，要改变控制逻辑，只需改变程序，故称为"软接线"，其优点是连线少、体积小，加之 PLC 中每个软继电器的触点理论上无限多，因此灵活性和扩展性很好。

　　② 与工业控制计算机相比较　计算机具有丰富的软件支持，可以编制出各式各样的应用软件来满足不同的控制要求，运行速度快。但软件编程比较复杂，不宜被电气工程师迅速掌握，再加上其价格高、能耗大、占据空间多和抗干扰能力不如 PLC 强。一般来讲，在工程上用工业计算机编制 PLC 的梯形图，并用它将相应的控制程序输入到 PLC 中，而这些要求对电气工程师来说是很容易掌握的。

　　③ 与单片机相比较　单片机具有结构简单、使用方便、价格比较便宜等优点，一般用于数字采集和工业控制。但由于单片机不是专门针对工业现场的自动化控制而设计的，再加上其抗干扰能力差、编程复杂、并且编程人员还要对单片机的连接及相关硬件有一定的了解，同样增加了电气工程师技术的难度。所以在工业控制中也不能被广泛的应用。

　　(1) PLC 的基本概念　PLC（Programmable Logic Control）是可编程控制器的简称，国际电工委员会（IEC）的定义为：PLC 是一种数字运算操作的电子系统，专为在工业环境下应用而设计的，它采用可编程的存储器，用来在其内部存储执行逻辑运算、顺序控制、定时、计数和算术运算等操作的指令，并通过数字的、模拟的输入和输出，控制各种类型的机械或生产过程。可编程控制器及其有关设备，都应按易于与工业控制系统形成一个整体，易于扩充其功能的原则设计。

由于 PLC 是从继电器控制逻辑发展而来的，因此 PLC 最基本的控制功能是顺序控制或逻辑控制。它不但能模拟继电器控制中的继电器、定时器、时序器等功能，而且还引入了更多的其它功能，如计数、加、减、乘、除运算，甚至 PID 功能。为了方便电器控制工程技术人员，PLC 中许多术语、名称、编程方法等都沿用了继电器控制的概念。

从结构上，PLC 分为固定式和组合式（模块式）两种。固定式 PLC 包括 CPU 板、I/O 板、显示面板、内存块、电源等，这些元素组合成一个不可拆卸的整体。模块式 PLC 包括 CPU 模块、I/O 模块、内存、电源模块、底板或机架，这些模块可以按照一定规则组合配置。

PLC 在工业控制领域中占有主要的地位，随着制冷系统向高智能化的方向发展，越来越多的大型制冷系统和中央空调系统都采用 PLC 来控制机组的运行状况。PLC 控制溴化锂吸收式制冷系统是将微机技术直接用于该控制系统，是自动控制中很可靠的控制系统。它也是溴化锂吸收式制冷机成为机电一体化的产物。就 PLC 控制系统的功能而言，是针对机组在"自动"控制状态下而设定的程序。

PLC 有以下特点：

① 高度的可靠性 输入输出接口电路采用光电隔离，具有很强的抗干扰性，并有自诊断功能，平均无故障运行时间高达几十万小时以上；

② 丰富的输入/输出接口模块 针对不同的工业现场信号，有相应的输入/输出模块与现场的器件或设备连接，还有多种人机对话的接口模块、多种通讯联网的接口模块等；

③ 编程简单易学 编程大多采用类似于继电器控制线路的梯形图进行，对使用者来说不需要具备微机的专门知识，很容易理解和掌握；

④ 安装维修简单方便 PLC 控制无需专门机房，可以在各种工业环境下直接运行，使用时只需将现场的各种设备与相应的输入/输出端子相连接，系统便可以投入运行。

（2）PLC 基本原理和组成 从广义上来说，PLC 也是一种计算机控制系统，只不过它比一般的计算机具有更强的与工业过程相连接的接口，更直接的适用于控制要求的编程语言。所以 PLC 与计算机控制系统的组成十分相似，也具有中央处理器（CPU）、存储器、输入输出（I/O）接口电路、编程装置、电源和 I/O 扩展接口等。

① CPU 与一般的计算机控制系统一样，CPU 是整个 PLC 系统的控制中枢。它按照 PLC 中系统程序赋予的功能接收并存储从编程器键入的用户程序和数据；检查电源、存储器、I/O 以及警戒定时器的状态，并能诊断用户程序中的语法错误，指挥 PLC 有条不紊地进行工作。其主要任务有：控制从编程器键入的用户程序和数据的接收与存储；用扫描的方式通过 I/O 部件接收现场的状态或数据，并存入输入状态表或数据存储器中；诊断电源、PLC 内部电路的工作故障和编程中的语法错误等。PLC 进入运行状态后，从存储器逐条读取用户指令，经过命令解释后，按照指令规定的任务进行数据传送、逻辑或算术运算等。根据运算结果，更新有关标志位的状态和输出寄存器表的内容，再经输出部件实现输出控制、制表打印或数据通信等功能。为了进一步提高 PLC 的可靠性，近年来对大型 PLC 还采用双CPU 构成冗余系统，或采用 3CPU 的表决式系统。这样，即使某个 CPU 出现故障，整个系统仍能正常运行。

与通用微型计算机不同的是，PLC 是一种具有面向电气技术人员的开发语言。通常把虚拟的输入继电器、输出继电器、中间辅助继电器、时间继电器、计数器等交给用户使用。这些虚拟的继电器也称"软继电器"或"软元件"，理论上 PLC 具有无限多的常开、常闭触点，可在且只能在 PLC 上编程时使用，至于具体结构和外部接线，对系统开发人员和用户来说是透明的。

② 存储器 与普通微机系统中的存储器功能相似，用来存储系统程序和开发人员编写的程序以及在控制中所交换的数据。系统程序存储器是指用来存放系统管理、用户指令解释及标准程序模块、系统调用等程序的存储器，常用 EPROM（或称重写只读存储器）构成。用户存储器用来存储用户编制的梯形图程序或用户数据。存储用户程序的称为用户程序存储器，常用 EPROM 构成。存储用户数据的称为用户数据存储器，常用 RAM 构成。用高效的锂电池来防止掉电时所存储的信息丢失。

③ I/O 接口电路 PLC 和外围设备之间传递信息是通过 I/O 接口电路实现的，它有输入接口电路和输出接口电路两部分组成。PLC 通过输入接口电路将开关、按钮等输入信号转换成 CPU 能够接收和处理的信号；输出接口电路将 PLC 送出的弱电控制信号转换成现场需要的强电信号输出，从而用来驱动被控设备。

输入接口电路是 PLC 与工业生产现场被控对象之间的连接部件，是现场信号进入 PLC 的桥梁。该部件接收由主令元件、检测元件送来的信号。

主令元件是指由用户在控制键盘（或控制台）上操作的一切功能键，如开机、关机、调试或紧急停车等按键。主令元件给出的信号称为主令信号。检测元件的功能是检测一些物理量（如高低压发生器液位、冷却水压力、冷水压差、各点温度等）在设备工作过程中的状态，并通过输入部件送入 PLC，以控制工作程序的转换等。溴化锂机组中常见的检测元件有压力继电器、压差继电器、温度模拟输入量、继电器触点及其它各类传感器等。输入方式有两种：一种是数字量输入（也称为开关量或接点输入）；另一种是模拟量输入（也称为电输入）。后者要经过模拟/数字变换部件进入 PLC。

I/O 寻址方式有以下三种：

a. 固定的 I/O 寻址方式 此寻址方式是由 PLC 制造厂家在设计、生产 PLC 时确定的，它的每一个输入/输出点都有一个明确的固定不变的地址。一般来说，单元式的 PLC 采用这种 I/O 寻址方式。

b. 开关设定的 I/O 寻址方式 此寻址方式是由用户通过对机架和模块上的开关位置的设定来确定的。

c. 用软件来设定的 I/O 寻址方式 此寻址方式是有用户通过软件来编制 I/O 地址分配表来确定的。

④ 编程装置 编程装置用来生成用户程序，并对它进行编辑、检查和修改。编程器分为两种：一种是手持编程器，另一种是软件编程器。手持式编程器不能直接输入和编辑梯形图，只能输入和编辑指令表程序，因此又叫做指令编程器。它的体积小，价格便宜，一般用来给小型 PLC 编程，或者用来现场调试和维修。软件编程器通过 PLC 的 RS232 口与计算机相连，通过 NSTP—GR 软件（或 WINDOWS 下软件）向 PLC 内部输入程序。可以在屏幕上直接生成和编辑梯形图、指令表、功能块图和顺序功能图程序，并可以实现不同的编程语言的相互转换。程序被编译后下载到 PLC，也可以实现远程编程和传送。可以用编程软件设置 PLC 内部的各种参数。通过通信，可以显示梯形图中触点和线圈的通断情况，以及运行时 PLC 内部的各种参数，对于查找故障非常有用。

⑤ 电源 PLC 一般使用 220V 交流电源或 24V 直流电源。内部的开关电源为各模块提供各种直流电源。小型 PLC 一般可以为输入电路和外部的电子传感器（如接近开关）提供 24V 直流电源，驱动 PLC 负载的直流电源一般由用户提供。

⑥ I/O 扩展接口 若主机单元的 I/O 点数不够用时可进行 I/O 的扩展，即通过 I/O 扩

展接口电缆与 I/O 扩展单元相连接，来扩展 I/O 的点数。A/D 和 D/A 单元一般也通过接口与主机单元相连接。

（3）PLC 的结构　按照 PLC 各组成部件之间的连接关系，其结构可以分为单元结构和模块式结构两种。

① 单元结构　在一个箱体内包括有 CPU、RAM、ROM、I/O 接口及编程器或 EPROM 写入器相连的接口，与 I/O 扩展单元相连的扩展口，有输入输出端子、电源、各种指示灯等。它的特点是结构非常紧凑，将所有的电路都装入一个箱体内，构成一个整体，因而体积小、成本低、安装方便。如 OMRON 公司推出的 SYSMAC CPM1A 系列产品，采用该系列产品、温度控制器、变频器（或液位控制电动调节阀）、液位控制器、蒸汽调节阀或燃烧器等，即可组成有效的溴化锂冷热水机组的全性能自动控制系统。

② 模块式结构　该结构的 PLC 采用搭积木的方式组成系统。这种结构形式的特点是 CPU 为独立的模块，输入、输出、电源等也是独立的模块，要组成一个系统，只需在一块基板上插上 CPU、电源、输入、输出模块及其它诸如通信、数模转换、模数转换、温度模块等特殊功能模块，就能构成一个总 I/O 点数很多的大规模综合控制系统。模块式结构是当前溴化锂机组制造厂家采用最多，因为这种模块结构可以根据厂家的自我特点，来选择不同的模块以满足不同的需求。溴化锂冷热水机组选用模块结构 PLC 控制，一般需采用 CPU 模块、输入模块、输出模块、温度模块、电源模块等。

**4. 程序设计语言**

在 PLC 中有多种程序设计语言，它们是梯形图语言、布尔助记符语言、功能表图语言、功能模块图语言和结构化语句描述语言等。梯形图语言和布尔助记符语言是基本程序设计语言，它通常由一系列指令组成，用这些指令可以完成大多数简单的控制功能，例如，代替继电器、计数器、计时器完成顺序控制和逻辑控制等，通过扩展或增强指令集，它们也能执行其它的基本操作。功能表图语言和语句描述语言是高级的程序设计语言，它可根据需要去执行更有效的操作，例如，模拟量的控制，数据的操纵，报表的报印和其它基本程序设计语言无法完成的功能。功能模块图语言采用功能模块图的形式，通过软连接的方式完成所要求的控制功能，它不仅在 PLC 中得到了广泛的应用，在集散控制系统的编程和组态时也常常被采用，由于它具有连接方便、操作简单、易于掌握等特点，为广大工程设计和应用人员所喜爱。

根据 PLC 应用范围，程序设计语言可以组合使用，常用的程序设计语言是：梯形图程序设计语言；布尔助记符程序设计语言（语句表）；功能表图程序设计语言；功能模块图程序设计语言；结构化语句描述程序设计语言；梯形图与结构化语句描述程序设计语言；布尔助记符与功能表图程序设计语言；布尔助记符与结构化语句描述程序设计语言。

（1）梯形图（Ladder Diagram）程序设计语言　梯形图程序设计语言是用梯形图的图形符号来描述程序的一种程序设计语言。采用梯形图程序设计语言，程序采用梯形图的形式描述。这种程序设计语言采用因果关系来描述事件发生的条件和结果。每个梯级是一个因果关系。在梯级中，描述事件发生的条件表示在左面，事件发生的结果表示在后面。梯形图程序设计语言是最常用的一种程序设计语言。它来源于继电器逻辑控制系统的描述。

在工业过程控制领域，电气技术人员对继电器逻辑控制技术较为熟悉，因此，由这种逻辑控制技术发展而来的梯形图受到了欢迎，并得到了广泛的应用。梯形图程序设计语言的特点是：

①　与电气操作原理图相对应，具有直观性和对应性；

②　与原有继电器逻辑控制技术相一致，对电气技术人员来说，易于掌握和学习；

③　与原有的继电器逻辑控制技术的不同点是，梯形图中的能流（Power Flow）不是实际意义的电流，内部的继电器也不是实际存在的继电器，因此，应用时，需与原有继电器逻辑控制技术的有关概念区别对待；

④　与布尔助记符程序设计语言有一一对应关系，便于相互的转换和程序的检查。

（2）布尔助记符（Boolean Mnemonic）程序设计语言　布尔助记符程序设计语言是用布尔助记符来描述程序的一种程序设计语言。布尔助记符程序设计语言与计算机中的汇编语言非常相似，采用布尔助记符来表示操作功能。

布尔助记符程序设计语言具有下列特点：

①　采用助记符来表示操作功能，具有容易记忆，便于掌握的特点；

②　在编程器的键盘上采用助记符表示，具有便于操作的特点，可在无计算机的场合进行编程设计；

③　与梯形图有一一对应关系。其特点与梯形图语言基本类同。

（3）功能表图（Sepuential Function Chart）程序设计语言　功能表图程序设计语言是用功能表图来描述程序的一种程序设计语言。它是近年来发展起来的一种程序设计语言。采用功能表图的描述，控制系统被分为若干个子系统，从功能入手，使系统的操作具有明确的含义，便于设计人员和操作人员设计思想的沟通，便于程序的分工设计和检查调试。

功能表图程序设计语言的特点是：

①　以功能为主线，条理清楚，便于对程序操作的理解和掌握；

②　对大型的程序，可分工设计，采用较为灵活的程序结构，可节省程序设计时间和调试时间；

③　常用于系统的规模较大、程序关系较复杂的场合；

④　只有在活动步的命令和操作被执行，对活动步后的转换进行扫描，因此，整个程序的扫描时间较其他程序编制的程序扫描时间要大大缩短。功能表图来源于佩特利（Petri）网，由于它具有图形表达方式，能较简单和清楚地描述并发系统和复杂系统的所有现象，并能对系统中存有的死锁、不安全等反常现象进行分析和建模，在模型的基础上能直接编程，所以，得到了广泛的应用。近几年推出的 PLC 和小型集散控制系统中也已提供了采用功能表图描述语言进行编程的软件。

（4）功能模块图（Function Block）程序设计语言　功能模块图程序设计语言是采用功能模块来表示模块所具有的功能，不同的功能模块有不同的功能。它有若干个输入端和输出端，通过软连接的方式，分别连接到所需的其它端子，完成所需的控制运算或控制功能。功能模块可以分为不同的类型，在同一种类型中，也可能因功能参数的不同而使功能或应用范围有所差别，例如，输入端的数量、输入信号的类型等的不同使它的使用范围不同。由于采用软连接的方式进行功能模块之间及功能模块与外部端子的连接，因此控制方案的更改、信号连接的替换等操作可以很方便实现。

功能模块图程序设计语言的特点是：

①　以功能模块为单位，从控制功能入手，使控制方案的分析和理解变得容易；

②　功能模块是用图形化的方法描述功能，它的直观性大大方便了设计人员的编程和组态，有较好的易操作性；

③　对控制规模较大、控制关系较复杂的系统，由于控制功能的关系可以较清楚地表达

出来，因此，编程和组态时间可以缩短，调试时间也能减少；

④ 由于每种功能模块需要占用一定的程序内存，对功能模块的执行需要一定的执行时间，因此，这种设计语言在大中型 PLC 和集散控制系统的编程和组态中才被采用。

（5）结构化语句（Structured Text）描述程序设计语言　结构化语句描述程序设计语言是用结构化的描述语句来描述程序的一种程序设计语言。它是一种类似于高级语言的程序设计语言。在大中型的 PLC 系统中，常采用结构化语句描述程序设计语言来描述控制系统中各个变量的关系。它也被用于集散控制系统的编程和组态。结构化语句描述程序设计语言采用计算机的描述语句来描述系统中各种变量之间的各种运算关系，完成所需的功能或操作。大多数制造厂商采用的语句描述程序设计语言与 BASIC 语言、PASCAL 语言或 C 语言等高级语言相类似，但为了应用方便，在语句的表达方法及语句的种类等方面都进行了简化。

结构化语句描述程序设计语言具有下列特点：

① 采用高级语言进行编程，可以完成较复杂的控制运算；

② 需要有一定的计算机高级程序设计语言的知识和编程技巧，对编程人员的技能要求较高，普通电气人员一般无法完成。

③ 直观性和易操作性等性能较差；

④ 常被用于采用功能模块等其他语言较难实现的一些控制功能的实施。部分 PLC 的制造厂商为用户提供了简单的结构化程序设计语言，它与助记符程序设计语言相似，对程序的步数有一定的限制，同时，提供了与 PLC 间的接口或通信连接程序的编制方式，为用户的应用程序提供了扩展余地。

设计一个 PLC 控制系统，需要如下步骤：

① 设计与之相关的继电器控制图；

② 确定 PLC 中所需的 I/O 点数；

③ 画出相应的梯形图；

④ 通过 FPWIN GR 软件把梯形图转换成与该 PLC 型号一致的指令，通过数据线输入到 PLC 的存储器中；

⑤ 根据设计进行外部接线。

如图 7-9 所示为用继电器控制电动机正反转的一个简单例子，SB$_1$、SB$_2$ 和 SB$_3$ 是三个开关，其中 SB$_1$ 为总开关，通过切换 SB$_2$ 和 SB$_3$ 就可以实现电动机的正反转。由此可知

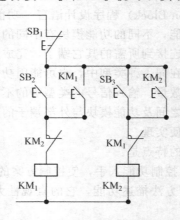

图 7-9　电动机正反转继电器

$SB_1$、$SB_2$ 和 $SB_3$ 必须接在 PLC 的三个输入端子上，分配为 $X_0$、$X_1$ 和 $X_2$；而输出只有两个交流接触器 $KM_1$ 和 $KM_2$，它们是 PLC 的输出端需要控制的设备，要占用两个输出端子，可分配为 $Y_0$ 和 $Y_1$，所以整个控制系统需要用 5 个 I/O 点，其中三个为输入点，两个为输出点。对于用于自锁和互锁的那些触点，因为不占用外部接线端子，而是由内部"软开关"代替，所以不占用 I/O 点。

经过上面的分析，其梯形图如图 7-10(a) 所示，最终的 PLC 外部接线如图 7-10(b) 所示。在 PLC 的面板上标有"COM"的端子就是公共端，但是"COM"端的分配因机型而异，有的是几个输入输出端子共用一个，有的是一个端子用一个。该图的输入端子共用一个公共端，输出端子也共用一个公共端。

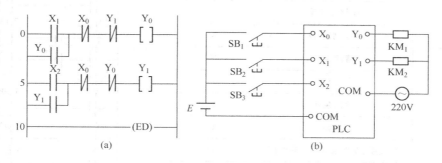

图 7-10 电动机正反转梯形图和 PLC 外部接线图

### 5. 编程举例

现以溴化锂机组开机、关机及机组发生故障为例进行说明。在对机组进行控制时，溴化锂机组先开溶液泵，延时 3s 然后开发生泵。冷剂水泵开启应根据冷剂水液位来开启。当液位高于某一位置时，液位继电器接通，3min 后开冷剂水泵，当冷剂水液位低于某一位置时，液位继电器断开，3min 后关冷剂水泵。关机后溶液进入稀释状态，机组稀释 15min 后结束，关溶液泵、发生泵、冷剂水泵等。

程序中 25313 为 OMRON 程序控制器中特殊继电器，其功能是当 PLC 得电时，第一个扫描周期产生一个 ON-OFF 脉冲，从而确保锁存继电器 $Y_4$ 置位。表 7-1 为 PLC 的工作状态表，图 7-11 为相应的梯形图。

开机运行过程：PLC 接通电源后，按开机按钮，$X_1$ 按钮触点接通，则中间继电器 $Y_1$ 得电（机组在开机状态下），$Y_2$ 继电器失电（OFF），$Y_5$ 继电器得电，从而使溶液泵开启，时间继电器 $T_0$ 线圈得电，3s 后 $T_0$ 常开触点接通，使 $Y_6$ 继电路得电（开发生泵），而冷剂泵受液位控制和机组状况控制。当液位从低到高后，冷剂水液位继电器 $X_7$ 得电，从而使时间继电器 $T_1$ 线圈得电，180s 后 $T_1$ 触点接通，保持继电器 $Y_7$ 得电（开冷剂泵）。

报警状态：当冷却水缺水继电器 $X_4$、变频器故障继电器 $X_5$，燃烧器故障继电器 $X_6$ 任意一个故障出现时，故障继电器 $Y_3$ 接通，此时开机状态继电器 $Y_1$ 失电，机组进入关机稀释过程，同时输出报警信号。继电器故障排除后按复位键，复位按钮 $X_2$ 得电，故障继电器 $Y_3$ 失电。

关机过程：按关机键 X，稀释状态继电器 $Y_2$ 得电，关机继电器 $Y_0$ 仍失电，开机状态继电器 $Y_1$ 失电，从而使稀释时间继电器 $T_3$ 线圈得电，900s 后继电器 $T_3$ 常闭触点断开，关机继电器 $Y_0$ 接通，稀释状态继电器 $Y_2$ 断开。

**表 7-1　PLC 的工作状态表**

| 状　态 | 名　称 | 符　号 |
|---|---|---|
| 输入 | 关机 | $X_0$ |
| | 开机 | $X_1$ |
| | 复位 | $X_2$ |
| | 冷媒水缺水 | $X_3$ |
| | 冷却水缺水 | $X_4$ |
| | 变频器故障 | $X_5$ |
| | 燃烧器故障 | $X_6$ |
| | 冷剂水液位 | $X_7$ |
| 输出 | 溶液泵开 | $Y_5$ |
| | 发生泵开 | $Y_6$ |
| | 冷剂泵开 | $Y_7$ |
| | 报警 | $Y_8$ |
| 时间继电器 | 溶液泵、发生泵开机间隔时间 | $T_0(3s)$ |
| | 冷剂泵液位高延迟时间 | $T_1(180s)$ |
| | 冷剂泵液位低延迟时间 | $T_2(180s)$ |
| | 关机后机组稀释时间 | $T_3(900s)$ |
| 中间继电器 | 关机状态 | $Y_0$ |
| | 开机状态 | $Y_1$ |
| | 稀释状态 | $Y_2$ |
| | 故障状态 | $Y_3$ |
| | 得电时置位 | $Y_4$ |

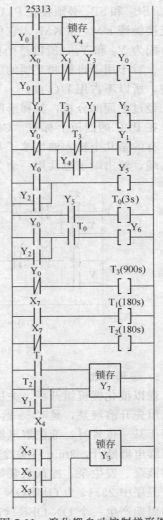

图 7-11　溴化锂自动控制梯形图

## 思　考　题

7-1　吸收式制冷机组与压缩式制冷机组自动控制有何异同？

7-2　吸收式制冷机组的安全保护措施有哪些？

7-3　吸收式制冷机组的低温保护如何实现？

7-4　吸收式制冷机组的防结晶措施有哪些？

7-5　吸收式制冷机组的屏蔽泵保护措施有哪些？

7-6　吸收式制冷机组能量调节方法有哪些？各有何特点？

7-7　吸收式制冷机组的微机控制各有何功能？

7-8　程序控制中梯形图的作用是什么？又有何特点？

7-9　程序控制中功能模块图的作用是什么？又有何特点？

# 模块八　空调系统的自动控制

**教学目标**

通过学习空调系统常用自动控制原理，掌握空调系统自动控制方法和典型空调系统控制应用。

随着国民经济的快速发展，人民的生活质量不断提高，对室内空气环境的要求也越来越高。主要的环境状态参数有温度、湿度、清洁度、流速、压力和成分等。空调系统的自动控制就是通过对空气状态参数的自动检测和调节，保持空调系统处于最优工作状态并通过安全防护装置，维护设备和建筑物的安全。

空调分为工业空调和民用空调两类。工业空调侧重于满足控制精度指标，所需调节的参数种类依生产工艺过程的要求而定。例如，集成电路生产中，重点为调节温度和控制清洁度，以保证恒温和净化。在纺织工业中，重点为保证恒定的相对湿度。人工气候室则要求温度和湿度按预定的程序变化。民用空调侧重于满足人体的舒适度要求。

在设备的能量调节方面，只有使运行中设备的实际供能及时地追踪负荷的变化，空调系统的运行才能取得最节能、最经济的效果。要想做到这一点，对于这种随机变化的负荷，要想用手动操纵方式实现追踪式的调节，显然是无能为力的。所以，一个包含转换控制、连锁控制、补偿控制、状态监控、能量调节等完全自动化的控制系统，可在极大程度上排除人员对操作过程的参与，从而大大减轻运行管理人员的劳动强度，减少其误操作的可能性满足空调系统自动控制的各项要求。

# 项目一　空调系统自动控制基础

虽然许多空调系统的控制系统看起来十分复杂，但即使是最复杂的系统，也总可以把它分解归纳为少量的几种基本控制方法。许许多多功能齐全、复杂的空调自动控制系统，便是按照系统的功能要求，由这些基本控制环节有机地连接和组合而成。

## 一、选择控制

比较选择控制是空调系统自动控制中较常用的一个简单控制环节。它常用于对两个输入信号进行比较，选择其中之最大信号或最小信号，作为其输出的有效控制信号。前者称为最大信号选择器，后者称为最小信号选择器。不管是在气动式控制中，还是在电子式控制中，都有相应结构的标准信号选择控制环节可供选用。电子式信号选择器的工作原理如图 8-1 所示。控制器 1 和控制器 2 除了输出各自的信号 a 和 b 仍然有效，可供其它控制用途外，两者

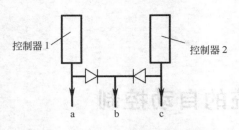

图 8-1　电子式信号选择器的工作原理

的另一路输出通过比较，另外还可获得其中的一个较大信号或较小信号，作为选择控制环节的有效输出控制信号。

信号选择控制环节的用途很多。例如，有用于新风量控制中作最小新风量的限位控制，有用于冷水表冷器的降温和去湿功能的选择控制，以及用于房间最小静压值的控制等等。在用于最小新风量控制情况下，可以采用一个固定信号给定器，在空调系统运行的全部时间内，总是输出一个恒定的，相应于新风阀最小允许开度的电压信号，比如 4V。到了秋季，当室外温度逐步下降，相应控制器的输出信号量也趋减小，以至低于 4V，有把新风阀全关的趋向。这时，给定器输出 4V 信号便会被自动地选择出来，作为此时的有效控制信号，把新风阀的开度控制在预定的最小允许开度上。

如图 8-2 所示，在某些恒温恒湿型空调系统中的夏季运行工况中，由于冷水表冷器 1 一身兼具两种功能：降温和去湿，其供冷能力的调节机构——电动二通阀或电动三通阀 8，理应同时接受两个参数——温度和相对湿度控制器的控制。但要使一个调节机构能够有序地工作，在一个时间里，它只能接受一个信号的控制。至于在某一时刻，它究竟该接受来自哪一个参数控制器的信号控制，则要看其中的哪一个信号量（如电压）大。如果实时温度接近室内温度设定值，则其相应的温度传感器 5 与控制器 7（TIC—1）的输出偏差信号很小。与此同时，如果室内相对湿度较高，偏离设定值较大，于是湿度控制器 6（MIC—2）即输出相应于这一偏差的较强控制信号。后者便会通过高值选择控制器 9（XY—3）选择出来，作为此时表冷器的有效控制信号，作用于其调节机构上，加大供冷阀的开度，直到两个参数的控制要求都得到满足为止。

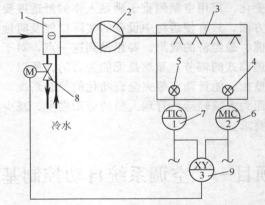

图 8-2　温度和湿度选择控制环节

1—冷水表冷器；2—送风风机；3—送风末端；4—湿度传感器；5—温度传感器；
6—湿度控制器；7—温度控制器；8—电磁阀；9—选择控制器

## 二、分程控制

分程控制的基本思想是利用单一控制器实现对多个执行机构的程序控制。是当前舒适性全空气式空调系统常常采用的既节能、又廉价的简化型多工况控制手段。对于分程控制的实施，各自控设备公司可能所用仪表各有差异，但基本原理相同。如图 8-3 所示为一种典型的应用方式——电子定位器为例来做说明。在典型的舒适性空调中，冬季系统运行时，一般只需供暖，不需供冷；春季和秋季过渡期可不供暖，也不供冷；夏季运行时，只需供冷。为了满足空调系统这一供能的变化规律要求，即可建立起如图 8-3 所示的一套自动控制系统。在这一系统中利用一只温度控制器 TIC—1 的输出信号在全年内实现对两个调节机构 V—1 和 V—2 的程序式控制。

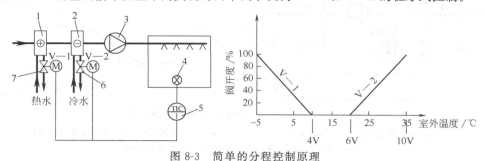

图 8-3　简单的分程控制原理

1—空气加热器；2—空气冷却器；3—送风风机；4—温度传感器；5—温度控制器；

6—冷却电磁阀；7—加热电磁阀

在这种情况下，温度控制器与（TIC—1）根据室内温度传感器 4 的信号，在全年的运行中输出（0～10V）的控制信号，同时对两个调节机构——加热电磁阀（V—1）和冷却电磁阀（V—2）进行控制。在 V—1 和 V—2 执行机构中的电子定位器可预先设定在某个互不重复的电压信号，如 V—1 预设于（0～4V），V—2 预设于（6～10V）。各个执行机构的预设电压信号段，实际上即代表其信号的响应段，亦即只有来自温度控制器 5 的信号正好处于其预设的信号响应段时，它才会有所响应，并做出相应的调节动作。如果其接受到的信号电压超出了预设的响应段范围，则将不会有所反应，因而也不会有所动作。这样，借助于分程控制，便可实现供暖与制冷功能的自动反锁。同样，如果冬季需要加湿的话，也可利用类似的分程控制原理，达到加湿器工作的自动反锁，使之不致同时动作，发生加湿与去湿功能上的相互抵消，导致能源的浪费。

### 三、温度设定值的自动再调控制

在大多数空调系统中对于温度的设定值，并不要求全年都保持于一个固定的数值。在舒适性空调系统中，一方面，基于人体对室内外温差的适应考虑；另一方面，也为了节能，往往要求冬季和夏季能有不同的温度设定值，也即冬季把室内温度设定值调整到允许的低限。夏季把它调整到允许的高限；春秋季则任其在某一允许的上下限范围内浮动。这是一种类型的室内温度设定值再调的功能要求。还有一类则是根据对象房间使用的特点，在一天内要求能对室内温度设定值进行昼夜间的周期性再调。如在餐厅的营业时间和非营业时间，办公室的工作时间和休息时间，宾馆客房的白天活动时间和夜间的睡眠时间，室内温度设定值可以进行冬季低设再调或夏季高设再调。这些都只有通过温度设定值的自动再调控制环节得以方便地实施。在后一类的室内温度自动再调控制环节中，由于需要在一天 24h 内实现周期规律性的再调，所以，除需随季节的变换，实现低设和高设的再调外，还得结合时钟的钟点控制。

至于前一类的室内温度设定值再调，其工作原理可简化如图 8-4 所示，利用室外新风空气温度传感器（T—2）及控制器 9（TIC—2）的输出信号来修正温度控制器 6（TIC—1）的室内温度设定值 T—1。

### 四、送风温度高、低限值控制

这也是如今空调控制技术中常用的一种控制环节。其主要特点一是节能，二是可改善空调对象的调节品质，减小室内被调参数的波动。

当空调房间刚开始投入使用时，其室内温度与设定值相差很大，导致控制器输出很大的信号电压，促使调节阀保持全部开度，从而把送风温度降得过低（夏季）或升得过高（冬

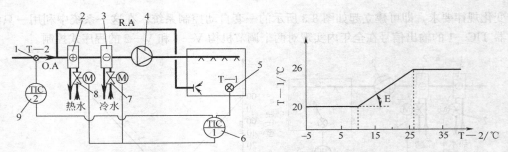

图 8-4　室内温度设定值的自动再调控制环节

1—新风温度传感器；2—空气加热器；3—空气冷却器；4—送风风机；5—室内温度传感器；
6,9—温度控制器；7—冷却电磁阀；8—加热电磁阀

季）。这过低、过高的送风温度一方面可能引起人体的不舒适感；另一方面也可能引起仪表、设备、家具，甚至建筑内装修的损坏；再一方面，也不利于节能运行。为此，有必要采取措施，把送风温度限制在一个适当的范围内。如图 8-5 所示的送风温度高限或低限控制，当室内实时温度（有时用回风温度代之）T—1 较低时（冬季），控制器 6（TIC—1）的输出信号将控制加热阀 8（V—1）于某一限定的最大开度，以使送风温度不致超过预设的上限温度。在夏季时，当室内实时温度很高时，控制器 6（TIC—1）的输出信号将控制冷却阀 7（V—2）于某一最大开度，以使送风温度不致低于某一预设的下限值。

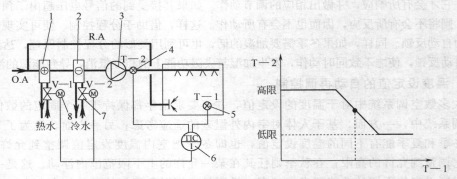

图 8-5　送风温度高、低限控制

1—空气加热器；2—空气冷却器；3—送风风机；4—送风温度传感器；5—室内温度传感器；
6—温度控制器；7—冷却电磁阀；8—加热电磁阀

这一控制的另一特点是能改善控制品质。如果室内温度传感器 5 感测到室内温度升高，通过控制器 6（TIC—1）发出指令，开大冷却阀 7（V—2）时，这以后要使流入盘管的冷水流量加大，降低其表面温度，并使通过该盘管的空气降低温度，这都需要有一定的时间。接着要把这一降低了温度的空气传输送到房间内，使之与室内空气相混合，并使温度传感器 5 所在部位的温度降低下来，这一切需要的时间将更长。待温度传感器 5 再感测出降低了的温度后需要关小阀开度时，盘管里却充满着低温的冷水，仍然在继续使室内温度下降，这就会导致室内过冷。在加热时，也会发生类似的过程，导致室内过热。这种由于系统的巨大热惯性或时间滞后所引起的较大室内温度波动，可利用送风温度传感器 4 的作用而大大减小。由于该温度传感器紧靠送风机的出口，可及时、超前地感测到系统的可能状态变化。这时如果以其感测信号按室内温度信号若干分之一的强度参与对控制器 6（TIC—1）的控制，即一旦当冷却阀 7（V—2）或加热阀 8（V—1）受控制器 6（TIC—1）的驱使加大开度时，便会很快因送风温

度传感器 4(T—2) 的迅速反应，而又从控制器 6(TIC—1) 得到一个令它稍稍收敛一点动作的指令。比如，本来按照来自传感器 5 感测的信号，要求冷却阀 7 的开度应加大到 50%，加大冷水流量后，送风温度传感器 4 迅速感测到了温度的降低，便以其预定的控制作用力度，通过控制器 6(TIC—1) 令冷却阀 7 朝关阀方向动作，使之稍稍关小一点，也即不是 50%，而可能是 45% 或更小。这样，控制的效果便可大大改善，室内的温度波动幅度可大大减小。

### 五、风量和新风量控制

风量控制的主要内容有新风量控制、送风量控制、通风机的风量控制等。此外，房间静压的控制也离不开风量控制，所以，归根到底，静压的控制也可归结于风量控制技术的范畴。至于送风量控制和风机风量的控制，则主要用于变风量空调系统和洁净室空调系统，其控制系统比较简单。在稍后阐述的应用实例中介绍。

至于新风量的控制，则比较复杂，而且随空调对象房间的功能要求不同而不同。

在恒温恒湿类空调和洁净室空调系统中，由于新风量的变化会导致湿负荷和尘负荷的大幅度和快速的波动，对室内稳定地保持所要求的恒定相对湿度和洁净度有很大的干扰作用。所以工程实用中，一般情况下都是全年采用固定不变的新风量。其控制和设定较简单，只需在系统的调试过程中，通过对新风阀的开度位置进行整定，然后即固定于此阀位。在系统的开停时，只需把新风阀的执行机构与风机的开停进行连锁控制。

在全年运行的舒适性全空气式空调系统中，情况却要复杂得多。首先，一定的新鲜空气量是房间环境卫生所必需的，系统的全年新风空气摄取量必须大于某一最小限度。在冬季和夏季，当室外温度或比熵低于（冬季）或高于（夏季）室内参数时，加大新风量会导致供暖（冬季）或供冷（夏季）负荷的增大。所以，在这一阶段，便需要施行最小新风量的控制，以节约能耗。春季和秋季，室外气温较暖和，房间内自然不会要求供暖。这时如果房间有外窗，自然对流条件好，空调可以停开。但在一个无窗或虽有窗，却不允许开窗的密闭空间里，由于室内人员、设备和照明发热，室内温度会不断升高。因此，在这一情况下要控制室内温度或舒适度，便还得向室内适当供冷才行。另一方面，此时室外空气的温度或比熵一般都低于室内所希望保持的上限温度或比熵，如果把它用作自然冷源，送入房间，便恰好可代替人工冷源，实现所谓的"免费供冷"或"新风节能经济运行"。

如图 8-6 所示空调系统是一个包含送风机 8、回风机 3 的双风机式系统。新风阀 5(V—1)、排风阀 1(V—2) 和回风阀 2(V—3) 同受一个输出信号控制，因而也是同步地工作，但回风阀 2 的动作与新风阀 5 和排风阀 1 相反。控制风阀的执行机构 M—1 带有电子定位器，其预设响应区，例如选定在 3~8V。这相当于春季和秋季的所谓过渡区，室外温度大致为

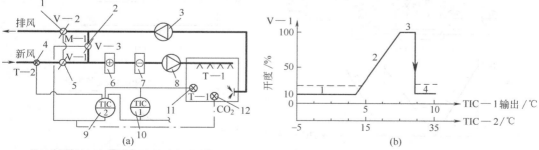

1—排风阀；2—回风阀；3—回风机；4—新风温度传感器；
5—新风阀；6—空气加热器；7—空气冷却器；8—送风机；
9,10—温度控制器；11—室内温度传感器；12—$CO_2$ 浓度传感器

图 8-6 新风量控制系统及其工作原理

10～24℃。在这一期间，新风阀5（V—1）需随室外温度的升高，逐步由某个预设的最小开度加大到100％的开度。

如图8-6所示的控制系统中，采用了两个温度控制器10（TIC—1）和9（TIC—2）。前者为多个执行机构共用的分程控制器，后者的功能在于确保系统的最小风量控制。在冬季，也即当室外空气温度低于10℃时，通过控制器TIC—2中的整定装置，可输出相应的电压信号，使新风阀阀位控制在一个最小的允许开度，比如10％。这一作用可由图8-6（b）中水平线1表示。

随着室外温度的渐次升高，停止供暖后，在两个控制器的共同作用下，由室内温度控制器10（TIC—1）通过9（TIC—2）操纵执行机构M—1，令新风阀5逐步加大开度，直到当室外温度达到大约24℃时，新风阀开足，并一直保持到当室外温度与室内温度设定值T—1相等时为止，这便是图8-6（b）中实线段2和3所代表的过渡季节新风阀的运行状况。

当由新风温度传感器4测得的室外温度信号与由室内温度传感器11反映的室内温度信号一起输入控制器9（TIC—2）后，通过比较，如前者温度超过了后者温度，即表明运行工况由过渡季节进入夏季。控制器9（TIC—2）即输出信号，进行工况转换，使新风阀5重新回到最小允许开度。这便是图8-6（b）中实线段4表示的含义。这里是用温度参数作为工况转换的依据。如作进一步优化，也有用比焓参数作为工况转换依据的，即利用类似的原理，比较新风空气和回风空气的比焓值，当前者的比焓大于后者时，进行工况的转换，这就是常说的焓值经济运行控制。

如上所述，考虑的都是预设的固定最小新风量。但是，它并不能真实反映房间人群流动状况变化的实时需要。为了进一步节能或者为了确保室内人多时，$CO_2$浓度不超出允许的标准，可采用$CO_2$浓度传感器12和相应的控制器（图8-6中未画出）代替TIC—2的部分功能。若$CO_2$浓度传感器测出的实时$CO_2$浓度值超过了预设的上限，其控制器即输出一个较高的电压信号，比如4V，于是线段1和4稍许平行上移（虚线所示），从而强制命令新风阀加大开度，增加新风空气的摄入量，确保室内空气品质。

### 六、典型的全空气式舒适性空调完整的控制系统

综合采用上述的选择控制、分程控制、新风量控制、温度设定值自动再调等各种控制环节，即可构成如图8-7所示的典型的全空气式舒适性空调的完整控制系统。

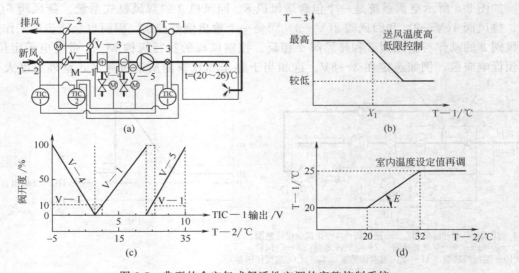

图8-7 典型的全空气式舒适性空调的完整控制系统

如图 8-7 所示系统主要由三个温度控制器组成，即 TIC—1、TIC—2 和 TIC—3。TIC—1 是一个多工况的分程控制器。TIC—2 用于作工况转换。TIC—3 用于对室内温度设定值的自动再调。采用这样一套自动控制装置后，首先，可实现多工况的节能运行，避免冷热抵消，实现新风降温经济节能运行。其次，还可实现室内温度设定值随室外温度的变化自动再调，提供进一步的节能效果。

### 七、露点温度控制

露点温度控制是工业上恒温恒湿或对室内相对湿度有上限控制要求的空调系统中最基本的一个控制环节。它主要适用于喷水室和冷水表冷器的去湿处理过程中，对空气去湿量的控制。在露点温度控制中，值得着重指出的一点是所用的传感器问题。如今在一些实际工程中往往不乏有只从字面上望文生义，以致想当然地采用露点温度计作为露点控制中的传感器现象。这是一种概念和认识上的错误。其在实际工程中的使用结果，正如屡屡实例所表明，总是导致仪器烧坏。主要原因是露点温度计自身所用材料和结构并不适宜用于相对温度接近饱和的气流介质中的缘故。

适用于露点温度控制的传感器是普通干球温度传感器。湿空气的物理性能表明，只要冷却器的表面温度足够低，且其与待处理的空气有充分的接触，则经其处理后的空气即可达到近于饱和的状态。在近于饱和温度状态下，空气的干球温度、湿球温度和露点温度是近于相等的，正是基于这一原理，在通常的露点温度控制中，一般都是利用简单、价廉、可靠、耐用的干球温度计来代替露点温度计作为露点温度传感器。必须承认，这种代替会不可避免地带来一定的测量误差，但这一误差却为大多工程实践所允许。然而，正是基于这一简化，才赋予了露点温度控制方式的经济性、实用性和通用性。

### 八、冷水表冷器和热水加热器的接管方式和控制

冷水表冷器和热水加热器的接管与控制方式与所在的整个空调水系统的调节方式有着密切的关系，两者必须协调一致。人们通常认为，在变流量式水系统中只能采用二通调节阀；而三通调节阀则只适用于定流量式水系统，这一说法是片面的，不能成立的。事实上，适用的接管和控制方式是多种多样的，只要采用适当的接管方式，三通调节阀也可用于变流量式水系统；二通调节阀也可用于定流量式水系统。如图 8-8 所示为常用的几种接管和控制方式。

如图 8-8(a)、(b) 只是表示了合流式三通调节阀的接管方式，并没有展示分流式三通调节阀的情况，如果再把分流式三通调节阀的接管形式也包括进去，接管方式种类将会更多。在冷水表冷器和热水加热器水量控制的场合，最常采用的是合流式三通调节阀，而很少有采用分流式三通调节阀的。

尽管如图 8-8 所示的各种接管和控制方式，在各类工程中都有应用，但其适用的场合各

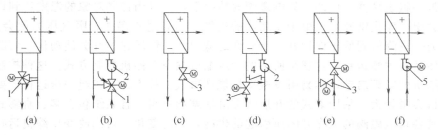

图 8-8　冷水表冷器和热水加热器的接管和控制

1—合流式三通调节阀；2—循环水泵；3—二通调节阀；4—单向阀；5—变频调速循环泵

不相同。如图 8-8(a) 所示为冷水表冷器最常用的接管和控制方式。其特点是把合流式三通调节阀 1 安排在表冷器的出水管处。其对表冷器降温去湿能力的调节是靠改变通入表冷器的冷水流量来实现的。它适用于对湿度控制有较严格要求的空调系统。另外，从整个水系统角度来说，它适用于定流量水系统。

如图 8-8(b) 所示，虽然也是采用了合流式三通调节阀 1，但由于它是安装在进水管一侧，并与定转速循环水泵 2 结合一起工作，其对表冷器的控制作用主要靠调节进入盘管的混合水温来实现的。如果把它用在比较强调表冷器去湿处理能力的场合时，便显得有欠周全。此外，从整个水系统角度而言，它适用于变流量式水系统。

如图 8-8(c) 所示为二通调节阀的典型应用，其对表冷器的控制作用在于对进入盘管的水量实行调节。它适用于变流量式水系统。

如图 8-8(d) 所示为常用于热水加热器。其运行特点是利用循环泵混合部分回水，调节供水温度，实现对加热度的控制，它适用于变流量式水系统。

如图 8-8(e) 所示系统的调节作用与图 8-8(a) 的三通调节阀类似，只不过在这里是用两只二通调节阀接受同一控制器的输出信号控制，但调节作用方向相反。与图 8-8(a) 所示系统类似，也只适用于定流量式水系统。

如图 8-8(f) 所示为近年来较新的一种控制系统，采用变频调速循环泵 5，根据控制对象的温度或湿度传感器和控制器的指令，自动改变水泵转速，调节冷水（或热水）进入盘管的流量。其主要优点是接管简洁、调节性能可靠、技术先进。适用于变流量式水系统。

### 九、直接膨胀式冷却器的控制

由于直接膨胀式冷却器既是空调系统中的空气冷却器，又是复杂的制冷循环中的蒸发器，其供冷能力的控制，既要满足出风温度的实际调节需要，又要顾及制冷系统安全运行和能量调节的可能性。由于制冷系统运行机理的复杂性和相应控制仪表技术的发展水平的限制，直接膨胀式冷却器的控制技术长期以来停滞不前，直到近年来才有所改观。

#### 1. 采用电磁阀的开-关式控制

这是沿用了很久，直到现在仍然广泛应用的一种典型的直接膨胀式表冷器的能量控制方式。如在柜式空调器和低温空调用冷风机等冷却盘管上如今普遍采用的都是这一控制方式。其工作原理是根据对象房间温度与设定值的偏差信号控制制冷系统供液管路上电磁阀的开或关，亦即当室内温度传感器感测到温度达到设定值的下限时，便发出信号，令电磁阀关闭，停止向蒸发盘管内供液。反之，则打开电磁阀，恢复向蒸发器供液。显然，这样的开-关式控制，由于动差大，室内温度波动大，控制的效果和质量差。因而被公认为不适用于对温度和湿度有较精确控制要求的装置中。

若从其作为制冷装置中的蒸发器角度看，则问题要复杂得多。如图 8-9 所示，采用一台压缩机配带一组表冷器，也即一只电磁阀的情况下，一旦当控制对象的温度达到设定值，以致电磁阀关闭，停止供液后，由于压缩机的连续运行，过不多久，吸气压力便会迅速下降。当吸气压力一旦降低到低压保护开关所允许的低限时，低压保护开关便动作，切断压缩机的电源，迫使系统中断运行。这就是所谓的"压缩机抽空"停机控制方式。这种控制方式由于会导致压缩机的频繁启动，容易引发电动机烧坏事故，故不符合机组安全运行的要求。

在单机容量较大，采用老式的开启式多缸活塞型机组，且系统包含多台直膨式冷却器的情况下，其各自电磁阀的无序开闭所引起的供冷容量的变化，可用改变压缩机运行缸数的方法进行调节。但目前，空调装置普遍采用半封闭式多缸活塞型机组的情况下，显然，难以采用这种运行缸数的调节方式了。在此情况下，为保证压缩机能以某一最小容量工况下连续运

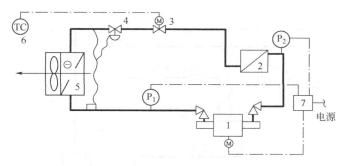

图 8-9 直接膨胀时盘管的电磁阀开-关控制

1—压缩机；2—冷凝器；3—供液电磁阀；4—热力膨胀阀；5—蒸发器；

6—室内或出风温度控制器；7—启动器

行，便不得不采用下列两种热气流旁通的系统控制方式：喷液冷却热气流旁通方式和负荷侧热气流旁通方式。

（1）喷液冷却热气流旁通方式　如图 8-10 所示为喷液冷却热气流旁通方式控制系统的工作原理图。当室内温度达到预定的设定值后，供液电磁阀 3 关闭，压缩机 1 吸气压力 $P_3$ 降低。当吸气压力传感器 12 测得的压力一旦降低到稍稍高于低压保护继电器 $P_1$ 设定值的某一点，以致 $P_1$ 在未动作之前，先发出指令，打开电磁阀 8 和 10，实现最小限度的供液，以使系统保持最小负荷状态下的连续运行。待实时负荷增大，以致温度升高，温度控制器 6 动作，打开电磁阀 3。当 $P_3$ 超过压力传感器 12 的设定值时，电磁阀 8 和 10 关闭，恢复系统的正常循环。

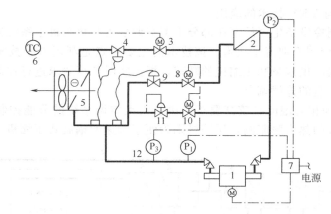

图 8-10 喷液冷却热气流旁通方式控制系统的工作原理图

1—压缩机；2—冷凝器；3—供液电磁阀；4、9—热力膨胀阀；5—蒸发器；6—室内

或出风温度控制器；7—启动器；8—喷液电磁阀；10—热气流旁通电磁阀；

11—自力式阀后压力调节阀；12—吸气压力传感器

（2）负荷侧热气流旁通方式　如图 8-11 所示，这一方式的特点是较前一方式简单。其在结构上的关键区别在于将蒸发器分成大小两部分 5 和 11。其中分出的小部分盘管 11 除平时仍然用作蒸发器外，在需要进行热气旁通时，却用作旁通热气流的冷凝器。当室内（或盘管出风）温度降低达到预定的设定值时，供液电磁阀 3 关闭。于是供液管路停止向蒸发器 5 供液，吸气压力降低。待吸气压力降低到压力传感器 12 预定的、略高于低压保护继电器 $P_1$

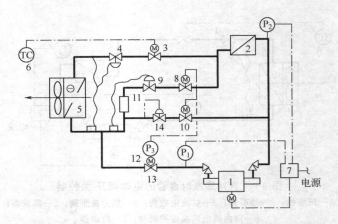

图 8-11 负荷侧热气流旁通方式控制系统的工作原理图

1—压缩机；2—冷凝器；3—供液电磁阀；4,9—热力膨胀阀；5,11—蒸发器；6—室
内或出风温度控制器；7—启动器；8—喷液电磁阀；10—热气流旁通电磁阀；
12—吸气压力传感器；13—电磁阀；14—自力式阀后压力调节阀

的设定值时，便打开电磁阀 8，关闭电磁阀 10。于是少量直接来自压缩机的高压热气流便通过喷液电磁阀 8、热力膨胀阀 9、散热盘管 11、电磁阀 13 进入压缩机 1，实现最小负荷状态下的连续运行。一旦当实际负荷增大，室内（或盘管出风）温度升高，电磁阀 3 打开，恢复正常供液时，吸气压力便会升高，超过吸气压力传感器 12 的设定值，电磁阀 8 关闭，切断热气旁通的通路，并恢复正常循环。蒸发器以其全部换热面积投入正常运行，发挥最大的供冷功能。

2. 电子膨胀阀与 VRV 技术的应用

近年来，一些制冷设备生产厂家在部分小型空调装置和热泵机组系统推出并采用了一种所谓的 VRV，亦即变制冷剂流量技术。该技术的主要特点是利用电子技术，特别是直接数字控制技术对蒸发器的供液量和压缩机的转速，根据实时负荷要求进行控制，从而实现对制冷工质流量，以至能量的连续调节。

如图 8-12 所示为相对湿度有较高要求的中、大型空调系统的节能控制方式。系统采用电子膨胀阀代替一般的热力膨胀阀，压缩机则为便于调速的蜗旋式压缩机。电子膨胀阀是根

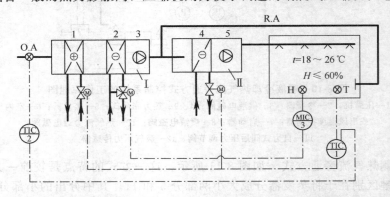

图 8-12 相对湿度有高限控制要求的中、大型空调系统的节能控制方式

1—新风加热器；2—新风冷却去湿器；3—新风风机；4—干式冷却器；
5—送风机；I—新风处理机；II—主空气处理机组

据对蒸发器过热度或进出口空气的温差、回风温度及其设定值等多项参数的检测和数据采集，经微处理器处理后，发出指令，控制电子膨胀阀的开度，以满足系统负荷的要求。

这种连续控制方式的调节质量要远远优于那种建立在电磁阀开关基础上的断续控制，温度控制精度可达±0.5℃，节能效果明显。

# 项目二　典型空调系统的自动控制

工程中大量使用着各种各样的空调系统，按照参数的控制要求，分为以下四类典型：

① 一般舒适性空调系统；

② 室温允许在一定范围内波动，但相对湿度有某一高限控制要求的空调系统；

③ 一般恒温恒湿空调系统，通常温度控制要求为（20±1）℃，相对湿度控制要求为 RH＝40％～60％；

④ 精密类恒温恒湿空调系统，温度控制要求为（23±1）℃，相对湿度控制要求为 45％±5％。

由于舒适性空调系统已在项目一中详细介绍，这里不再涉及。

## 一、相对湿度有高限控制要求的空调系统

属于这类对象房间的有机械工业、仪表工业、化学工业及食品工业等诸多生产厂房。这类系统要求保持的室内空气参数，比较典型的是温度范围为 18～26℃，相对湿度不大于 RH＝60％。对于这样的参数要求，以往传统的做法都是参照恒温恒湿空调系统的空气处理过程，采用固定露点温度控制加再热的方法。这种做法从节能的角度看，其空气处理过程中的冷热抵消所造成的能量浪费较大，所以除采用柜式空调机组的小型系统，因规模小，空调能耗量有限，不得已而采用外，对于中、大型系统理应采用如图 8-12 所示的控制原理。

由于房间内对相对湿度有上限要求，作为重大和快速干扰因素的新风空气量，便不宜像舒适性空调那样，采用全年可调方式，而只能采用固定的新风量。如图 8-12 所示，系统中设有专门的新风处理机组，用于对新风空气的过高湿度进行去湿处理。新风加热器 1 主要用于冬季供暖，并应具备防冻功能。干式冷却器 4 用于对送风进行等湿干冷却，以保持室内所需的温度。

室内相对湿度传感器 H 和湿度控制器 MIC—3，根据室内实测相对湿度与其设定值的比较结果控制新风去湿器 2 的空气去湿量。室内温度传感器 $TE_1$ 和温度控制器 TIC—1 对加热器 1 和干式冷却器 4 实施冬夏季节的分程控制。室外温度传感器 $TE_2$ 通过温度控制器 TIC—2 对室内温度控制器的设定值进行再调，以使冬季室内温度设定值调整到 18℃，夏季调整到 26℃，过渡季节则随室外温度的变化，自行在 18～26℃ 的范围内浮动，只要不供暖和不供冷即可。

如图 8-12 所示对湿度的控制，没有采用固定露点温度控制，因为符合对象房间要求的不是一个固定的露点温度，而是一个露点温度范围。如果一定要采用露点温度控制，其设定值也需随室内温度设定值的改变，可自行再调才行。显然，这将会大大增加控制系统的复杂性。

## 二、一般恒温恒湿型空调系统

在机械工业、仪表工业等行业有大量的恒温恒湿室，这些恒温恒湿室对空气参数的要求是：干球温度（20±1）℃，相对湿度 40％～60％。对于这类空调工程，如果空调面积不大，

供冷容量有限，则可采用标准的恒温恒湿型空调机组。典型的恒温恒湿空调机组的工作原理如图 8-13 所示。

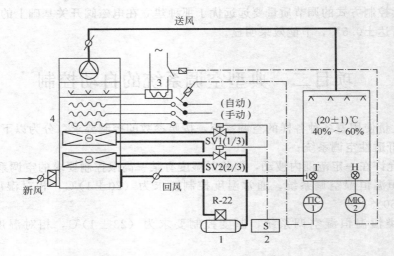

图 8-13 柜式恒温恒湿型空调机组的工作原理图
1—压缩冷凝机组；2—转换开关；3—电极加湿器；4—电加热器

室内设置干球温度传感器 T 和相对湿度传感器 M，冬季运行时，由干球温度传感器 T 根据室内显热负荷的需要，通过温度控制器 TIC—1 自动或手动分级控制电加热器的加热量。由相对湿度传感器 M 通过控制器 MIC—2 对电极加湿器的供电电源进行控制。夏季运行时，制冷机运行，其供液电磁阀开启，新风和回风空气混合后，通过直接膨胀式表冷器进行降温去湿，大致达到所需的机器露点后，再根据干球温度控制 T 的要求，自动控制电加热器 4 的再热程序。容量稍大的机组可以把直膨式冷盘管按容量大小，分成 1/3 和 2/3 两组，分别由大小两只电磁阀进行控制。压缩机的电源电路与电极加湿器 3 反锁，以确保去湿功能和加湿功能的不同时作用。及至春秋季，其运行工况与夏季类似，只是为了节能，可根据实际湿负荷的需要，自动或手动地选择其中的一只电磁阀和相应的一组盘管作轻载运行。

从原理上说，如图 8-13 所示的湿度控制方式也还是属于固定露点温度控制方式的范畴，虽然在其表冷器后并没有设置专门的露点温度控制装置。由于直接膨胀式冷却器的蒸发温度，乃至其表面温度并不如冷水表冷器那样易于控制，所以，通过其处理后的空气露点温度也无法准确控制。但是设备制造厂根据经验和理论计算，在采用六排左右排深、一定的处理风量（风速）和新、回风量比例等条件下，只要开动制冷机，打开供液电磁阀，即使没有什么露点温度控制手段，也可使通过表冷器处理后的空气露点温度落在如图 8-14 所示的点 1（$t_{1dp}=6.7℃$）和点 2（$t_{2dp}=12.8℃$）这一宽广的范围内。正是基于这一原理，这类所谓的恒温恒湿空调机组只能适用于当室内要求温度控制精度 ±1℃，相对湿度 40%～60% 范围内的场合。如果要对室内相对湿度的控制精度有进一步提高的要求，例如 ±5%，那么通常的标准型恒温恒湿空调机组便会显得无能为力了。

上述空调控制方式由于存在着较严重的冷热抵消现象，系统运行的能耗大，经济性差，不值得推广。但如果系统规模小，并考虑到整体柜式机组体型小、占地面积小、安装简便，尚有可取之处。但对于中、大型系统，采用类似的固定露点温度控制和再热方式，便不足取了，对于中、大型系统，推荐采用图 8-16 所示的类似中、大型精密类恒温恒湿空调系统的

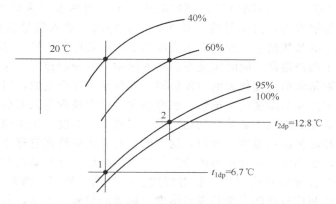

图 8-14 恒温恒湿型空调机组处理空气后的露点温度范围

空气处理和控制方式。

### 三、精密类恒温恒湿空调系统

所谓精密类恒温恒湿空调应可满足室内温度±1℃和相对湿度±5％，比较精确的参数控制要求，大多数电子工业、精密仪表工业、精密机械加工工业、医药工业、印刷工业、食品工业、化妆品工业等洁净室生产场所的空调系统基本上都属于此一类型。

在这类空调工程中，对于一般小型的系统，可以采用如图 8-15 所示的空气处理和控制方式。这里的所谓小型，根据经验，大致可以风量 10000m³/h，供冷量 56kW 为上限界定。图 8-15 是这类空调系统的最简化的结构。如果地处严寒地区，即使新风阀全关或正常运行时新回风混合后的空气温度低于零度，表冷器内有可能受到冰冻危害时，其前面显然还应设置预加热器。此外，由于新风空气始终是室内湿度和洁净度最大、最直接、作用最迅速的干扰因素，所以，全年采用固定不变的新风量。

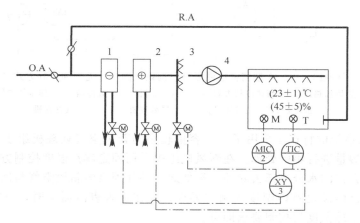

图 8-15 小型精密恒温恒湿型空调系统的空气处理的控制方式
1—冷水表冷器；2—热水加热器；3—蒸汽加湿器；4—送风机

在这一系统中由于表冷器 1 的运行具有降温和去湿双重效应，因此，其工作过程应同时接受两个控制器的控制。至于它在某一时刻接受其中的哪一个信号控制，则需视哪一个参数要求未获满足而定。

干球温度传感器 T 和湿度传感器 M 各自通过相应的温度控制器 TIC—1 和湿度控制器

MIC—2输出两路信号。其中一路信号分别控制功能单一的热水加热器2和蒸汽加湿器3。各自的另一路信号分别输入最大信号选择器XY—3，将两者输入信号进行比较，择其中之大者，也即未获满足的参数信号，作为冷水表冷器1的有效控制信号，对冷水表冷器实施调节。此外，表冷器1和加湿器3同时实施夏、冬不同季节的分程控制。这一控制方式对于室内有散湿负荷，特别是湿负荷变化大的对象房间，无疑是十分合适的，因为它不是靠控制固定露点温度来保持室内相对湿度的。虽然，在有些文献里它被称为无露点控制方式，但这并不意味着经表冷器处理的空气不必处理到相应的必要的露点温度。从原理上说，要去湿，便必须把空气处理到相应的露点温度。所以，这样的控制方式也许把它称之为不定露点温度控制更恰当些。这样，全部经如此处理后的冷空气进入房间后，除非室内有大量显热负荷，在大多数情况下，必然会导致室内过冷，相对湿度显得过高。所以，该系统在实际运行过程中，选择器选择的控制信号必然多半是来自湿度控制器的信号。于是，其实际的结果，并不能在很大程度上减少再热，避免冷热抵消。所以，从节能角度说，这一种系统不值得在中、大型系统中推荐采用。

针对该系统高运行能耗的缺点，改进途径通常为：一是采用二次回风阀的自动控制代替加热器2的再热；二是改变空气处理过程，采用如图8-16所示常用于中、大型空调系统的空气处理和控制方式。

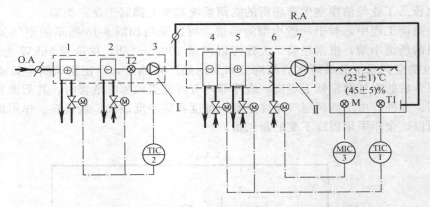

图 8-16  中、大型精密恒温恒湿空调系统的空气处理和控制方式

1—新风加热器；2—新风冷却去湿器；3—新风风机；4—表冷器；5—加水加热器；

6—加湿器；7—主送风机；Ⅰ—新风处理机；Ⅱ—主空气处理机

图8-16所示系统的特点是采用了一台容量较小的新风空气处理机组Ⅰ，专门用于夏季对新风空气的含湿量进行集中处理。在新风机组中采用固定露点温度控制方式，把新风空气中所含多于室内允许的水分全部去除掉。经如此去湿处理后的新风空气与回风混合后的混合空气所含水分量已能满足室内湿度控制的要求，故在进入表冷器4时，只需进行等湿的冷却，以满足室内干球温度的控制要求即可。

系统的整个控制可分成两个部分：一部分是新风机组Ⅰ的控制；另一部分则是主空气处理机组Ⅱ的控制。温度传感器T2和温度控制器TIC—2组成的露点温度控制环节主要用于夏季对高湿的新风空气进行必要的去湿处理。夏季和春秋季当室外空气的露点温度大于温度传感器T2的设定值（如11℃）时，表冷器2便必须供冷并运行，接受控制器TIC—2的控制，以保持T2的设定值。及至冬季，只要室外空气干球温度低于T2的设定值，新风加热器便需运行并同时接受控制器TIC—2的控制，以保持预定的出风温度T2。这主要是考虑到机组的防冻安全所作的安排。由此可见，新风加热器 1 和冷却去湿器 2 应同时接受温度控制器 TIC—2 的分程控制。

在主空气处理机 Ⅱ 部分，加湿器 6 只用于冬季，当室内相对湿度传感器 M 感测到相对湿度低于 45％时，便通过湿度控制器 MIC—3，操纵加湿器 6 进行适度加湿。室内温度则由温度传感器 T1 通过温度控制器 TIC—1 对干式冷却器 4 和加热器 5 进行分程控制，予以保证。由于后两者处于同一分程控制环节中，不会同时运行。系统具有如下好处：

① 从根本上取消了再热，避免了冷热相互抵消，可节约大量的能源，降低系统运行费用。

② 可大大减小设计计算的冷热负荷，减小冷、热源设备的安装容量，从而也会大大降低初投资费用。

③ 新风机组可起到计量泵的作用，确保必要数量的新风空气导入室内，从而可靠地保证室内正压的建立和保持。

④ 由于对影响室内湿度速度最快、最直接、最敏感的因素——新风空气施行集中处理，严格把守住了进入室内湿负荷的关口，从而实际上隔断了室外气候变化对室内空气参数的影响途径。这对稳定地保持室内的恒湿条件，无疑会大大有益。

上述空气处理方式尽管优越性很大，但也有一定的适用范围。当对象房间内排风量较大，以至于新风量也较大，因而其在总风量中所占比例增大，当这一比例大到一定程度后，由处理到露点温度的低温新风空气带入室内的冷量一旦超过了室内显热负荷时，后置的干式表冷器 4 的冷水阀即使全关后，室内温度设定值仍将保持不住。为防止这种室内温湿度参数的失调现象，二次加热在这种情况下便必不可缺。

# 项目三　空调系统的静压控制

变风量空调系统（Variable Air Volume System，简称 VAV 系统）是 20 世纪 60 年代诞生在美国的高速送风空调系统，也是目前国内大中型建筑工程中一种新型的空调系统，具有舒适、节能的特性。按处理空调负荷所采用的输送介质分类，变风量（VAV）空调系统是属于全空气式的一种空调方式，即全空气系统的一种。该系统是根据空调负荷的变化及室内要求参数的改变，自动通过变风量箱调节送入房间的风量或新回风混合比，并相应调节空调机（AHU）的风量或新回风混合比来控制某一空调区域温度的一种空调系统。简而言之，就是通过改变送入房间的风量来满足室内变化的负荷，即满足室内人员的舒适性要求或其他工艺要求。

变风量系统具有如下优点。

① 能实现局部区域（房间）的灵活控制，可根据负荷的变化或个人的舒适要求自动调节自己的工作环境。不用再加热方式或双风管方式就能使用多种室内舒适要求或工艺设计要求。完全消除再加热方式或双风管方式带来的冷热混合损失。

② 自动调节各房间的送入能量，在考虑同时使用系数的情况下空调器总装机容量可减少 10％～30％左右。

③ 室内无过热或过冷现象，由此可减少空调负荷 15％～30％左右。

④ 部分负荷运转时可大量减少送风动力。

⑤ 系统的灵活性较好，易于改、扩建，可广泛应用于民用建筑、工业厂房及其他特殊

建筑设施。可适用于采用全热交换器的热回收空调系统及全新风空调系统。

⑥ 变风量系统属于全空气系统，它具有全空气系统的一些优点，可以利用新风消除室内负荷，没有风机盘管凝水问题和霉变问题。

变风量系统的静压控制分为定静压法和变静压法两大类。

### 一、定静压法

定静压法分为定静压定温度法和定静压变温度法。

**1. 定静压定温度控制法**

定静压定温度控制法的控制原理如图 8-17 所示，它于 20 世纪 80 年代开发，其控制对象是由机械式 VAV 末端所组成的空调系统。由于机械式 VAV 末端的特性以及当时电子技术的发展限制，其全部控制均为模拟式。优点是控制简单，缺点是节能效率差，控制精度低，噪声偏高，机械式 VAV 难以与空调机侧联合控制等。加上机械式 VAV 压力损失过大，以及电子式、DDC 式 VAV 的快速发展，机械式 VAV 已基本停止使用，随之定静压定温度控制法也已基本不被采用。

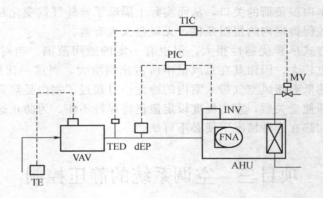

图 8-17 定静压定温度法原理图

TE—温控器；TED—插入型温度传感器；dEP—静压传感器；INV—变频器；
PIC—静压控制器；TIC—温度控制器；MV—二通阀

**2. 定静压变温度控制法**

定静压变温度法（Constant Pressure Variable Temperature，简称 CPT 法，）是于 20 世纪 90 年代前期，在定静压定温度法基础上发展起来。控制原理如图 8-18 所示，系统主要控制机理为：在保证系统风管上某一点（或几点平均）静压一定的前提下，室内要求风量由 VAV 所带风阀调节；系统送风量由风管上某一点（或几点平均）静压与该点所设定静压的偏差控制变频器的开启以调节风机转速来确定，同时还可以改变送风温度来满足室内环境舒适性的要求。

在定静压法中，设定点的位置应该距离送风机足够远。一般来说，在五层或五层以上建筑的 VAV 空调系统中，测点应设置在离空调机最远的楼层的送风干管处；在 2～4 层楼的 VAV 空调系统中，应设置在离空调机最远的楼层的送风干管与首层送风支管之间；在仅为一层楼提供服务的 VAV 空调系统中，则应放在空调机 2/3 远的主送风管上，或放在主送风管中大约 50%～75% 总风量的地方，以保持该点静压固定不变为前提，通过不断的调节空调器送风机输入电力频率来改变空调系统的送风量。

这种方法比定温度法有了很大进步。但是，由于系统送风量由某点静压值来控制，不可

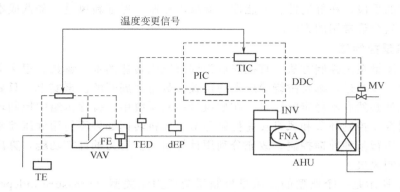

图 8-18　定静压变温度（CPT）法原理图

TE—温控器；TED—插入型温度传感器；dEP—静压传感器；INV—变频器；PIC—静压控制器；

TIC—温度控制器；MV—二通阀；FE—VAV 内风速传感器；DDC—直接数字控制器

避免会使风机转速过高，达不到最佳节能效果；同时当 VAV 所带风阀阀门开度过小时，气流通过噪声加大，影响室内环境。再者，在管网较复杂时，静压点位置及数量很难确定，往往凭经验，科学性差，且节能效果不好。

**二、变静压法**

变静压法，即变静压变温度法（Variable Pressure Variable Temperature，简称 VPT 法，也称最小静压法），其控制原理如图 8-19 所示。变静压法是在克服了定静压法的基础上，于 20 世纪 90 年代后期开发并普及推广的。它的控制思想是尽量使 VAV 风阀处于全开（80%～90%）状态，把系统静压降至最低，因而能最大限度的降低风机转速以达到节能目的。

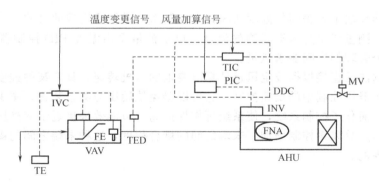

图 8-19　变静压变温度（VPT）法原理图

TE—温控器；TED—插入型温度传感器；INV—变频器；PIC—静压控制器；

TIC—温度控制器；MV—二通阀；FE—VAV 内风速传感器；

DDC—直接数字控制器；IVC—VAV/CAV 控制器

采用 DDC 控制的 VAV 空调系统，可以直接测取各个 VAV 末端装置的送风流量，通过加权平均的方法进行叠加计算，再根据计算值去调整送风机的流量。

该方法在 VAV 装置中设置阀门开度传感器，各 VAV 装置之间用 2 芯屏蔽电缆连接。根据系统控制器的计算判断来调节风机变频器，使其具有最大静压值的 VAV 装置的阀门处于接近全开状态。该控制方法弥补了定静压法的不足之处，采用改变系统送风静压以及改变系统送风温度的手段，在舒适性、节能性、低噪声控制、保证新风量、降低成本等方面有充分的优势，是当今最常用的方法。

### 三、总风量控制法

传统的变风量系统控制方法一直视静压为调节风机转速的唯一参数。很多文献所提出的控制方法的进一步改进，都是围绕静压点的位置、数量而展开的。事实上，只要静压控制环节存在，系统就必然有不稳定的因素。在变风量控制系统中，排除机组的控制环节后，风系统中只有房间温度控制环节和风机转速控制环节。风机转速如果不使用静压控制，可能的办法就是对风机实行某种前馈控制。故充分利用计算机的强有力的计算功能，算出风机合适的转速来直接控制风机。

如图 8-20 所示是一个典型的变风量控制系统压力无关型（pressure independent）末端控制环节的控制线路图。

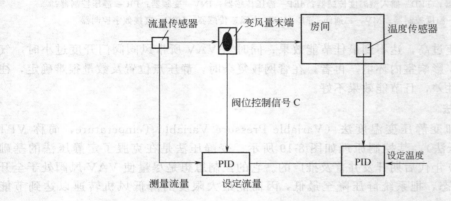

图 8-20　压力无关型变风量末端控制线路图

温度传感器反映了各房间的温度状况，是控制系统最终要实现的目的；设定温度表示房间的温度要求；测量流量为末端所测的流量；设定流量系由温度 PID 控制器根据房间温度偏差设定的一个合理的房间要求风量。

总风量控制法是直接根据设定风量计算出要求的风机转速，具有某种程度上的前馈控制含义，而不同于静压控制中的反馈控制。它可以避免使用压力测量装置，减少了一个风机的闭环控制环节，简化了控制系统，使系统可靠性提高。节能效果接近于变静压控制，优于定静压控制。但是，总风量控制增加了末端之间的耦合程度，这种末端之间的耦合主要是通过风机的调节实现的。

## 思　考　题

8-1　如习题图 8-1 所示空调系统的控制系统由空气状态参数的检测、空气状态参数的自动调节、空调工况的判断及其自动切换和设备和建筑物的安全防护四个部分组成，试说明其工作原理及过程。

8-2　如习题图 8-2 所示为某空调系统的热水加热器，分别采用合流三通阀的调节、分流三通阀的调节和双通阀的调节三种方式调节加热量，达到房间温度的效果，试简要说明其工作原理和特点。

8-3　如习题图 8-3 所示为某空调系统加热器采用调节进入热水加热器的水温的方式来实现

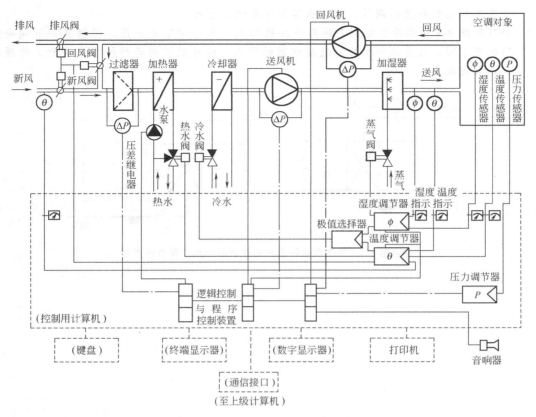

习题图 8-1 空调系统的控制系统

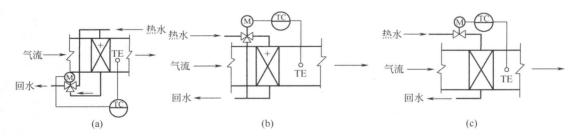

习题图 8-2 某空调系统的热水加热器

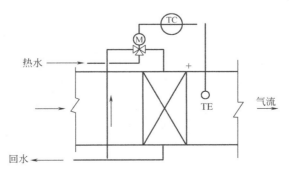

习题图 8-3 某空调系统加热器

空气加热器加热量的调节。试说明其工作原理和特点。

8-4 如习题图 8-4 所示为某空调系统蒸汽加热器的加热量调节示意图,根据其调节阀安装的位置不同,及系统中安装蒸汽疏水器的特点,试分别说明两种控制方法的工作原理和各自优缺点。

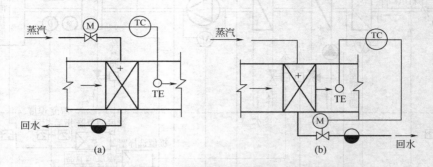

习题图 8-4  某空调系统蒸汽加热器的加热量调节示意图

# 附 录

## 附录 A 电工常用基本文字符号

| 设备、装置和元器件种类 | 中 文 名 称 | 基本文字符号 | | 旧符号 (GB 315—1964) |
| --- | --- | --- | --- | --- |
| | | 单字母 | 双字母 | |
| 电容器 | 电容器 | C | | C |
| 电感器、电抗器 | 感应继电器 | L | | GQ |
| | 电抗器 | | | DK |
| 保护器件 | 具有瞬时动作的限流保护器件 | F | FA | |
| | 具有延时动作的限流保护器件 | | FR | |
| | 具有延时和瞬时动作的限流保护器件 | | FS | |
| | 熔断器 | | FU | |
| | 限压保护器件 | | FV | |
| 信号器件 | 光指示器 | H | HL | GP |
| | 指示灯 | | HL | SD |
| 继电器、接触器 | 交流继电器 | K | KA | LJ |
| | 接触器 | | KM | C |
| | 延时继电器 | | KT | SJ |
| | 逆流继电器 | | KR | NLJ |
| 电动机 | 电动机 | M | | D |
| | 同步电动机 | | MS | TD |
| | 可做发电机或电动机用的电机 | | MG | |
| | 力矩电动机 | | MT | |
| 测量设备、试验设备 | 批示器件、信号发生器件、记录器件 | P | | CB |
| | 电流表 | | PA | A |
| | 电度表 | | PJ | |
| | 记录仪器 | | PS | |
| | 电压表 | | PV | V |
| 电力电路的开关器件 | 断路器 | Q | QF | DL、2K |
| | 电动机保护开关 | | QM | |
| | 隔离开关 | | QS | GK |
| 电阻器 | 电阻器 | R | | R |
| | 变阻器 | | | R |
| | 电位器 | | RP | W |
| | 热敏电阻器 | | RT | |
| | 压敏电阻器 | | RV | |
| 控制、记录、信号电路的开关器件选择器 | 控制开关 | S | SA | KK |
| | 选择开关 | | SA | |
| | 按钮开关 | | SB | AN |
| | 压力传感器 | | SP | |
| | 温度传感器 | | ST | |
| | 位置传感器(包括接近传感器) | | SQ | ZDK、ZK、XWK、XK |
| 变压器 | 电流互感器 | T | TA | LH |
| | 控制电路电源用变压器 | | TC | KB |
| | 电感互感器 | | TV | YH |
| 端子、插头、插座 | 连接插头和插座接线柱、焊接端子板 | X | | JX |
| | 连接件 | | XB | LP |
| | 插头 | | XP | CT |
| | 插座 | | XS | CZ |
| | 端子板 | | XT | |
| 电气操作的机械器件 | 气阀 | Y | | |
| | 电磁阀 | | YV | DCF |
| | 电动阀 | | YM | |
| 其他元器件 | 发热器件 | E | EH | |
| | 照明器件 | | EL | |

## 附录 B　常用辅助文字符号

| 序号 | 文字符号 | 名　称 | 旧符号<br>(GB 315—1964) | 序号 | 文字符号 | 名　称 | 旧符号<br>(GB 315—1964) |
|---|---|---|---|---|---|---|---|
| 1 | A | 电流 | L | 37 | M | 主 | Z |
| 2 | A | 模拟 | | 38 | M | 中 | Z |
| 3 | AC | 交流 | JL | 39 | M | 中间线 | |
| 4 | A、AUT | 自动 | Z | 40 | M、MAN | 手动 | S |
| 5 | ACC | 加速 | | 41 | N | 中性线 | |
| 6 | ADD | 附加 | F | 42 | OFF | 断开 | DK |
| 7 | ADJ | 可调 | | 43 | ON | 闭合 | BH |
| 8 | AUX | 辅助 | E | 44 | OUT | 输出 | SC |
| 9 | ASY | 异步 | Y | 45 | P | 压力 | |
| 10 | B、BRK | 制动 | | 46 | P | 保护 | |
| 11 | BK | 黑 | | 47 | PE | 保护接地 | |
| 12 | BL | 蓝 | A | 48 | PEN | 保护接地与中性线共用 | |
| 13 | BW | 向后 | | 49 | PU | 不接地保护 | |
| 14 | C | 控制 | K | 50 | R | 记录 | |
| 15 | CW | 顺时针 | | 51 | R | 右 | |
| 16 | CCW | 逆时针 | | 52 | R | 反 | F |
| 17 | D | 延时(延迟) | | 53 | RD | 红 | H |
| 18 | D | 差动 | | 54 | R、RST | 复位 | |
| 19 | D | 数字 | | 55 | RES | 备用 | BY |
| 20 | D | 降 | J | 56 | RUN | 运转 | |
| 21 | DC | 直流 | ZL | 57 | S | 信号 | X |
| 22 | DEC | 减 | | 58 | ST | 启动 | Q |
| 23 | E | 接地 | | 59 | S、SET | 置位、定位 | |
| 24 | EM | 紧急 | | 60 | SAT | 饱和 | |
| 25 | F | 快速 | | 61 | STE | 步进 | |
| 26 | FB | 反馈 | | 62 | STP | 停止 | T |
| 27 | FW | 正、向前 | Z | 63 | SYN | 同步 | T |
| 28 | GN | 绿 | L | 64 | T | 温度 | |
| 29 | H | 高 | G | 65 | T | 时间 | S |
| 30 | IN | 输入 | SR | 66 | TE | 无噪声(防干扰)接地 | |
| 31 | INC | 增 | | 67 | V | 真空 | |
| 32 | IND | 感应 | | 68 | V | 速度 | |
| 33 | L | 左 | | 69 | V | 电压 | Y |
| 34 | L | 限制 | | 70 | WH | 白 | B |
| 35 | L | 低 | D | 71 | YE | 黄 | U |
| 36 | LA | 闭锁 | LS | | | | |

## 附录 C　常用电气图形符号

| 名　称 | 图形符号 | 名　称 | 图形符号 |
|---|---|---|---|
| 直流 | ＝＝＝＝ | 三相绕线转子异步电动机 | |
| 交流 | | | |
| 中性线 | N | | |
| 端子 | ○ | 热继电器的驱动元件（发热元件） | |
| 可拆卸的端子 | ⊘ | | |
| 交流电动机 | | 三相电路中三极热继电器的驱动元件 | 3 |
| 单相笼型异步电动机 | | | 或 |
| 三相电路中二极热继电器的驱动元件 | 2　或 | | |
| 导线的连接 | 形式1<br><br>形式2 | 热继电器动断（常闭）触点 | |
| 双绕组变压器一般符号 | 形式1<br><br>形式2 | 过电流继电线圈 | I> |
| | | 欠电压继电器线圈 | U< |
| 电感器线圈、绕组、扼流圈 | | 继电器和接触器操作件（线圈）一般符号 | 形式1<br><br>形式2 |
| 带磁心（铁心）的电感器 | | | |
| 三相笼型异步电动机 | | | |

## 附录 D　阀门的图形符号

| 序　号 | 名　　称 | 图　例 | 说　　明 |
|:---:|:---:|:---:|:---:|
| 1 | 截止阀 | | |
| 2 | 闸阀 | | |
| 3 | 止回阀 | | |
| 4 | 安全阀 | | |
| 5 | 减压阀 | | 左侧:低压<br>右侧:高压 |
| 6 | 膨胀阀 | | |
| 7 | 散热放风门 | | |
| 8 | 手动排气阀 | | |
| 9 | 自动排气阀 | | |
| 10 | 疏水器 | | |
| 11 | 散热器<br>三通阀 | | |
| 12 | 球阀 | | |
| 13 | 电磁阀 | | |
| 14 | 角阀 | | |
| 15 | 三通阀 | | |
| 16 | 四通阀 | | |
| 17 | 节流孔板 | | |

## 附录 E  中国、日本、美国主要电气图形符号对照

| 名　称 | 中国(同 IEC) | 日　本 | 美　国 |
|---|---|---|---|
| 常开触点(手动继电器) | | | |
| 常闭触点(手动继电器) | | | |
| 常开触点(接触器) | | | |
| 常闭触点(接触器) | | | |
| 延时闭合常开触点 | | | |
| 延时断开常闭触点 | | | |
| 延时断开常开触点 | | | |
| 延时闭合常闭触点 | | | |
| 常开按钮 | | | |
| 常闭按钮 | | | |

| 名 称 | 中国(同 IEC) | 日 本 | 美 国 |
|---|---|---|---|
| 温度开关 | | 注明<br>文字<br>符号 | |
| 压力开关 | | 注明<br>文字<br>符号 | |
| 水流开关 | | | |
| 继电器、接触器线圈 | | 或 | 或 |
| 电磁阀线圈 | | | 或 |
| 过电流继电器线圈 | | | |
| 热继电器驱动器件 | | | |
| 热敏电阻 | | | |
| 熔断器 | | | |
| 指示灯 | | PL | |
| 接线端子 | | | |

### 附录 F　我国工业铜热电阻分度表

分度号：Cu50　$E_0=50\Omega$　$\alpha=0.004280℃^{-1}$

| 温度/℃ | 0 | 1 | 2 | 3 | 4 | 5 | 6 | 7 | 8 | 9 |
|---|---|---|---|---|---|---|---|---|---|---|
| | 电阻值/Ω | | | | | | | | | |
| −50 | 39.24 | — | — | — | — | — | — | — | — | — |
| −40 | 41.40 | 41.18 | 40.97 | 40.75 | 40.54 | 40.32 | 40.10 | 39.89 | 39.67 | 39.46 |
| −30 | 43.55 | 43.34 | 43.12 | 42.91 | 42.69 | 42.48 | 42.27 | 42.05 | 41.83 | 41.61 |
| −20 | 45.70 | 45.49 | 45.27 | 45.06 | 44.84 | 44.63 | 44.41 | 44.20 | 43.98 | 43.77 |
| −10 | 47.85 | 47.64 | 47.42 | 47.21 | 46.99 | 46.78 | 46.56 | 46.35 | 46.13 | 45.92 |
| −0 | 50.00 | 49.78 | 49.57 | 49.35 | 49.14 | 48.92 | 48.71 | 48.50 | 48.28 | 48.07 |
| 0 | 50.00 | 50.21 | 50.43 | 50.64 | 50.86 | 51.07 | 51.28 | 51.50 | 51.71 | 51.93 |
| 10 | 52.14 | 52.36 | 52.57 | 52.78 | 53.00 | 53.21 | 53.43 | 53.64 | 53.86 | 54.07 |
| 20 | 54.28 | 54.50 | 54.71 | 54.92 | 55.14 | 55.35 | 55.57 | 55.78 | 56.00 | 56.21 |
| 30 | 56.42 | 56.64 | 56.85 | 57.07 | 57.28 | 57.49 | 57.71 | 57.92 | 58.14 | 58.35 |
| 40 | 58.56 | 58.78 | 58.99 | 59.20 | 59.42 | 59.63 | 59.85 | 60.06 | 60.27 | 60.49 |
| 50 | 60.70 | 60.92 | 61.13 | 61.34 | 61.56 | 61.77 | 61.98 | 62.20 | 62.41 | 62.63 |
| 60 | 62.84 | 63.05 | 63.27 | 63.48 | 63.70 | 63.91 | 64.12 | 64.34 | 64.55 | 64.76 |
| 70 | 64.98 | 65.19 | 65.41 | 65.62 | 65.83 | 66.05 | 66.26 | 66.48 | 66.69 | 66.90 |
| 80 | 67.12 | 67.33 | 67.54 | 67.76 | 67.97 | 68.19 | 68.40 | 68.62 | 68.83 | 69.04 |
| 90 | 69.26 | 69.47 | 69.68 | 69.90 | 70.11 | 70.33 | 70.54 | 70.76 | 70.97 | 71.18 |
| 100 | 71.40 | 71.61 | 71.83 | 72.04 | 72.25 | 72.47 | 72.68 | 72.90 | 73.11 | 73.33 |
| 110 | 73.54 | 73.75 | 73.97 | 74.18 | 74.40 | 74.61 | 74.83 | 75.04 | 75.26 | 75.47 |
| 120 | 75.68 | 75.90 | 76.11 | 76.33 | 76.54 | 76.76 | 76.97 | 77.19 | 77.40 | 77.62 |
| 130 | 77.83 | 78.05 | 78.26 | 78.48 | 78.69 | 78.91 | 79.12 | 79.34 | 79.55 | 79.77 |
| 140 | 79.98 | 80.20 | 80.41 | 80.63 | 80.84 | 81.06 | 81.27 | 81.49 | 81.70 | 81.92 |
| 150 | 82.13 | — | — | — | — | — | — | — | — | — |

分度号：Cu100　$R_0=100\Omega$　$\alpha=0.004280℃^{-1}$

| 温度/℃ | 0 | 1 | 2 | 3 | 4 | 5 | 6 | 7 | 8 | 9 |
|---|---|---|---|---|---|---|---|---|---|---|
| | 电阻值/Ω | | | | | | | | | |
| −50 | 78.49 | — | — | — | — | — | — | — | — | — |
| −40 | 82.80 | 82.36 | 81.94 | 81.50 | 81.08 | 80.64 | 80.20 | 79.78 | 79.34 | 78.92 |
| −30 | 87.10 | 86.68 | 86.24 | 85.82 | 85.38 | 84.96 | 84.54 | 84.10 | 83.66 | 83.22 |
| −20 | 91.40 | 90.98 | 90.54 | 90.12 | 89.68 | 89.26 | 88.82 | 88.40 | 87.96 | 87.54 |
| −10 | 95.70 | 95.28 | 94.84 | 94.42 | 93.98 | 93.56 | 93.12 | 92.70 | 92.26 | 91.84 |
| −0 | 100.00 | 99.56 | 99.14 | 98.70 | 98.28 | 97.84 | 97.42 | 97.00 | 96.56 | 95.14 |
| 0 | 100.00 | 100.42 | 100.86 | 101.28 | 101.72 | 102.14 | 102.56 | 103.00 | 103.42 | 103.86 |
| 10 | 104.28 | 104.72 | 105.14 | 105.56 | 106.00 | 106.42 | 106.86 | 107.28 | 107.72 | 108.14 |
| 20 | 108.56 | 109.00 | 109.42 | 109.84 | 110.28 | 110.70 | 111.14 | 111.56 | 112.00 | 112.42 |
| 30 | 112.84 | 113.28 | 113.70 | 114.14 | 114.56 | 114.98 | 115.42 | 115.84 | 116.28 | 116.70 |
| 40 | 117.12 | 117.56 | 117.98 | 118.40 | 118.84 | 119.26 | 119.70 | 120.12 | 120.54 | 120.98 |
| 50 | 121.40 | 121.84 | 122.26 | 122.68 | 123.12 | 123.54 | 123.96 | 124.40 | 142.82 | 125.26 |
| 60 | 125.68 | 126.10 | 126.54 | 126.96 | 127.40 | 127.82 | 128.24 | 128.68 | 129.10 | 129.52 |
| 70 | 129.96 | 130.38 | 130.82 | 131.24 | 131.66 | 132.10 | 132.52 | 132.96 | 133.38 | 133.80 |
| 80 | 134.24 | 134.66 | 135.08 | 135.52 | 135.94 | 136.38 | 136.80 | 137.24 | 137.66 | 138.08 |
| 90 | 138.52 | 138.94 | 139.36 | 139.80 | 140.22 | 140.66 | 141.08 | 141.52 | 141.94 | 142.36 |
| 100 | 142.80 | 143.22 | 143.66 | 144.08 | 144.50 | 144.94 | 145.36 | 145.80 | 146.22 | 146.66 |
| 110 | 147.08 | 147.50 | 147.94 | 148.36 | 148.80 | 149.22 | 149.66 | 150.08 | 150.52 | 150.94 |
| 120 | 151.36 | 151.80 | 152.22 | 152.66 | 153.08 | 153.52 | 153.94 | 154.38 | 154.80 | 155.24 |
| 130 | 155.66 | 156.10 | 156.52 | 156.96 | 157.38 | 157.82 | 158.24 | 158.68 | 159.10 | 159.54 |
| 140 | 159.96 | 160.40 | 160.82 | 162.26 | 161.68 | 162.12 | 162.54 | 162.98 | 163.40 | 163.84 |
| 150 | 164.27 | — | — | — | — | — | — | — | — | — |

## 附录 G　我国工业铂热电阻分度表

分度号：Pt10　$R(0℃)=10.000Ω$

$A=3.90802×10^{-3}℃^{-1}$　　$B=-5.80195×10^{-7}℃^{-2}$　　$C=-4.27350×10^{-12}℃^{-4}$

| 温度/℃ | 0 | 1 | 2 | 3 | 4 | 5 | 6 | 7 | 8 | 9 |
|---|---|---|---|---|---|---|---|---|---|---|
| -100 | 6.025 | 5.985 | 5.344 | 5.904 | 5.863 | 5.822 | 5.782 | 5.741 | 5.700 | 5.860 |
| -90 | 6.430 | 6.390 | 6.349 | 6.309 | 6.268 | 6.228 | 6.187 | 6.147 | 6.106 | 6.686 |
| -80 | 6.833 | 6.792 | 6.752 | 6.112 | 6.672 | 6.631 | 6.591 | 6.551 | 6.511 | 6.470 |
| -70 | 7.233 | 7.193 | 7.153 | 7.113 | 7.073 | 7.033 | 6.993 | 6.953 | 6.913 | 6.837 |
| -60 | 7.633 | 7.593 | 7.558 | 7.513 | 7.473 | 7.433 | 7.393 | 7.353 | 7.313 | 7.273 |
| -50 | 8.031 | 7.991 | 7.951 | 7.911 | 7.872 | 7.832 | 7.792 | 7.752 | 7.713 | 7.673 |
| -40 | 8.427 | 8.388 | 8.348 | 8.303 | 8.269 | 8.229 | 8.189 | 8.150 | 8.110 | 8.070 |
| -30 | 8.822 | 8.783 | 8.743 | 8.704 | 8.664 | 8.625 | 8.585 | 8.546 | 8.606 | 8.467 |
| -20 | 9.216 | 9.177 | 9.137 | 9.098 | 9.059 | 9.019 | 8.980 | 8.940 | 8.901 | 8.862 |
| -10 | 9.609 | 9.569 | 9.530 | 9.491 | 9.452 | 9.412 | 9.373 | 9.334 | 9.295 | 9.255 |
| 0 | 10.000 | 9.961 | 9.922 | 9.883 | 9.844 | 9.804 | 9.765 | 9.726 | 9.687 | 9.648 |
| 0 | 10.000 | 10.039 | 10.078 | 10.117 | 10.156 | 10.195 | 10.234 | 10.273 | 10.312 | 10.351 |
| 10 | 10.390 | 10.429 | 10.468 | 10.507 | 10.546 | 10.585 | 10.624 | 10.663 | 10.702 | 10.740 |
| 20 | 10.779 | 10.818 | 10.857 | 10.896 | 10.935 | 10.973 | 11.012 | 11.051 | 11.090 | 11.128 |
| 30 | 11.167 | 11.206 | 11.245 | 11.288 | 11.322 | 11.361 | 11.399 | 11.438 | 11.477 | 11.515 |
| 40 | 11.554 | 11.593 | 11.631 | 11.670 | 11.708 | 11.747 | 11.785 | 11.824 | 11.862 | 11.901 |
| 50 | 11.940 | 11.978 | 12.010 | 12.056 | 12.695 | 12.132 | 12.170 | 12.209 | 12.247 | 12.286 |
| 60 | 12.324 | 12.362 | 12.401 | 12.439 | 12.477 | 12.516 | 12.554 | 12.592 | 12.631 | 12.669 |
| 70 | 12.707 | 12.745 | 12.784 | 12.822 | 12.860 | 12.898 | 12.987 | 12.975 | 13.013 | 13.051 |
| 80 | 13.089 | 13.127 | 13.166 | 13.204 | 13.242 | 13.280 | 13.318 | 13.356 | 13.394 | 13.438 |
| 90 | 13.470 | 13.508 | 13.546 | 13.584 | 13.622 | 13.660 | 13.698 | 13.736 | 13.774 | 13.812 |
| 100 | 13.850 | 13.888 | 13.926 | 13.964 | 14.002 | 14.038 | 14.077 | 14.115 | 14.153 | 14.191 |
| 110 | 14.229 | 14.266 | 14.304 | 14.342 | 14.380 | 14.417 | 14.455 | 14.493 | 14.531 | 14.568 |
| 120 | 14.606 | 14.644 | 14.681 | 14.719 | 14.757 | 14.794 | 14.832 | 14.870 | 14.907 | 14.945 |
| 130 | 14.982 | 15.020 | 15.057 | 15.095 | 15.133 | 15.170 | 15.208 | 15.245 | 15.283 | 15.320 |
| 140 | 15.358 | 15.395 | 15.432 | 15.470 | 15.507 | 15.545 | 15.582 | 15.619 | 15.657 | 15.694 |
| 150 | 15.731 | 15.769 | 15.806 | 15.843 | 15.881 | 15.918 | 15.956 | 15.993 | 16.030 | 16.067 |
| 160 | 16.104 | 16.142 | 16.179 | 16.216 | 16.253 | 16.290 | 16.327 | 16.365 | 16.402 | 16.439 |
| 170 | 16.476 | 16.513 | 16.550 | 16.587 | 16.624 | 16.661 | 16.698 | 16.735 | 16.772 | 16.809 |
| 180 | 16.846 | 16.883 | 16.920 | 16.957 | 16.994 | 17.031 | 17.068 | 17.105 | 17.142 | 17.179 |
| 190 | 17.216 | 17.253 | 17.290 | 17.326 | 17.363 | 17.400 | 17.437 | 17.474 | 17.510 | 17.547 |
| 200 | 17.584 | 17.621 | 17.657 | 17.694 | 17.731 | 17.768 | 17.804 | 17.841 | 17.878 | 17.914 |

分度号：Pt100　$R(0℃)=100.00Ω$

$A=3.90802×10^{-3}℃^{-1}$　　$B=-5.80195×10^{-7}℃^{-2}$　　$C=-4.27350×10^{-12}℃^{-4}$

| 温度/℃ | 0 | 1 | 2 | 3 | 4 | 5 | 6 | 7 | 8 | 9 |
|---|---|---|---|---|---|---|---|---|---|---|
| -100 | 60.25 | 59.85 | 59.44 | 59.04 | 58.63 | 58.22 | 57.82 | 57.41 | 57.00 | 56.60 |
| -90 | 64.30 | 63.90 | 63.49 | 63.09 | 62.68 | 62.28 | 61.87 | 61.47 | 61.06 | 60.66 |
| -80 | 68.33 | 67.92 | 67.52 | 67.12 | 67.72 | 66.31 | 65.91 | 65.51 | 65.11 | 64.70 |
| -70 | 72.33 | 71.93 | 71.53 | 71.13 | 70.73 | 70.33 | 69.93 | 69.53 | 69.13 | 68.73 |
| -60 | 76.33 | 75.93 | 75.53 | 75.13 | 74.73 | 74.33 | 73.93 | 73.53 | 73.13 | 72.73 |
| -50 | 80.31 | 79.91 | 79.51 | 79.11 | 78.72 | 78.32 | 77.92 | 77.52 | 77.13 | 76.73 |
| -40 | 84.27 | 83.88 | 83.48 | 83.08 | 82.69 | 82.29 | 81.89 | 81.50 | 81.10 | 80.70 |
| -30 | 88.22 | 87.83 | 87.43 | 87.04 | 86.64 | 86.25 | 85.85 | 85.46 | 85.06 | 84.67 |
| -20 | 92.16 | 91.77 | 91.37 | 90.98 | 90.59 | 90.19 | 89.80 | 89.40 | 89.01 | 88.62 |
| -10 | 96.09 | 95.69 | 95.30 | 94.91 | 94.52 | 94.12 | 93.73 | 93.34 | 92.95 | 92.55 |
| 0 | 100.00 | 99.61 | 99.22 | 98.83 | 98.44 | 98.04 | 97.65 | 97.26 | 96.87 | 96.48 |
| 0 | 100.00 | 100.39 | 100.78 | 101.17 | 101.56 | 101.95 | 102.34 | 102.73 | 103.12 | 103.51 |
| 10 | 103.90 | 104.29 | 104.68 | 105.07 | 105.46 | 105.85 | 106.24 | 106.63 | 107.02 | 107.40 |
| 20 | 107.79 | 108.18 | 108.57 | 108.96 | 109.35 | 109.73 | 110.12 | 110.51 | 110.90 | 111.28 |
| 30 | 111.67 | 112.06 | 112.45 | 112.83 | 113.22 | 113.61 | 113.99 | 114.38 | 114.77 | 115.15 |
| 40 | 115.54 | 115.93 | 116.31 | 116.70 | 117.08 | 117.47 | 117.85 | 118.24 | 118.62 | 119.01 |
| 50 | 119.40 | 119.78 | 120.16 | 120.55 | 120.93 | 121.32 | 121.70 | 122.09 | 122.47 | 122.86 |
| 60 | 123.24 | 123.62 | 124.01 | 124.39 | 124.77 | 125.16 | 125.54 | 125.92 | 126.31 | 126.69 |
| 70 | 127.07 | 127.45 | 127.84 | 128.22 | 128.60 | 128.98 | 129.37 | 129.75 | 130.13 | 130.51 |
| 80 | 130.89 | 131.27 | 131.66 | 132.04 | 132.42 | 132.80 | 133.18 | 133.56 | 133.94 | 134.32 |
| 90 | 134.70 | 135.08 | 135.46 | 135.84 | 136.22 | 136.60 | 136.98 | 137.36 | 137.74 | 138.12 |
| 100 | 138.50 | 138.88 | 139.26 | 139.64 | 140.02 | 140.39 | 140.77 | 141.15 | 141.53 | 141.91 |
| 110 | 142.29 | 142.66 | 143.04 | 143.42 | 143.80 | 144.17 | 144.55 | 144.93 | 145.31 | 145.68 |
| 120 | 146.06 | 146.44 | 146.81 | 147.19 | 147.57 | 147.94 | 148.32 | 148.70 | 149.07 | 149.45 |
| 130 | 149.82 | 150.20 | 150.57 | 150.95 | 151.33 | 151.70 | 152.08 | 152.45 | 152.83 | 153.20 |
| 140 | 153.58 | 153.95 | 154.32 | 154.70 | 155.07 | 155.45 | 155.82 | 156.19 | 156.57 | 156.94 |
| 150 | 157.31 | 157.69 | 158.06 | 158.43 | 158.81 | 159.18 | 159.55 | 159.93 | 160.30 | 160.67 |
| 160 | 161.04 | 161.42 | 161.79 | 162.16 | 162.53 | 162.60 | 163.27 | 163.65 | 164.02 | 164.39 |
| 170 | 164.76 | 165.13 | 165.50 | 165.87 | 166.24 | 166.61 | 166.98 | 167.35 | 167.72 | 168.09 |
| 180 | 168.46 | 168.83 | 169.20 | 169.57 | 169.94 | 170.31 | 170.68 | 171.05 | 171.42 | 171.79 |
| 190 | 172.16 | 172.53 | 172.90 | 173.26 | 173.63 | 174.00 | 174.37 | 174.74 | 175.10 | 175.47 |
| 200 | 175.84 | 176.21 | 176.57 | 176.94 | 177.31 | 177.68 | 178.04 | 178.41 | 178.78 | 179.14 |

## 附录 H　霍尼韦尔公司主要电动执行机构

| 型号规格 | 电压/V(AC) | 输入信号 | 功率/W | 行程/mm | 时间/min | 复位弹簧 | 附　注 |
|---|---|---|---|---|---|---|---|
| ML684 | 24 | 接点 | 3 | 20 | / | | V5011，V5013 阀 DN15～40mm 阀门配套 |
| ML784 | 24 | 2～10V DC | 3 | 20 | / | | |
| ML6421A | 24、220 | 接点 | 9 | 20 | 1.9 | | |
| ML6421B | 24、222 | 接点 | 9 | 38 | 3.5 | | |
| ML6425A | 24、220 | 接点 | 15 | 20 | 1.8 | 弹簧复位 | |
| ML6425B | 24 | 接点 | 15 | 20 | 1.8 | 弹簧复位 | |
| ML7421A | 24 | 2～10V DC 或 135Ω | 11 | 20 | 1.9 | | |
| ML7421B | | | | 38 | 3.5 | | |
| ML7425 | 24 | | 21 | 20 | 1.8 | 弹簧复位 | |
| ML7984 | 24 | 2～10V DC 4～20mA DC 或 135Ω | 6 | 19 | 1.05s | 手动复位 | 操纵 V5011F，G 及 V5013E 阀 |
| ML6531A | 24 | 接点 | 3 | 15Nm90° | 2.5 | | 配用风量调节阀 |
| ML6531B | 220 | | | | | | |
| ML7420A | 24 | 2～10V DC 135Ω | 11 | 20 | 30s | | V5011　V5013　V5049 DN15～80mm |
| ML7425 A·B | 24 | 2～10V DC 135Ω | 21 | 20 | 1.9 | 弹簧复位 | 控制蒸汽阀 |
| ML7425 C·D | 24 | 2～10V DC 135Ω | 21 | 38 | 3.5 | 弹簧复位 | 控制蒸汽阀 |
| ML7531A | 24 | 2～10V | | | | | 控制风量调节阀 |

## 附录 I　江森、埃珂特公司主要电动调节阀

| 型号规格 | 电压/V(AC) | 输入信号 | 功率/W | 口径 DN/mm | 全行程时间/s | 应　用 |
|---|---|---|---|---|---|---|
| EGSVD | 24，220 | 接点或 0～10V DC（内装电子阀门定位器 EPOS） | 5～16 | 从 15～150 共 11 种 | 120 | 水、蒸汽阀阀门全开时最大压降 $\Delta P_V$：对标准阀杆为 0.6MPa，对加强阀杆为 1.6MPa |
| EGSVDB（压力平衡阀） | 24，220 | 接点 0～10V DC（内装电子阀门定位器） | 5～18 | 从 25～150 共 8 种 | 120 | |

### 附录 J  霍尼韦尔公司部分常用调节阀（水及蒸汽）

| 型 号 规 格 | 阀径 | | $C_V$ | $K_V$ | 连接 | 应  用 |
|---|---|---|---|---|---|---|
| | /in | /mm | | | | |
| V5011F1048 | 1/2 | 15 | 4 | 3.43 | | |
| V5011F1055 | 3/4 | 20 | 6.3 | 5.4 | | |
| V5011F1063 | 1 | 25 | 10 | 8.57 | | |
| V5011F1071 | 1¼ | 32 | 16 | 13.71 | | |
| V5011F1089 | 1½ | 40 | 25 | 21.43 | | |
| V5011F1097 | 2 | 50 | 40 | 34.28 | | |
| V5011F1105 | 2½ | 65 | 63 | 54.0 | | |
| V5011F1113 | 3 | 80 | 100 | 85.7 | | |
| V5011G1046 | 1/2 | 15 | 2.5 | 2.14 | 螺纹 | 两通调节阀，应用在空调、制冷系统中加热、冷却、加湿等场合，用来控制热水、冷水或蒸汽的流量 |
| V5011G1053 | 1/2 | 15 | 4 | 3.43 | | |
| V5011G1061 | 3/4 | 20 | 6.3 | 5.4 | | |
| V5011G1079 | 1 | 25 | 10 | 8.57 | | |
| V5011G1087 | 1¼ | 32 | 16 | 13.71 | | |
| V5011G1095 | 1½ | 40 | 25 | 21.43 | | |
| V5011G1103 | 2 | 50 | 40 | 34.28 | | |
| V5011G1111 | 2½ | 65 | 63 | 54.0 | | |
| V5011G1129 | 3 | 80 | 100 | 85.7 | | |
| V5011G1228 | 1½ | 32 | 25 | 21.43 | | |
| V5013B1003 | 2½ | 65 | 63 | 54 | 法兰 | 三通合流阀，不能用在分流上 |
| V5013B1011 | 3 | 80 | 100 | 85.7 | | |
| V5013B1029 | 4 | 100 | 160 | 137.12 | | |
| V5013C1019 | 3 | 80 | 100 | 85.7 | | 三通分流阀，不能用在合流上 |
| V5013F1004 | 1/2 | 15 | 2.5 | 2.14 | 螺纹 | 三通合流，不能用在分流上 |
| V5013F1012 | 1/2 | 15 | 4 | 3.43 | | |
| V5013F1020 | 3/4 | 20 | 6.3 | 5.4 | | |
| V5013F1038 | 1 | 25 | 10 | 8.57 | | |
| V5013F1046 | 1¼ | 32 | 16 | 13.71 | 连接 | |
| V5013F1053 | 1½ | 40 | 25 | 21.43 | | |
| V5013F1061 | 2 | 50 | 40 | 34.28 | | |

# 参 考 文 献

[1] 开俊主编. 工业电器及仪表. 北京：化学工业出版社，2002.6

[2] 金庆发主编. 传感器技术与应用. 北京：机械工业出版社，2002.1

[3] 王寒栋主编. 制冷空调测控技术. 北京：机械工业出版社，2004.1

[4] 孙见君主编. 制冷与空调装置自动控制技术. 北京：机械工业出版社，2004.7

[5] 尉迟斌主编. 实用制冷与空调工程手册. 北京：机械工业出版社，2001.9

[6] 戴永庆主编. 溴化锂吸收式制冷技术及应用. 北京：机械工业出版社，1996.10

[7] 戴永庆主编. 溴化锂吸收式制冷空调技术实用手册. 北京：机械工业出版社，1999.6

[8] 辛长平编著. 溴化锂吸收式制冷机实用教程. 北京：电子工业出版社，2004.1

[9] 崔文富主编. 直燃型溴化锂吸收式制冷工程设计. 北京：中国建筑工业出版社，1999

[10] 单翠霞主编. 制冷与空调自动控制. 北京：中国商业出版社，2003.9

[11] 张子慧等编著. 制冷空调自动控制. 北京：科学出版社，1999.7

[12] 徐德胜，韩厚德主编. 制冷与空调——原理·结构·操作·维修. 上海：上海交通大学出版社，1998.1

[13] 陈维刚主编. 制冷工程与设备——原理结构操作维修. 上海：上海交通大学出版社，2002.8

[14] 李慧宇，彭苗，杜建通，申江. 制冷装置自动控制技术与发展. 保鲜与加工，2001，(1)：4～9

[15] 周祖毅. 自动控制在空调工程中的应用 (1). 制冷技术，2006，(1)：59～63

[16] 周祖毅. 自动控制在空调工程中的应用 (2). 制冷技术，2006，(2)：49～52

[17] 周祖毅. 自动控制在空调工程中的应用 (3). 制冷技术，2006，(3)：51～54

[18] 陈芝久. 制冷装置自动化. 北京：机械工业出版社，1997

[19] 朱瑞琪. 制冷装置自动化. 西安：西安交通大学出版社，1993

[20] 石家泰. 制冷空调的自动调节. 北京：国防工业出版社，1980

[21] 刘敏娴，姜珊，杜丽芬. 冷库自动控制. 制造业自动化，2006，(10)

[22] 顾洁，王少军，王新民. 氯化锂湿度调节系统的自动控制与常见问题. 暖通空调，2006，(1)：115～117